U0396957

启蒙数学文化译丛　(π)　丛书主编　汪　宇

Magnificent Mistakes in Mathematics

Alfred S. Posamentier　　Ingmar Lehmann

精彩的数学错误

〔美〕阿尔弗雷德·S. 波萨门蒂尔　〔德〕英格玛·莱曼　著

李永学　译

华东师范大学出版社

图书在版编目（CIP）数据

精彩的数学错误 /（美）阿尔弗雷德·S. 波萨门蒂尔，（德）英格玛·莱曼著；李永学译. —上海：华东师范大学出版社, 2019
　　ISBN 978-7-5675-8827-1

Ⅰ.① 精… Ⅱ.① 阿… ② 英… ③ 李… Ⅲ.① 高等数学 Ⅳ.① O13

中国版本图书馆 CIP 数据核字 (2019) 第 026668 号

启蒙数学文化译丛系启蒙编译所旗下品牌
本书版权、文本、宣传等事宜，请联系：qmbys@qq.com

上海市版权局著作权合同登记号：图字 09–2019–732

精彩的数学错误

著　　者　（美）阿尔弗雷德·S. 波萨门蒂尔　（德）英格玛·莱曼
译　　者　李永学
策划编辑　王　焰
组稿编辑　龚海燕
项目编辑　王国红
特约审读　王小双

出版发行　华东师范大学出版社
社　　址　上海市中山北路3663号 邮编 200062
网　　址　www.ecnupress.com.cn
电　　话　021-60821666　行政传真　021-62572105
客服电话　021-62865537　门市（邮购）电话　021-62869887
地　　址　上海市中山北路3663号华东师范大学校内先锋路口
网　　店　http://hdsdcbs.tmall.com

印 刷 者　山东鸿君杰文化发展有限公司
开　　本　890×1240　32开
印　　张　11.125
字　　数　252千字
版　　次　2019年10月第一版
印　　次　2019年10月第一次
书　　号　ISBN 978-7-5675-8827-1
定　　价　72.00元

出 版 人　王焰

（如发现本版图书有印订质量问题，请寄回本社客服中心调换或电话021-62865537联系）

谨以此书

献给芭芭拉,感谢她对我的支持、宽容和激励。

献给我的儿孙辈:大卫、劳伦、丽莎、丹尼、马克斯、萨姆和杰克,

愿他们的前程无限广阔。

并以此纪念我亲爱的父母艾丽丝和欧内斯特,他们永远相信我。

——阿尔弗雷德·S.波萨门蒂尔

谨以此书

献给我的妻子和我一生的朋友萨宾:

没有她对我的支持与宽容,我永远无法完成本书的任务。

同时也献给我的儿辈与孙辈:

马伦、克劳迪娅、西蒙和马里亚姆。

——英格玛·莱曼

目　录

致　谢 …………………………………………………………… 1

前　言 …………………………………………………………… 1

第一章　著名数学家犯的引人注目的错误 …………………… 7

第二章　算术中的错误 ………………………………………… 63

第三章　代数中的错误 ………………………………………… 102

第四章　几何中的错误 ………………………………………… 172

第五章　概率论和统计学中的错误 ………………………… 259

结　论 ………………………………………………………… 308

注　释 ………………………………………………………… 309

参考书目 ……………………………………………………… 315

索　引 ………………………………………………………… 317

致　谢

　　本书作者衷心感谢奥地利卡尔·弗朗岑斯格拉茨大学数学教授贝恩德·塔勒尔博士和数学荣誉教授彼得·舍普夫博士对本书的校对及提出的宝贵意见。纽约市立大学城市学院的荣誉教授迈克尔·恩伯尔博士针对全书内容提出了宝贵的意见。我们对彼得·普尔一丝不苟的校对致以诚挚的谢意。凯瑟琳·罗伯茨－阿贝尔以其出色的能力策划了本书的出版，耶德·佐拉·希比利亚在各个阶段对本书内容进行了杰出的编辑，我们也在此向二位致以诚挚的谢意。

前　言

　　我们可以用多种方式解释本书的标题。在学习与研究数学的过程中，我们每个人都犯过错误。在这里，我们要说的不是那种由于不细心或缺乏理解而产生的错误，甚至也不是在使用符号时出现的可笑错误。

　　有些错误只不过是隐藏得很深的细微疏忽而已。我们不妨以英格兰数学家威廉·尚克斯（William Shanks, 1812—1882）为例试说明之。尚克斯花了 15 年时间计算 π 值，最后终于在 1874 年创造了当时该值的最高小数位纪录。1937 年，人们把这一计算结果以螺旋图案形式镶嵌在巴黎发现宫（今天的巴黎科技馆，位于富兰克林·德拉诺·罗斯福大道上）31 厅的圆顶天花板上。这很好地表达了人们对这一著名数字的敬意，但令人吃惊的是，这一数值中有一处疏漏。人们发现，尚克斯的近似运算中有一个错误，发生在第 528 位小数上。1946 年，人们在一台机械计算机的帮助下第一次发现了这个错误，这台计算机只运行了 70 个小时就完成了这项工作！不久，人们在 1949 年更正了博物馆"π 厅"天花板上的错误。今天，计算 π 值的精度竞赛已经突破了万亿位小数大关。[1]

　　当我们说到在公众场合展示的错误时，还可以考虑圣玛丽教堂塔顶上的大钟。这座钟楼位于波罗的海上属于德国的吕根岛，是岛上卑尔根市最古老的建筑。1983 年，这座大钟在一场风暴中被损坏，后于 1985 年由匠人们修复。在修复过程中，匠人们发现了一道难题：他们在钟面上镶嵌表示分钟的记号时意外地发现，10 和 11 这两个数字间的空距特别大。于是，他们就用一个简单的办法解决了这一问题：多添一个记号来占据这一空间。这样一来，与正常的 60 个分钟间隔的钟不同，这座大钟在钟面上有 61 个分钟间隔，很有可能，它由此而成了世界上独一无二的钟（见图 I.1）。

图 I.1　由吕根岛(德国)卑尔根市圣玛丽教堂司事诺伯特·勒斯勒尔提供

12　　　另外还有一个给聪明人准备的故事。这个故事说的是一道标准测验题，其中有两个金字塔形：组成一座金字塔形的 4 个面都是等边三角形，于是它就是一个正四面体；而另一座金字塔形的底面是正方形，其他各侧面是与正四面体的每个面全等的等边三角形。要求学生们叠加两个金字塔形互相全等的两个等边三角形，从而合并这两个金字塔形，然后确定由此得到的图形有多少个面。我们知道，这两个金字塔形的面数之和是 4 + 5 = 9，通过重叠，其中的两个面不复存在，于是官方给出的"正确"答案是 7 个面。直到多年之后，才有一位坚持不懈的学生证明，这个答案实际上是错误的，因为两个金字塔合并之后，相邻的等边三角形形成了两个菱形,因此又减掉了两个面,于是这一图形只剩下 5 个面。我们将在第四章更仔细地探讨这一问题。这类错误告诉我们,即使面对"明显的现象",我们也需要认真检查。

这本书的目的是寓教于乐,即通过提供一系列错误的结论或者谬误,帮助读者更加深刻地理解数学的重要方面和概念。通过这些"错误",我们应该更为准确地理解相关的主题。有些"错误"能够引发非常有趣的数学思路。正是出于这一原因,我们认为它们是"精彩的错误"。但请读者放心,要探索这些令人着迷的错误,我们并不需要具有特别的数学技巧,只要了解中学数学就足够理解本书了。

有时候,我们犯下的简单错误会导致荒谬的结果,这往往会让我们不去理会它们。我们知道,等式乘以等式,其结果依旧相等。例如,如果我们知道 $x = y$,就可以得出 $3x = 3y$ 的结论。然而,当我们知道 2 磅 = 32 盎司,$\frac{1}{2}$ 磅 = 8 盎司的时候,能不能说 $2 \times \frac{1}{2}$ 磅 = 32×8 盎司? 也就是说,1 磅 = 256 盎司呢? 当然不能。什么地方搞错了呢? 与此类似,我们知道 $\frac{1}{4}$ 美元 = 25 美分。那么,能不能说 $\sqrt{\frac{1}{4}}$ 美元 = $\sqrt{25}$ 美分,也就是 $\frac{1}{2}$ 美元 = 5 美分呢? 这当然也是荒谬的! 我们在什么地方弄错了? 当我们做等式相乘或者等式开平方的时候,没有对这些量的单位进行同样的运算,如果我们这样做了,就会得到正确的答案,虽说这种解决方案很笨拙。下面我们稍加说明,让这一解释更容易理解。我们不妨从 2 英尺 = 24 英

13

寸,$\frac{1}{2}$ 英尺 = 6 英寸开始;然后,通过让单位与单位相乘,数值与数值相乘,我们得到了 1 平方英尺 = 144 平方英寸这一正确结论!

我们也可以考虑,人们是怎样通过一个对 1 = 0 的"证明"引出了一个极为重要的数学概念的:不可以用零作除数。下面我们来给出这个有趣的小小"证明"。首先,让我们从已知的 $x = 0$ 出发。然后我们在这一方程的两边同时乘以 $x - 1$,因此有 $x(x - 1) = 0$。现在将两边同时除以 x,这就得到 $x - 1 = 0$,于是就有了 $x = 1$ 的结论。但我们开始时知道 $x = 0$,因此很明显,1 = 0。荒谬吧?我们的步骤无疑都是正确的,但为什么结果却是荒谬的呢?对了,我们曾经将方程两边同时除以 x,这时就用零作了除数。数学中不允许用零作除数,因为这会得出可笑的结果。这只不过是许多这类让人感到有趣的错误之一,这类错误能让我们更为真切地理解数学"规则"存在的意义。

这些例子看上去可能很让人开心,实际上它们也确实很有趣。通过描述这些令人开心的错误,我们可以从中学到有关数学规则和概念的许多东西。例如,当我们"证明"每个三角形都是等腰三角形的时候,就违反了一个连欧几里得都不知道的概念,即中间性的概念。当我们明白无误地对抗久经考验的毕达哥拉斯定理,证明直角三角形的两条直角边之和等于斜边时,我们就在证明中滥用了无穷的概念。这些错误能够让我们更好地理解数学的基本概念,这就是它们的特有价值,这一价值让这些错误精彩绝伦。我们不要忘记:年轻人会从这类错误中学到不少东西,而且我们敢说,成年人也同样如此。我们相信读者也可以从我们说明这些错误的有趣方式中获得知识,而且他们会很高兴接受这些知识！我们也会把这些数学错误与日常生活中的错误加以比较,看看能够从中学到些什么。

　　我们认为读者会乐意看到这些例子,而且在这样一个令人愉快的智力遨游中,读者应该能够欣赏数学的许多方面或者一些细微差别,这些地方我们有时未加注意,只是当它们让我们误入歧途时才有所觉察。现在,我们邀请你通过数学中的这些精彩错误来开始探索之旅。

14

第一章 著名数学家犯的引人注目的错误

在过去的岁月中,曾有许多数学家发表过大量猜想,他们中有名震遐迩的著名人物,也有名不见经传的数学过客。有的猜想经受住了证明的考验,是真实的;也有一些被证伪后遭到抛弃;还有一些正等着被审判,以证其真伪。然而,所有与那些猜想短兵相接的尝试都把我们对数学的理解提高到了新的层次。我们将在这些猜想中进行一番漫游,看看人们用了什么方法来证明它们为真,而在证明它们为伪的过程中又会有些什么发现。

在对这些猜想进行一次广泛的巡礼之后,我们能够看到,一些最伟大的思想家——其中包括数学家和科学家——在做出猜想的时候犯了错误,而其中的许多错误却让他们有了新的发现,并拓宽了各自的领域。例如,在历史上最富影响、最广为人知的思想家之一亚里士多德(公元前384—前322)就曾经做出一些错误的陈述。尽管人们可能认为他是科学的创始人之一,他的著作也影响了一代又一代人,但他的错误也打开了新的思想和研究领域的大门。以下就是他的几个错误观念:

• 世界是由5种元素组成的:火、水、空气、土和以太。前4种组成了地球上的自然界,第5种充盈整个天空。

●与较轻的物体相比,更重些的物体从空中下落的速度要快
一些——由于伽利略(1564—1642)所做的实验,我们知道亚里士
多德的说法是不对的。

●苍蝇有 4 条腿。

●妇女的牙齿比男人的少。

16   亚里士多德也相信,地球是宇宙的中心,其他可以观察到的天
体如月球、太阳和其他行星都围绕着地球旋转。他所说的话在他
那个时代是很有影响的,这种影响在他死后还延续了许多年。他
影响了其他一些伟大思想家,其中包括尼西亚的喜帕恰斯(约公元
前190—前120)和克劳迪亚斯·托勒密(约100—168)。直到尼
古拉·哥白尼(1473—1543)、第谷·布拉赫(1546—1601)和约翰
尼斯·开普勒(1571—1630)证明了宇宙的日心说之后,这些早期
观念才失去了市场。开普勒起初认为,行星是沿着一个球表面以
圆形轨道运行的,因此好像是受到了柏拉图立体的束缚。这种观
点对毕达哥拉斯(约公元前570—约前510)①的理念是个很大的
支持,尽管后者的理念是错误的!开普勒后来陈述了著名的行星
沿椭圆轨道运行的三大定律,描绘了行星是如何沿着椭圆轨道运
行的,修正了他原先的错误观点。这或许是天文学和数学上最伟
大的成就之一,这一成就也铸就了他永垂不朽的名声。

尽管开普勒的思想非常具有启发性,但他却有一个弱点——
他推崇占星术。与此类似,牛顿(1643—1727)对炼金术十分迷
恋,而且笃信宗教与数字占卜术的神秘学问。后一种兴趣让牛

① 关于毕达哥拉斯的生卒年说法不一,此处按照原文给出。——译者注

顿进行了大量数字占卜学计算,耗费无数纸张,最后他预测:世界最终将于 2060 年毁灭。这是不是一个错误?

说到地球,我们不妨考虑一下美洲历史上最重大的错误。意大利探险家克里斯多夫·哥伦布(1451—1506)通过自己的计算确信,向西航行前往印度要比向东航行近得多。他的这一信念基于天文学家克劳迪亚斯·托勒密的错误估算。根据托勒密的计算,地球的周长是 28000 千米。按照这一估算,哥伦布的猜想应该是正确的。然而,按照西班牙宫廷专家们的估算,地球的周长是 39000 千米,这一结论是由意大利数学家、地图制作家保罗·托斯卡内利(Paolo Toscanelli, 1397—1482)得出的。这一计算结果在当时可以说是准确得不可思议,因为它与地球的正确周长 40075 千米相差不远。因此,哥伦布的计算被西班牙宫廷否决了。同样,地球是一个球体,这也是当时人们的共识,因此哥伦布没有试图去证明它是圆的。

根据我们今天拥有的知识,有些人的错误犯得确实很傻。英国物理学家威廉·汤姆森(William Thomson, 1824—1907)更为人所知的名字是开尔文勋爵,开氏绝对温标就是以他的名字命名的。汤姆森相信,世界上永远不会有比空气重的飞机!

奥地利著名心理学家西格蒙德·弗洛伊德(Sigmund Freud, 1856—1939)一直对数字的神秘性十分着迷。他是一位才华横溢的科学家,却陶醉于德国生物学家威廉姆·弗里斯(Wilhelm Fliess, 1858—1928)提出的一个猜想,这个猜想说的是:任何可以由 23 与 28 的倍数之和表达的数(或者可以用另一种方式表达为 $23x + 28y$)都对一个人的生命周期具有特别的意义。据此他宣称,许多人死于 51 岁, 而 $23 \times 1 + 28 \times 1 = 51$。可是 $23 \times 3 + 28 \times (-2) = 13$——通常没有人会期待的一个数字! 几乎所有数字都可以用 $23x + 28y$ 来表示,这一事实弗洛伊德却完全没有想到。这又是一个很傻的错误!

现在就让我们考虑一些由杰出的数学家犯下的数学错误。

毕达哥拉斯的错误

萨摩斯的毕达哥拉斯最著名之处,就是以他的名字命名的定理,这一定理陈述了直角三角形各边之间的关系。虽说我们从未见过他的任何著作——这一点令人十分遗憾——人们还是把许多成就都划归到他的名下。今天我们掌握了很有说服力的证据,说明远在他之前的几百年甚至上千年,巴比伦人和埃及人就已经知道边长分别为 3、4 和 5 的直角三角形符合这项定理。

以毕达哥拉斯为核心,有一个对数字特别着迷的团体逐渐发展了起来。这个团体的成员觉得,任何事物都可以用数字来解释,这里的数字即自然数 1,2,3,4,5,…。这些人的信念是:数学的原理就是解释世界的原理。和谐与自然将通过这些数字得到解释。例如,在音乐中,音程可以通过数字关系得到确定。在所有这些例子中,毕达哥拉斯都可以通过自然数和自然数之间的比例来解释其中的关系。但在把这一点向几何形式推广的时候,毕达哥拉斯出现了失误。

毕达哥拉斯团体的成员之一,梅塔蓬图姆的希帕索斯(Hippasus of Metapontum,约公元前 5 世纪)发现,要解释一个五角星形上不同线段长度之间的关系(见图 1. 1 和图 1. 2),就必须要有其他数字(后来发展成为无理数),因此他证明,毕达哥拉斯认为一个正五角星形的大小也可以用自然数来表示的信念是错误的。这让毕达哥拉斯大为震惊,可能是因为这一几何图形是毕达哥拉斯学派的标志。

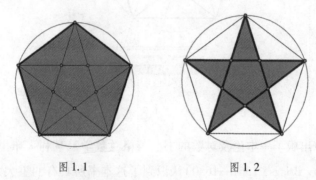

图 1. 1　　　　　　　　　图 1. 2

　　一个五角星形各线段之间的关系具有以下非常有趣的性质:
$\dfrac{d}{a} = \dfrac{a}{e} = \dfrac{e}{f}$(见图 1. 3)。

　　这一关系与著名的黄金分割有关,[1]这一数字是

$$\emptyset = \frac{\sqrt{5}+1}{2} \approx 1.6180339887498948482045868343365638117720 .$$

　　竟然有人胆敢指出毕达哥拉斯的错误,这种事情自然有其后果。希帕索斯因悍然扩展自然数(它们本应定义任何事物!)这一"悖理逆天的行为"而被推入河中溺死,以示惩罚。

最初的对数表上的错误

　　1614 年,苏格兰数学家约翰·纳皮尔(John Napier, 1550——

19

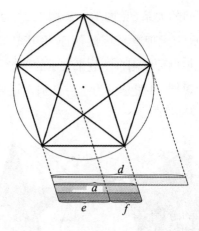

图 1.3

1617)出版了一本论及对数的书。英格兰数学家亨利·布里格斯
(Henry Briggs, 1561—1630)认识到了这本书所具有的重大意义,
因此于 1624 年出版了一份以 10 为底的 14 位小数的对数表,其标
题为《对数算术》。有趣的是,布里格斯的对数表包含了从 1 到
100000 的数字,但遗漏了中间从 20000 到 90000 的数字。这一缺
漏由荷兰数学家阿德里安·弗拉克(Adrian Vlacq, 1600—1667)
予以补齐。弗拉克除了是一位优秀的数学家以外,还是一位精明
的书商。而且,在让对数运算广为人知方面,他还是一个特别重要
的人物。他的完本对数表第一次出现于 1628 年,当时布里格斯的
《对数算术》第二版出版,其中罗列了从 1 到 100000 各数的全部对
数,但只到 10 位小数。

　　1794 年,弗拉克的对数表在德国的莱比锡由乔治·弗烈泽
尔·冯·维加男爵(拉丁文:Georgius Bartholomaei Vecha, 德文:
Georg Freiherr von Vega, 1754—1802)出版了改进版本,它成了后

来所有其他数字表格的样板。在这一版的前言中,作者宣称,如果谁能够第一个在他的对数表中发现任何可能造成运算失误的错误,他将奖以达克特金币①。[2] 当然,如果这份表格完全没有错误,那才真是惊人的事情。随着时间的推移,人们大约发现了 300 处错误,而且不仅仅是在最后一位小数上发现的!

费马最后定理

在最为著名的猜想中,历时悠久的费马最后定理应该算上一个,它说的是 $x^n + y^n = z^n$,在 $n > 2$ 的情况下不存在非零整数解。当然,$n = 1$ 的情况不值一提,而对于 $n = 2$ 的情况我们有毕达哥拉斯定理。这一猜想是由法国著名数学家皮埃尔·德·费马(Pierre de Fermat, 1607/8—1665)在 1637 年提出来的,并在 1995 年由安德鲁·怀尔斯(Andrew Wiles, 1953—   )及其学生理查德·泰勒(Richard Tayler, 1962—   )证明成立。所以,在 358 年间,费马写在他的一本书的空白处的这段评论一直未能有人证明。在这部丢番图的《算术》一书的空白处他是这样写的:

> 不可能把一个立方数分解为两个立方数之和,也不可能把一个四次方数分解为两个四次方数之和,或者普遍地说,任何高于二次方的数都不可能被分解为两个同阶次方数之和。对此我找到了一个绝妙的证明,但这里的空白处太小了,无法

① 达克特是一种过去流通于欧洲各国的钱币。——译者注

完整地把它写下来。

今天，有人认为，费马做出了 $n=4$ 时这一特例的证明，并认为他能够把这一证明推广到大于 2 的任意整数。但如今有些数论学者认为，对于 $n>2$ 的所有数值，费马很可能根本就没有任何证明。

在从 1637 年到 1995 年的漫长岁月里，很多人错误地认为他们发现了费马提供的证明，还有很多人给出了自己的证明，但是这些证明同样是错误的。这一寿命高达 358 岁的古老谜语的迷人之处在于它的陈述很简单，因而业余爱好者和著名数学家如莱昂哈德·欧拉（Leonhard Euler, 1707—1783）、恩斯特·爱德华·库默尔（Ernst Eduard Kummer, 1810—1893）、卡尔·弗里德里希·高斯（Carl Friedrich Gauss, 1777—1855）和奥古斯丁·路易·柯西（Augustin Louis Cauchy, 1789—1857）都尝试过解决这一难题，但无一例外，每一次证明都有错误。

1770 年，欧拉证明了 $x^3+y^3=z^3$ 没有自然数解。但他的证明并不完整，只是在法国数学家阿德里安－马里·勒让德（Adrien-Marie Legendre, 1752—1833）于 1830 年出手相助之后才臻于完善。高斯也提供了一份当 $n=3$ 的情况下的正确证明。我们需要指出的是，1738 年，欧拉成功地处理了 $n=4$ 的情况。然而人们后来发现，$n=4$ 的情况早在 1676 年即由贝尔纳·弗兰尼柯·德·贝西（Bernard Frénicle de Bessy, 约 1605—1675）成功证明。欧拉去世后，人们曾多次试图求证费马猜想，但都劳而无功，其中最引人注目的一次是由法国数学家索菲·热尔曼（Sophie Germain, 1776—1803）做出的，作为那个时代的女性，她不得不以勒布朗先生为笔名发表文章。她的文章为证明费马猜想在 $n = 5$ 时成立打下了基础。

不过,尽管这些尝试都没有成功,它们却有助于代数数理论的进一步发展。1828 年,彼得·勒热纳·狄利克雷(Peter Lejeune Dirichlet, 1805—1859)和阿德里安-马里·勒让德证明,方程 $x^5 + y^5 = z^5$ 不存在整数解。狄利克雷在证明中犯了一个错误,这个错误最终由勒让德改正。狄利克雷的这个错误使他做出的证明不完整;但在勒让德的帮助下,这一证明有了正确的完整性。

费马猜想的证明尝试仍在继续。这些尝试包括:加布里埃尔·拉梅(Gabriel Lamé, 1795—1870)于 1839 年证明 $x^7 + y^7 = z^7$ 没有整数解,维克特·A. 勒贝格(Victor A. Lebesgue, 1791—1875)独立得到了这一结果。1841 年,拉梅错误地认为,他成功地证明了费马陈述的一般情况,因为狄利克雷曾于 1832 年证明了在 $n = 14$ 的情况下该猜想成立。最后,1847 年,一些顶级数学家如柯西和拉梅再次错误地确信他们已经最后证明了 $x^n + y^n = z^n$ 这一猜想的一般情况,并准备向法国科学院提交证明结果。然而,恩斯特·爱德华·库默尔摧毁了他们提高声望的希望,因为他发现,他们的工作中存在一个错误。

这出戏剧还在继续上演,这次出场的是保罗·弗里德里希·沃尔夫斯凯尔(Paul Friedrich Wolfskehl, 1856—1906),他于 1905 年提供了 10 万马克奖赏,授予解决这一长期悬而未决的问题的人。这当然刺激了众多数学家的积极性。1988 年 3 月 9 日与 10 日,《华盛顿邮报》和《纽约时报》分别称,年仅 30 岁的日本数学家宫冈洋一(Yoichi Miyaoka, 1949—　　)最后证明了费马猜想,但时隔不久,他这个大受吹捧的证明被发现也存在错误。

1993 年,在剑桥大学牛顿研究所的一次研讨会上,英国数学家安德鲁·怀尔斯在几天的时间里为费马最后定理呈上了一份看上去正确无误的证明。然而,历史再次重演,没过多久,尼古拉斯·卡茨(Nicholas Katz, 1943—)就在怀尔斯的证明中找到了一个错误。在随后一年中,怀尔斯和他的博士理查德·泰勒进行了疯狂的努力,力求消灭这一错误。1994 年 9 月 19 日,他们改正了这一错误,安德鲁·怀尔斯终于战胜了这场长达 358 年的著名数学挑战。1997 年 6 月,1000 多名科学家齐聚德国哥廷根大学,见证了怀尔斯荣膺这份价值约为 25000 美元的沃尔夫斯凯尔奖金,这也标志着,他为解决著名的费马猜想长达 10 年的征程终于圆满结束。尽管在这条成功之路上人们犯下了许多错误,但他们同时发现了许多有趣的副产品,这说明,有时候,数学中的错误是精彩绝伦的,因为它们让我们获得许多新的有价值的数学洞见。

伽利略·伽利雷的大错误!

著名数学家、物理学家、天文学家伽利略·伽利雷在 40 多年间致力于匀加速运动的研究。他在实验方面的创新包括使用倾斜表面。通过使用这种表面,他得以研究运动的定律,并因此可从定量角度检验这些定律。1638 年,他研究了重物在没有摩擦力的情况下受重力作用而在两点间运行的情况,在寻找这种运动的最快途径时他犯了一个错误。[3] 他注意到,与沿 *AB* 间的直线路径下滑相比,重物沿两点 A 与 B 间的某条多边形路径下滑的速度更快(见图 1.4)。

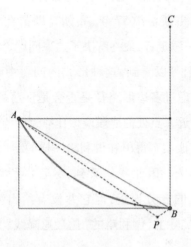

图 1.4

　　他计算了这一速度,制造了所谓的伽利略钟摆,并由此确立了摆球的运动特性。他注意到,球的运行时间与多边形路径上的顶点数成反比。路径上的顶点数越多,摆球完成路径所需要的时间就越短。他认识到,通过不断增加顶点的数目,多边形表面将逐步接近圆弧,因此他猜想,对于摆球来说,圆弧路径而不是直线路径才是在其上运行的最快路径。

　　但他没有考虑到的是,多边形的各条边未必一定要有相同的边长,因此不会逐步趋近于圆弧曲线。

　　假设我们考虑图 1.4 中的 P 点位于 B 点之下,这就是一种伽利略根本想都没想过的情况。在这种情况下,在经过陡峭的 AP 之

24

后球所得到的高速度将会因为补偿 *PB* 段的上行而降低。1696年,约翰·伯努利(Johann Bernoulli, 1667—1748)也研究了这个问题。在他之前,还有其他人也都研究过最速降线问题,其中包括梅森在 1644 年、惠更斯在 1657 年、布朗克勋爵在 1662 年的研究。但最后,伯努利一锤定音,最终解决了这一问题。[4] 当今天回顾这段历史的时候,我们可以看到,这种形式的问题中藏着变分法的影子。伯努利也考虑过多边形路径是否会是下落最速的理想路径,因为他感到在靠近 *A* 点处的线段应该比靠近 *B* 点处的线段更长一些。这种改变让他没有得出和伽利略一样的结论,因为他的路径不会趋近于圆曲线。因此我们看到,尽管伽利略提出的解决方法是对实际情况的充分逼近,但它并没有给出我们所需的准确曲线。因此,实际上,伽利略的"伪最速降线"只不过是一段圆弧而已![5]

如果认为圆弧是理想路径,则在图 1.4 中,*BC* 是这段圆弧所在的圆的一条半径。在最速路径上,小球从 *A* 点向终点 *B* 的降落速度将大于沿斜平面下落的速度。在图 1.5 中,我们以虚线画出了这一圆弧路径。

只要路径的出发点位置高于终点位置而不是在其下,则最速降线就是形如摆线的一条曲线。我们应该注意到,这条摆线的低点可以低于路径的终点。

舍瓦利耶·德·梅雷的历史性错误

或许,法国贵族安托万·贡博(Antoine Gombaud, 1607—

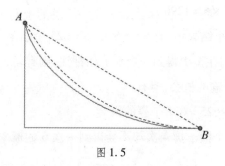

图 1.5

1684）更为人知的名字是舍瓦利耶·德·梅雷，他对法国沙龙中凭机会取胜的游戏很感兴趣。他着迷于某一类问题，其中一个例子就是：一个骰子连掷 4 次得到一次 6 的机会与一对骰子连掷 24 次得到一对 6 的机会哪个大？

舍瓦利耶·德·梅雷错误地认为，这两个事件具有相等的概率，因为它们具有同样的比例，即 4:6 = 24:36。根据这种想法，他输了许多钱，气急败坏之下，他联系了那个时代最伟大的数学家之一布莱兹·帕斯卡（Blaise Pascal，1623—1662）。这种两难处境让帕斯卡很感兴趣。他与另一位非常有名的数学家，也就是前面说过的皮埃尔·德·费马时常通信，于是他把这个问题也写到了信里。通过这次通信，一个新的数学领域——概率论诞生了，这个学科就这样萌芽了。文献上称梅雷的这个问题为梅雷悖论，但它在两位数学家的通信往来中只扮演了一个次要角色。

让我们来看看舍瓦利耶·德·梅雷的想法为什么是错误的。

掷一个骰子的情况：

如果我们连续 4 次抛掷一个骰子，则所有可能出现的结果总

数是 $6 \times 6 \times 6 \times 6 = 1296$。

在 1296 个结果中,有 $5 \times 5 \times 5 \times 5 = 625$ 个结果中不包括 6。

如果我们在至少得到一个 6 上面押注,则有:

• 625 个输的机会,但有

• $1296 - 625 = 671$ 个赢的机会。

所以,一个骰子掷 4 次却不会得到一次 6 的概率是:

$$p = \left(1 - \frac{1}{6}\right)^4 = \left(\frac{5}{6}\right)^4 = \frac{625}{1296} = 0.4822530 \cdots < \frac{1}{2}。$$

这说明,我们赢得这一游戏的机会大于输的机会。

掷两个骰子的情况:

一次掷两个骰子会有 36 种可能的结果,即骰子 1 的所有可能结果数乘以骰子 2 的所有可能结果数。因此,如果我们 24 次掷出两个骰子,则可能的结果总数是 $36 \times 36 \times \cdots \times 36$,即 36 的 24 次方,得数大约是 22452257707350000000000000000000000000。

在这些结果总数中,不存在双 6 的结果总数是 $35 \times 35 \times \cdots \times 35$,即 35 的 24 次方,得数大约是 114191312420700000000000000000000000000。

所以,在 24 次掷出两个骰子的情况下,要得到至少一次双 6,

• 输的可能性大约有 1141913124207000000000000000000000000000 个,而

• 赢的可能性大约为 22452257707350000000000000000000000000 0000 − 1141913124207000000000000000000000000000 = 1103312646528000000000000000000000000000 个。

如果用另外一种方式表达，那就是说，24 次抛掷两个骰子而不会得到一个双 6 的机会是：

$$p = \left(1 - \frac{1}{36}\right)^{24} = \left(\frac{35}{36}\right)^{24} = \frac{1500625}{1679616} = 0.5085961\cdots > \frac{1}{2}。^{①}$$

这就意味着，赢得这一游戏的机会要小于输掉这一游戏的机会，而我们的舍瓦利耶·德·梅雷先生显然是以一种比较痛苦的方式学到这一点的。

莱布尼茨的错误

哲学界、物理学界和数学界最伟大的思想家之一，现代微积分的共同发明人戈特弗里德·威廉·莱布尼茨（Gottfried Wilhelm Leibniz, 1646—1716）曾求出了级数 $\frac{1}{1} + \frac{1}{2} + \frac{1}{4} + \frac{1}{8} + \frac{1}{16} + \frac{1}{32} + \frac{1}{64} + \frac{1}{128} + \cdots$ 的和，但他在求和的方法上犯了一个错误，按照这种方法，他把该级数的和确定为 $2。^{②}$

莱布尼茨用下述方法求这一级数的和：

$$s = \frac{1}{1} + \frac{1}{2} + \frac{1}{4} + \frac{1}{8} + \frac{1}{16} + \frac{1}{32} + \frac{1}{64} + \frac{1}{128} + \cdots \qquad (1)$$

等式两边乘以 2：

$$2s = \frac{2}{1} + \frac{2}{2} + \frac{2}{4} + \frac{2}{8} + \frac{2}{16} + \frac{2}{32} + \frac{2}{64} + \frac{2}{128} + \cdots$$

---

① 原文如此，得数肯定比 0.5085961 大。——译者注
② 求和的结果是正确的，但是过程有问题。原文没有提及结果的正确性。——译者注

$$= 2 + 1 + \frac{1}{2} + \frac{1}{4} + \frac{1}{8} + \frac{1}{16} + \frac{1}{32} + \frac{1}{64} + \cdots \tag{2}$$

现在用(2)式减去(1)式：

$$2s - s = s = 2 + 1 - 1 + \frac{1}{2} - \frac{1}{2} + \frac{1}{4} - \frac{1}{4} + \frac{1}{8} - \frac{1}{8} + \frac{1}{16} - \frac{1}{16} +$$

$$\frac{1}{32} - \frac{1}{32} + \frac{1}{64} - \frac{1}{64} \pm \cdots$$

$$= 2 + (1-1) + \left(\frac{1}{2} - \frac{1}{2} \right) + \left(\frac{1}{4} - \frac{1}{4} \right) + \left(\frac{1}{8} - \frac{1}{8} \right) +$$

$$\left(\frac{1}{16} - \frac{1}{16} \right) + \left(\frac{1}{32} - \frac{1}{32} \right) + \left(\frac{1}{64} - \frac{1}{64} \right) \pm \cdots$$

所以，$s = 2$。

为什么莱布尼茨的计算过程出现了问题呢？莱布尼茨做了什么假设？

阿基米德(Archimedes，约公元前287—212)也曾考虑过这个2的各次幂的倒数的级数，他的结论是，级数的和不会大于2或者小于2。这就是说，这个级数的和一定会是2。就这样，阿基米德使用非直接法得到了他的结论。他没有觉得这个结果有什么不妥，这个结果也让莱布尼茨落入了陷阱。

一个几何级数$(a_n) = (a_0, a_1, a_2, a_3, \cdots)$的情况是这样的：在这个级数中，连续两项之间的比率$q$是一个常数。在上述例子中，$q = \frac{a_{k+1}}{a_k} = \frac{1}{2}$。根据定义，这样一个几何级数是其各部分和之和。

级数$(s_n) = (a_0, a_0 + a_1, a_0 + a_1 + a_2 + a_3, a_0 + a_1 + a_2 + a_3 + \cdots + a_n, \cdots)$有下表中所示的部分和：

n	S_n				
0	a_0	=	1	=	1
1	$a_0 + a_1$	=	$1 + \dfrac{1}{2}$	=	1.5
2	$a_0 + a_1 + a_2$	=	$1 + \dfrac{1}{2} + \dfrac{1}{4}$	=	1.75
3	$a_0 + a_1 + a_2 + a_3$	=	$1 + \dfrac{1}{2} + \dfrac{1}{4} + \dfrac{1}{8}$	=	1.875
4	$a_0 + a_1 + a_2 + a_3 + a_4$	=	$1 + \dfrac{1}{2} + \dfrac{1}{4} + \dfrac{1}{8} + \dfrac{1}{16}$	=	1.9375
5	$a_0 + a_1 + a_2 + a_3 + a_4 + a_5$	=	$1 + \dfrac{1}{2} + \dfrac{1}{4} + \dfrac{1}{8} + \dfrac{1}{16} + \dfrac{1}{32}$	=	1.96875
...					
10	$a_0 + a_1 + a_2 + \cdots + a_{10}$	=	$1 + \dfrac{1}{2} + \dfrac{1}{4} + \dfrac{1}{8} + \cdots + \dfrac{1}{1024}$	=	1.9990234375

所以,s 的最后的和是：$s = \dfrac{a_0}{1 - q} = \dfrac{1}{1 - \dfrac{1}{2}} = 2$。

那就是说,可以证明莱布尼茨是正确的了? 还不见得。

假设我们现在取 2 的各次幂的倒数的倒数,就会得到下面的级数：

$$1 + 2 + 4 + 8 + 16 + 32 + 64 + 128 + \cdots$$

这一级数的相邻两项的比率是 $q = \dfrac{a_{k+1}}{a_k} = 2$,因此和 s 可用下面的方法得出：$s = \dfrac{a_0}{1 - q} = \dfrac{1}{1 - 2} = -1$。

很明显这是错误的。很清楚,和应该是 $s = 1 + 2 + 4 + 8 + 16 + 32 + 64 + 128 + \cdots = \infty$,也就是说,这个级数持续增大,或者说,它是发散的。

几何级数的求和公式只在 $|q| < 1$ 或 $a_0 = 0$ 时成立,而在这个例子中,这一假定不成立。

29　　在这里,我们应该为莱布尼茨辩护。我们必须说,在他那个时代,关于级数和数列的许多知识都还没有出现。这让我们对早期的数学家如阿基米德或者欧拉的绝妙工作更加赞赏;他们凭直觉开创的工作远远走在时代的前面,直到今天还让人非常吃惊。

马尔法蒂问题中的错误

填充是一个让许多世纪的数学家着迷的课题。1802 年,意大利数学家吉安·弗朗西斯科·马尔法蒂(Gian Francesco Malfatti, 1731—1807)发现了下面一个问题的解答方法,并于次年发表了这一方法。这个问题是:把三个相切的圆放入一个给定的三角形,并找出让它们的面积最大的方法。

马尔法蒂声称,这个三角形内的三个圆必须两两相切,而且每个圆都必须与三角形的两条边相切,如图 1.6 所示。

瑞士数学家雅各布·伯努利(Jacob Bernoulli, 1654—1705)探讨了给定三角形为等腰三角形情况下的马尔法蒂问题。瑞士数学家雅各布·斯坦纳(Jacob Steiner, 1796—1863)在 1826 年发表了一篇简洁的解释,探讨了一般三角形情况下的马尔法蒂问题。[6]

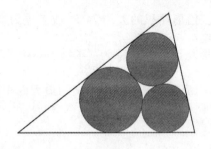

图 1.6

许多数学家都粗略地考虑过这个问题,其中包括尤利乌斯·普吕克(Julius Plücker, 1801—1868)、阿瑟·凯莱(Arthur Cayley, 1821—1895)和阿尔弗雷德·克莱布什(Alfred Clebsch, 1833—1872),他们都描述过马尔法蒂的信念,即三角形内的三个圆每一个都必须与三角形的两条边相切。然而,1929 年,H. 洛布(H. Lob)和赫伯特·威廉·里士满(Herbert William Richmond, 1863—1948)发现了一个让人吃惊的事实。[7]他们发现,马尔法蒂犯了一个错误,在给定三角形为等边三角形的时候,马尔法蒂的猜想不成立。

当把马尔法蒂的方法应用于等边三角形的时候,该三角形面积的大约 73% 被这三个圆所覆盖,或者更准确地说,被覆盖的面积是$\left(\sqrt{3} - \dfrac{3}{2}\right) \cdot \pi \approx 0.729$。这一点可从图 1.7 中看出。然而,洛布和里士满却发现了一种方法,可以让圆的覆盖面积增加 1%。为此,他们证明,三个圆中的一个圆必须是能够放入这个等边三角形内的最大的圆,也就是说,是它的内切圆。另外两个圆则放在两个角落里,与前面述及的内切圆及三角形的两条边相切。这种放

30

置方法能覆盖三角形面积的大约 74%,或者更为准确地说,其覆盖面积占三角形总面积的比率为 $\frac{11\sqrt{3}}{81} \cdot \pi \approx 0.739$(见图 1.8)。这就说明,马尔法蒂有关三角形内各圆的最大面积的作图法是错误的。

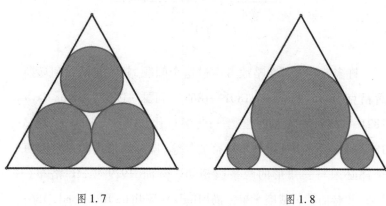

图 1.7　　　　　　　　　　　图 1.8

人们或许会认为,我们现在已经彻底解决这个问题了。且慢!1965 年,霍华德·W. 伊夫斯(Howard W. Eves, 1911—2004)证明,假设给定的是一个细长的三角形,如果把三个圆如图1.9 那样放置,那么它们覆盖的面积将比如图1.10 那样放置更大。

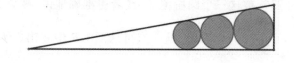

图 1.9

31　　　这又一次证明,马尔法蒂有关圆必须两两相切的说法是没有道理的。

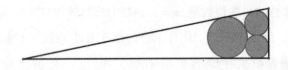

图 1.10

随后,迈克尔·戈德堡(Michael Goldberg)于 1967 年证明,无论给定的三角形是何种形状,马尔法蒂的说法都是错误的。[8]英国数学家理查德·盖伊(Richard Guy,1916—　)认为,马尔法蒂完全错误地回答了他的问题。[9]正确答案是,三个圆中的一个必须是给定三角形的内切圆,另外两个必须与内切圆和三角形的两条边相切(见图 1.11 和图 1.12)。

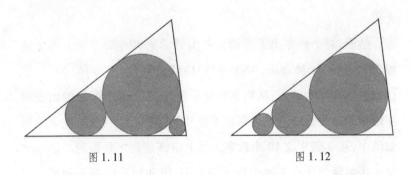

图 1.11　　　　　　　　　　图 1.12

对这种做法的完整证明直到 1992 年才出现,发表这一证明的是 V. A. 扎尔加勒(V. A. Zalgaller)和 G. A. 洛斯(G. A. Los)。[10]

威廉·尚克斯令人尴尬的错误

32

我们在确定 π 值,即圆周率这个问题上走过了漫长的道路。

π 比较靠前的一些位数是：π = 3. 1415926535897932384…。

　　然而，到了 2011 年 10 月 18 日，由于日本系统工程师近藤茂和美国华裔研究生余智恒的不懈工作，这一数值已经精确到 10000000000050 位小数。他们两人的计算机在 2010 年和 2011 年两年中工作了 371 天。① 在没有计算机的情况下，计算 π 值是一项十分艰巨的工作。阿基米德在进行了许多努力后才得到两位小数的精确度。德裔荷兰数学家鲁道夫·范·科伊伦（Ludolph van Ceulen, 1540—1610）经过多年努力，才得到精确到 35 位小数的 π 值。1853 年，英格兰数学家威廉·卢瑟福把当时为人所知的 π 值扩展到了 440 位小数。1874 年，卢瑟福的一位学生威廉·尚克斯把 π 值扩展到了 707 位小数，取得这项成就耗费了他 15 年的光阴。

　　然而，有个地方出了差错。英国数学家奥古斯塔斯·德·摩根（Augustus de Morgan, 1806—1871）注意到，这个 π 值中有一些让人感到奇怪的地方：从第 500 位小数之后，7 这个数字的出现频率似乎相对较低。这让人百思不得其解，因为按照假设，在 π 的近似值中，从 0 到 9 这 10 个数字大体上应该是均匀分布的。德·摩根无法解释为什么 7 这个数字变少了，但他的直觉是正确的。尚克斯犯了一个错误。他在计算第 528 位小数的时候出现了失误。这一事实在 1946 年第一次被人发现，其中有电子计算机的功劳，

---

① 此处原文为 whose computer worked on this for 371 days in 2011，即"他们两人的计算机在 2011 年中工作了 371 天"，但一年最多只有 366 天（2011 年不是闰年，因此只有 365 天），何况这一工作最迟截至 2011 年 10 月 18 日，因此这里加上了 2010 年。——译者注

计算机的运行时间是 70 个小时！

利用公式 $\pi = 12 \ \arctan \dfrac{1}{4} + 4 \ \arctan \dfrac{1}{20} + 4 \ \arctan \dfrac{1}{1985}$，

D. F. 弗格森计算了新的 620 位小数的 π 值近似值，同时也发现了尚克斯的近似值中的错误。正如我们看到的那样，德·摩根猜想 π 的近似值中小数位的各数字应该平均分布，这一猜想是正确的。尽管人们没有证明这个猜想，但一代又一代的数学家为各个数字在 π 的近似值中的出现频率这一问题而着迷。它还在等待着人们给它一个最后的确切答案。

尚克斯的错误造成了一个令人尴尬的局面。1937 年，人们以螺旋图案的形式用木制 π 值镶嵌在巴黎发现宫（今天富兰克林·德拉诺·罗斯福大道上的巴黎科技）31 厅的圆顶天花板上。用这种方式来突出这个著名数字的地位是十分得体的，但他们用的近似值正是威廉·尚克斯在 1874 年得出的，其中第 528 位小数出现了错误。这一错误直到 1949 年才得到纠正。

33

四色地图问题

四色地图问题可以追溯到 1852 年，当时弗朗西斯·格思里（Francis Guthrie，1831—1899）在尝试为英格兰地图中各个郡上色时注意到，绘制一份彩色地图只要四种颜色就足够了。他问他的弟弟弗雷德里克·格思里，是不是任何一幅地图都有同样的情况，即只需要四种颜色即可完成上色，而且可以保证相邻地区颜色不同。所谓相邻地区指的是这些地区有一段共同的边界，而不只有一个共同的点。随后,弗雷德里克·格里斯就这个猜想与英国数学家奥古斯塔斯·德·摩根进行了交流。

早在 1879 年,英国专门出庭律师阿尔弗雷德·B. 肯普(Alfred B. Kempe, 1849—1922)就对此做出了一份试探性证明,但 1890 年珀西·J. 希伍德(Percy J. Heawood, 1861—1955)证实这份证明是错误的。希伍德在这个问题上花费了 60 年,四处寻找地图上色,最后他证明,五种颜色显然是足够的,但却始终无法确定四种颜色是否足够。后来人们也进行了多次尝试,但没有一项证明被证实是可靠的。

1975 年 4 月,美国纽约州沃平杰斯福尔斯市的威廉·麦格雷戈在《科学美国人》杂志上给出了一幅地图,声称这份地图需要五种颜色才能画出。然而同年 10 月,迪特尔·赫尔曼指出麦格雷戈是错误的,因为他证明了,上述地图仅仅用四种颜色就可以画出。

马丁·加德纳(Martin Gardner, 1914—2010)在 1975 年 4 月的《科学美国人》上发表了一篇专栏文章,文中有一幅包含 110 个地区的地图。加德纳声称,这幅地图至少需要五种颜色才能完全上色,因此是四色地图猜想的反例(见图 1.13)。

34　　　随后,在下一期《科学美国人》上,马丁·加德纳承认,他发表于 1975 年 4 月的整篇专栏文章不过是对读者开的愚人节玩笑而已。[11] 事实上,麦卡利斯特学院的数学教授斯坦·瓦贡(Stan Wagon)就通过计算机代数系统(CAS)"数学软件"对加德纳的地图进行涂色,证明只需要四种颜色就够了。这是一个有意制造错误的罕见例子。

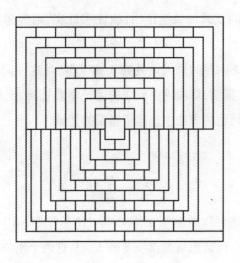

图 1.13

直到 1976 年,这个人称四色地图问题的难题终于被两位数学家肯尼斯·阿佩尔(Kenneth Appel, 1932—[2013]①)和沃尔夫冈·哈肯(Wolfgang Haken, 1928—)解决。运用计算机,他们考虑了所有可能的地图,最后确认,要为一幅地图上色,让其中任何两个具有共同边界的区域都以不同的颜色来代表,这一工作完全不需要 4 种以上的颜色。[12]他们使用了一台 IBM 360 型计算机,开机时间 1200 小时,检测了 1936 种情况,后来发现还需要检测另外 1476 种情况。这种"计算机证明方法"尚未被纯数学家广泛接受。但后来,数学家本雅明·维尔纳(Benjamin Werner)与乔治·贡蒂尔(Georges Gonthier)于 2004 年发表了一项四

① 方括号中的卒年为编者增补,原书无。——编者注

色地图问题的正式的数学证明,该证明证实,阿佩尔与哈肯的说法并无错误。

四色地图问题的诱人之处在于如下事实:这一问题非常容易理解,但事实证明,解决这一问题的途径非常复杂,让人难以猜度,因为在解决问题的方法中充满了错误的尝试。

卡塔兰猜想

这一猜想可以追溯至莱维·本·热尔松(Levi ben Gershon,1288—1344),该猜想认为:$2^3 = 8$ 和 $3^2 = 9$ 这两个乘方数是仅有的两个连续的乘方数。换言之,对于大于 1 的 x、y、m、n 来说,$x^m - y^n = 1$ 的唯一一组整数解是 $x = 3$,$y = 2$,$m = 2$ 和 $n = 3$。

1738 年,莱昂哈德·欧拉证明,对于平方数和立方数来说,以上一组数值是唯一可能的解。然后,比利时数学家欧仁·夏尔·卡塔兰(Eugène Charles Catalan, 1814—1894)于 1844 年将这一结论推广到了所有乘方数,认为以上一组解是唯一能令方程成立的数值。在证明这一猜想的过程中,出现了许多错误的尝试。然而,在对这一问题进行了长达 3 年的研究之后,罗马尼亚数学家普雷达·米哈伊列斯库(Preda Mihǎilescu, 1955—   )于 2002 年最终证明了这一猜想。[13]

人们或许会很感兴趣地看到,这一定理也可以推广到其他乘方数之间的差值上,详见以下表格:

差值	$x^m - y^n$
1	$3^2 - 2^3$
2	$3^3 - 5^2$
3	$2^7 - 5^3$
4	$5^3 - 11^2$
5	$3^2 - 2^2 = 2^5 - 3^3$
6	?
7	$2^{15} - 181^2$
8	$4^2 - 2^3$
9	$6^2 - 3^3$
10	$13^3 - 3^7$
11	$3^3 - 2^4$
12	$47^2 - 13^3$
13	$4^4 - 3^5 = 16^2 - 3^5$
14	?
15	$4^3 - 7^2$
16	$2^5 - 2^4$
17	$3^4 - 4^3 = 7^2 - 2^5$
18	$3^3 - 3^2$
19	$10^2 - 3^4$
20	$6^3 - 14^2$
30	$83^2 - 19^3$
40	$4^4 - 6^3 = 16^2 - 6^3$
50	?
60	$4^3 - 2^2$
80	$12^2 - 4^3$
100	$15^2 - 5^3 = 7^3 - 3^5$
200	$6^3 - 2^4$
500	$25^2 - 5^3$
600	$40^2 - 10^2 = 10^3 - 20^2$

　　皮埃尔·德·费马证明了,26 是唯一一个在一个平方数和一个立方数之间的数,$5^2 = 25 < 26 < 27 = 3^3$,注意到这一点是很有意思的。换句话说,$x^3 - y^2 = 2$ 只有唯一一组解,即 $x = 3, y = 5$。

波利尼亚克的想法导致了错误的工作

　　另外一个猜想是孪生素数猜想,这一猜想也导致了许多错误的"证明",并在这一过程中打开了数学研究中一些新领域的大门。这一猜想最早由阿方斯·德·波利尼亚克(Alphonse de Polignac, 1817—1890)于 1849 年陈述,其内容是:存在无穷多个孪生素数;这些孪生素数是其差为 2 的一对素数,例如(3,5)、(5,7)和(11,13)等。除了第一对(3,5)之外,所有其他的孪生素数之间的数字都是 6 的倍数。以下表格给出了一些孪生素数的例子。

n	$6n - 1$	$6n + 1$	孪生素数之间的数字
1	5	7	6
2	11	13	12
3	17	19	18
5	29	31	30
7	41	43	42
10	59	61	60
12	71	73	72

实际上,波利尼亚克说的是,对于任何正偶数 n 来说,存在无穷多对连续素数,每一对素数之差都是 n。也就是说,两个连续素数之间的差是 n 的情况会有无穷多种。对于孪生素数来说,$n=2$。

2011 年 2 月 25 日,计算机网页 www. Primegrid. com 宣布,它发现了截至该日期最大的孪生素数对,它们是 $3756801695685 \times 2^{666669} \pm 1$。这对素数有 200700 位数。

然而,是否存在无穷多个孪生素数对,这个问题仍旧让数学家们寝食难安。许多数学家为这一猜想做出了"证明",结果总是有人能找出这些"证明"中的错误。不过,随着这些尝试而来的是我们对数学的进一步理解。

一个至今尚无答案的问题

对于数学家来说,素数就是魅力之源。例如,有这样一个问题:是否有许多数字序列能够提供无穷多的素数。类似的一些问题经常让数学家在给出答案的时候出现错误——其他数学家会在前者的工作中发现问题而让这些答案归于无效。这种情况在涉及斐波那契数字的时候经常出现。[14]所谓斐波那契数就是 1,1,2,3,5,8,13,21,34,55,89,…这一数字序列,它们起源于比萨的莱昂纳多(今人称其为斐波那契[Fibonacci,约 1175—1240])撰写于 1202 年的著作《算盘书》中的兔子繁殖问题。各个数字可以在最前面的两个 1 之后递归求出,即下面的数字永远是前面两个数字之和。在斐波那契序列中包含了有限多个还是无穷多个素数? 这个问题至今未有明确的答案。

未证实的哥德巴赫猜想导致许多错误的尝试

德国数学家克里斯蒂安·哥德巴赫（Christian Goldbach，1690—1764）在他于 1742 年 6 月 7 日致莱昂哈德·欧拉的一封信中提出了下列命题，这一命题至今尚无人证明：

每个大于 5 的奇数都是三个素数之和。

这是哥德巴赫第二猜想，或者说是弱哥德巴赫猜想。

欧拉以下面形式强化了这个猜想，今天人们称其为哥德巴赫第一猜想，或称强哥德巴赫猜想：

每个大于 2 的偶数都可以表达为两个素数之和。

你或许想要从以下偶数表和它们各自的素数和开始，然后继续下去，让自己确信这一列表还会继续下去，看上去会一直延续至无穷。

大于 2 的偶数	两个素数之和
4	2 + 2
6	3 + 3
8	3 + 5
10	3 + 7
12	5 + 7
14	7 + 7
16	5 + 11
18	7 + 11
20	7 + 13
…	…
48	19 + 29
…	…
100	3 + 97

对这一猜想,同样有著名的数学家尝试过大量的证明工作:德
国数学家格奥尔格·康托尔(Georg Cantor, 1845—1918)证明,对
于不大于 1000 的所有偶数来说,这一猜想是成立的。随后人们又
在 1940 年证明,对于不大于 100000 的所有偶数,这一猜想也是成
立的。到了 1964 年,通过计算机的帮助,人们已经把这一范围扩
展到了 33000000;而在 1965 年,这一范围又扩展到了 100000000,
然后在 1980 年达到了 200000000。随后,德国数学家约尔格·里
希施泰因(Jörg Richstein)于 1998 年证明,哥德巴赫猜想对于所有
不大于 400 万亿的偶数来说都是正确的。

2012 年 4 月,托马斯·奥利维拉-席尔瓦(Tomás Oliveira e
Silva)把这一猜想的适应范围扩大到了 4×10^{18}。有人悬赏 100 万
美元征求对这一猜想的证明,但迄今为止,这笔奖金尚无人领
取。[15]数学家们在试图证明这一猜想适用于一切偶数的过程中犯
了许多错误,问题依旧未能得到解决。

与哥德巴赫提出的其他看上去正确但无法证明为真的猜想不
同,他的一个猜想最后被证明不成立。他在 1852 年 11 月 18 日致
欧拉的一封信中提出:每个大于 3 的奇数都可以写成一个奇数和
一个平方数的 2 倍之和。后面的表格列出了他的猜想的几个
例子。

在 1752 年 12 月 16 日的回信中,欧拉称他核对了前 1000 个
奇数,发现它们全都符合猜想。1753 年 4 月 3 日欧拉再次致信哥
德巴赫,这次他告诉哥德巴赫,他已经证实,前 2500 个奇数符合猜
想。然而,1856 年,德国数学家莫里茨·施特恩(Moritz Stern,
1807—1894)发现,对于 5777 和 5993 来说,哥德巴赫的猜想不成

立,因此证实这一猜想是错误的。如果不把 0 作为一个可能的平方数,则施特恩对前 9000 个奇数的检查还揭示出,对于以下数字,哥德巴赫猜想也不成立:17、137、227、977、1187 和 1493。至今尚未发现进一步的反例。通过这些对数学的娱乐式观察——尽管是错误的,哥德巴赫刺激了数论中的许多研究。

奇数	一个素数和一个平方数的 2 倍之和(哥德巴赫把 1 视为素数)
3	$= 1 + 2 \times 1^2$
5	$= 3 + 2 \times 1^2$
7	$= 5 + 2 \times 1^2$
9	$= 7 + 2 \times 1^2 = 1 + 2 \times 2^2$
11	$= 3 + 2 \times 2^2$
13	$= 5 + 2 \times 2^2 = 11 + 2 \times 1^2$
15	$= 7 + 2 \times 2^2 = 13 + 2 \times 1^2$
17	$= 17 + 2 \times 0^2$
19	$= 11 + 2 \times 2^2 = 17 + 2 \times 1^2$
21	$= 13 + 2 \times 2^2 = 19 + 2 \times 1^2$

洛塔尔·考拉兹的猜想造成了错误

1937 年,德国数学家洛塔尔·考拉兹(Lothar Collatz, 1910—1990)提出了一个问题,人们称之为 $3n + 1$ 问题(也有人把它叫作哈塞运算法则或者乌拉姆问题)。许多数学家试图解答这一问题,但都未获成功。同样,也有许多人试图证明这一问题,但他们的尝试是错误的。

这个问题是要证明如下猜想的正确性。

从任意选择的一个数字开始,进行如下运算:

如果这个数字是奇数,则乘以 3,再加 1。

如果这个数字是偶数,则除以 2。

持续这一过程,直到出现一个重复的循环过程。

41

无论你选择的是什么数字,在持续重复这一过程之后,你最后得到的结果都是数字 1。

我们不妨从数字 7 开始,遵照前面的规矩,我们将得到以下一系列数目:7,22,11,34,17,52,26,13,40,20,10,5,16,8,**4,2,1,4,2,1,**…

距今最近一次尝试是在 2008 年的 6 月 1 日,[16]人们使用计算机,发现这个 $3n+1$ 问题一直到 $18 \times 2^{58} \approx 5.188146770 \times 10^{18}$ 都是成立的。也就是说,即使对于一个大于 50 万亿亿的数字,这一结论都是正确的[17],然而,它是否会在一切情况下都成立,对此人们还没有得出证明。

坚持寻找对勒让德猜想的无错证明

人们在试图解决勒让德猜想问题时也犯了许多错误。这一猜想是阿德里安－马里·勒让德提出的,其内容是:对于一切自然数 n 来说,在 n^2 与 $(n+1)^2$ 之间必然存在着至少一个素数。下面的表格显示了这一关系的头几个例子。

n	1	2	3	4	5	6	7	8	9	10	11
n^2	1	4	9	16	25	36	49	64	81	100	121
$(n+1)^2$	4	9	16	25	36	49	64	81	100	121	144
p	2,…	5,…	11,…	17,…	29,…	37,…	53,…	67,…	83,…	101,…	127,…

n	12	13	14	15	16	17	18	19	20
n^2	144	169	196	225	256	289	324	361	400
$(n+1)^2$	169	196	225	256	289	324	361	400	441
p	149,…	173,…	197,…	227,…	257,…	293,…	331,…	367,…	401,…

当 $n=1,2,3,\cdots$ 时,在 n^2 和 $(n+1)^2$ 之间的最小素数分别是 $2,5,11,17,29,37,53,67,83\cdots$

当 $n=1,2,3,\cdots$ 时,在 n^2 和 $(n+1)^2$ 之间的素数的数目分别是 $2,2,2,3,2,4,3,4,\cdots$ 个。

当 $n=10$ 时,在 10^2 和 11^2 之间存在着 5 个素数,它们分别是 101、103、107、109 和 113。

当 $n=1000$ 时,在 $1000^2=10^6$ 和 $1001^2=1002001$ 之间存在着 152 个素数,它们分别是:

1000003;1000033;1000037;1000039;1000081;1000099;1000117;
1000121;1000133;1000151;1000159;1000171;1000183;1000187;
1000193;1000199;1000211;1000213;1000231;1000249;1000253;
1000273;1000289;1000291;1000303;1000313;1000333;1000357;
1000367;1000381;1000393;1000397;1000403;1000409;1000423;
1000427;1000429;1000453;1000457;1000507;1000537;1000541;

1000547；1000577；1000579；1000589；1000609；1000619；1000621；
1000639；1000651；1000667；1000669；1000679；1000691；1000697；
1000721；1000723；1000763；1000777；1000793；1000829；1000847；
1000849；1000859；1000861；1000889；1000907；1000919；1000921；
1000931；1000969；1000973；1000981；1000999；1001003；1001017；
1001023；1001027；1001041；1001069；1001081；1001087；1001089；
1001093；1001107；1001123；1001153；1001159；1001173；1001177；
1001191；1001197；1001219；1001237；1001267；1001279；1001291；
1001303；1001311；1001321；1001323；1001327；1001347；1001353；
1001369；1001381；1001387；1001389；1001401；1001411；1001431；
1001447；1001459；1001467；1001491；1001501；1001527；1001531；
1001549；1001551；1001563；1001569；1001587；1001593；1001621；
1001629；1001639；1001659；1001669；1001683；1001687；1001713；
1001723；1001743；1001783；1001797；1001801；1001807；1001809；
1001821；1001831；1001839；1001911；1001933；1001941；1001947；
1001953；1001977；1001981；1001983；1001989。

然而，这一猜想是否对于所有数字都有效？至今尚无证明。

不过，这一猜想尽管至今尚未证实，它已经被马丁·艾格纳（Martin Aigner, 1942—　）和京特·齐格勒（Günter Ziegler, 1963—　）作了推广，[18]他们将其用于寻找路德维希·冯·奥珀曼（Ludwig von Oppermann）于 1882 年提出的一个问题的无错解答。后者的问题是：在任何两个连续的平方数之间是否存在着两个素数。因此，用这样的猜想激励数学家寻找无错解答的过程仍然在继续。

与梅森素数有关的错误

让我们重温一下定义:一个素数是一个大于 1 的数字,它只有两个因数,一个是 1,一个是它本身。人们对于找到一个能自动生成素数的公式的巨大兴趣由来已久。应该很清楚的是,如果 n 不是一个素数,则任何形式为 2^n-1 的数字都不会是一个素数。但早期许多数学家认为,无论 n 取任何素数值,任何可以写成 2^n-1 这一形式的数字都是素数。

k	2^k-1	k 是否为素数	2^k-1 是否为素数	2^k-1 的分解因数式
0	0	否	否	—
1	1	否	否	—
2	3	是	是	—
3	7	是	是	—
4	15	否	否	3×5
5	31	是	是	—
6	63	否	否	$3^2 \times 7$
7	127	是	是	—
8	255	否	否	$3 \times 5 \times 17$
9	511	否	否	7×73
10	1023	否	否	$3 \times 11 \times 31$

这一想法在 15 世纪中叶得到了进一步的支持,因为当时人们确认了 $2^{13}-1=8191$ 是个素数。德国数学家雷吉乌斯(这一名字的拉丁文写法是 Hudalricus Regius)于 1536 年第一次发现了这一

猜想中的错误,他证明了,尽管 $n = 11$ 是个素数,但 $2^{11} - 1 = 2047$ $= 23 \times 89$ 不是一个素数。

彼得罗·卡塔尔迪(Pietro Cataldi, 1548—1626)在 1603 年证明,$2^{17} - 1$ 和 $2^{19} - 1$ 都是素数。然后他继续往前推进,结果在"期望再次鸿运高照"的过程中犯了错误,认为当 $n = 23, 29$ 和 31 时,$2^n - 1$ 也是素数。这些错误由一些著名数学家加以纠正。1640 年,费马证明,卡塔尔迪认为 $n = 23$ 和 $n = 37$ 时猜想成立的想法是错误的;1738 年,欧拉证明,卡塔尔迪假定 $n = 29$ 时猜想成立的想法也是错误的,但他认为,卡塔尔迪有关 $n = 31$ 时猜想成立的假定是正确的。

44

对这一课题的研究又进一步发生了错误。可以写成 $2^n - 1$ 形式的素数是以法国修士马林·梅森(Marin Mersenne, 1588—1648)的名字命名的。1644 年,梅森出版了一本题为《物理数学随感》的著作,他在前言中写道:当 $n = 2, 3, 5, 7, 13, 17, 19, 31, 67,$ $127, 257$ 时,形式为 $2^n - 1$ 的数是素数;而对于其他小于 257 的 n 来说,形式为 $2^n - 1$ 的数不是素数。但这种说法也是错误的!尽管他宣称自己核对了这一猜想,但就连与他同时代的人都并不真的相信他的说法。

直到 100 多年后,数学家们才开始检验他的说法。欧拉再次于 1750 年证明,$2^{31} - 1$ 是个素数;而在 1876 年,法国数学家爱德华·卢卡斯(Édouard Lucas, 1842—1891)证明,$2^{127} - 1$ 也是一个素数。在此后的 70 年里,后者是人们知道的最大素数。

1883 年,俄国数学家伊凡·M. 波佛辛(Ivan M. Pervushin, 1827—1900)证明,$2^{61} - 1 = 2305843009213693951$ 是个素数,证明

梅森猜想中有一个错误,因为他没有把 61 放进可能产生素数的 n 的清单里。R. E. 鲍尔斯(R. E. Powers)于 1911 年证明,$n = 89$ 时可以产生素数;他又于 1914 年证明,$n = 107$ 时也可以产生素数。然而,梅森猜想的另一个错误是,$n = 67$ 会产生一个素数:在 $n = 67$ 的情况下,$2^n - 1 = 147573952589676412927 = 193707721 \times 761838257287$,因此不是一个素数。

最后人们在 1947 年核对了让 $2^n - 1$ 是素数的不大于 258 的 n 值清单,这些 n 的值计有 $n = 2, 3, 5, 7, 13, 17, 19, 31, 61, 89, 107$ 和 127。以下是这些梅森素数的列表:

k	$2^k - 1$
2	3
3	7
5	31
7	127
13	8191
17	131071
19	524287
31	2147483647
61	2305843009213693951
89	618970019642690137449562111
107	162259276829213363391578010288127
127	170141183460469231731687303715884105727

今天我们称一个可以写成 $2^n - 1$ 形式的素数为梅森素数。1952 年,R. M. 鲁宾逊(R. M. Robinson,1911—1995)扩大了梅森

素数的列表,让 $n = 521, 607, 1279, 2203$ 和 2281 的梅森素数加入了这一行列。今天我们差不多确定了 50 个梅森素数,这些素数中最大的是 $2^{43112609} - 1$,它有 12978189 位数!

为了说明梅森素数的更大意义,我们可以看看它们与完全数之间的关系。所谓完全数就是一个数字的所有真因数(即除其自身之外的所有因数)的和与这个数本身相等。最小的完全数是 6,因为 $6 = 1 + 2 + 3$,而 1、2、3 是 6 除自身之外的所有因数。下一个完全数是 28,因为 $28 = 1 + 2 + 4 + 7 + 14$。

496 和 8128 也是完全数。考虑这些数字的因数分解:

$$6 = 2 \times 3$$

$$28 = 4 \times 7$$

$$496 = 16 \times 31$$

$$8128 = 64 \times 127$$

这些数字可以写成 $2^{n-1}(2^n - 1)$ 的形式,其中 $n = 2, 3, 5$ 和 7。欧几里得(约公元前 365—约前 310/290)[①]提出的一项定理概括了寻找完全数的方法。他在这项定理中提出,对于一个整数 n 来说,如果 $2^n - 1$ 是一个素数,则 $2^{n-1}(2^n - 1)$ 就是一个完全数。

我们肯定已经注意到了,这样的完全数的一个因数是梅森素数 $2^n - 1$。因此我们可以说,当且仅当 p 可以写成 $2^{n-1}(2^n - 1)$ 的形式,而且 $2^n - 1$ 是梅森素数的时候,p 才是一个偶完全数。顺便

---

① 关于欧几里得的生卒年,无确切记载,一般认为他活跃于约公元前 4 世纪至公元前 3 世纪,可能出生于公元前 325 年,死于公元前 270 年。——译者注

提一下,如果 $2^n - 1$ 是素数,则 n 也是素数。

　　在我们结束有关完全数的讨论之前,希望大家注意到,所有完全数的最后一位数都是 6 或者 8。

　　在修正了梅森素数的历史错误之后,为纪念梅森素数,美国邮政总局于 1963 年在伊利诺伊大学的邮资机上镌刻了当时人们所知的最大素数的图案,这个素数就是加拿大数学家唐纳德·B. 吉利斯①（Donald B. Gillies, 1929—1975）在那一年发现的 $2^{11213} - 1$（见图 1. 14）。[19]

图 1. 14

　　人们现在还无法确认完全数的数目是否是无穷的。此外,我们也不知道是否存在奇完全数,尽管已发现的所有完全数都是偶数。如果有这种完全数,它们也必须大于 10^{1500},并且至少有 8 个不同的素数因数,或者,如果某个这种数字不能被 3 整除,那么它就必须有 11 个不同的素数因数。[20]

皮埃尔·费马的大错误

　　虽然法国数学家皮埃尔·德·费马享有爱犯错误的名声,他

_____

① 　当时吉利斯在美国伊利诺伊大学任教。——译者注

依旧是人类历史上最伟大的顶级数学家之一。他在 1654 年致数学家布莱兹·帕斯卡的一封信中说,尽管他还没有得出一项证明,但他相信,任何可以写成 $F_m = 2^{2^m} + 1$ 的形式的数字都是素数,其中 m 为自然数。我们今天仍然称这些数为费马数。正如你们现在所料,费马的判断是错误的! 下面就让我们看一看费马数中最小的几个吧:

$$F_0 = 2^{2^0} + 1 = 2^1 + 1 = 3$$

$$F_1 = 2^{2^1} + 1 = 2^2 + 1 = 5$$

$$F_2 = 2^{2^2} + 1 = 2^4 + 1 = 17$$

$$F_3 = 2^{2^3} + 1 = 2^8 + 1 = 257$$

$$F_4 = 2^{2^4} + 1 = 2^{16} + 1 = 65537$$

但当 $m = 5$ 时,我们发现费马犯了一个错误,因为 F_5 不是一个素数。1732 年,欧拉证明,$F_5 = 2^{2^5} + 1 = 2^{32} + 1 = 4294967297$,该数可以分解为 641×6700417,因此不是一个素数。

费马的失误并没有到此为止。1880 年,82 岁高龄的法国数学家福蒂纳·兰德里(Fortune Landry, 1799—?)证明,费马数 $F_6 = 2^{2^6} + 1 = 2^{64} + 1$ 也不是素数(H. 勒·拉瑟尔[H. Le Lasseur]也在 1880 年独立证明了这一点),因为 $F_6 = 18446744073709551617 = 274177 \times 67280421310721$。

正如历史上发生的那样,托马斯·克劳森(Thomas Clausen, 1801—1885)在他于 1855 年致卡尔·弗里德里希·高斯的信中已经叙述过这一因数分解,但当时这件事并没有广为人知。因此我们必须假定,兰德里的工作是在他不知道克劳森这封信的情况下做出的。克劳森确实证明了 67280421310721 是个素数。[21] 如果费马泉下有知，他更会感到"尴尬"的是，1975 年，迈克尔·A. 莫里森（Michael A. Morrison）和约翰·布里尔哈特（John Brillhart）发表了一篇论文，证明 F_7 也不是素数，因为它可以分解成以下形式：

$$F_7 = 340282366920938463463374607431768211457$$
$$= 59649589127497217 \times 5704689200685129054721。$$

1980 年至 1995 年，费马数 F_8、F_9、F_{10} 和 F_{11} 被分解成功。其他可以分解的费马数是 F_{12}—F_{32}。至今，尚未被分解的最小费马数是 F_{33}。实际上，F_4 是已知最大的费马素数。

有意思的是，高斯曾在 1796 年证明，如果 n 的素因数是不同的奇费马素数，则可以用尺规作图法画出正 n 边形的图形。高斯猜想，这也是一个必要条件，但他未能给出证明。1837 年，法国数学家皮埃尔·旺策尔（Pierre Wantzel, 1814—1848）证明了这一点。

高斯最为宝贵的发现之一是 17 边形可以用尺规作图法画出。他要求把这个图形镌刻在他的墓碑上，人们确实这样做了。无法用尺规作图法画出的正 n 边形是当 $n = 7, 11, 13, 19, 23, \cdots$ 时，还有当 n 为素数的幂的时候，诸如 $n = 9, 25, 27, \cdots$ 的时候，自然还有当 n 等于这些数的倍数的时候。

阿方斯·德·波利尼亚克的错误猜想

法国数学家阿方斯·德·波利尼亚克曾宣称："每一个大于 1

的奇数都可以表达为 2 的一个幂与一个素数的和的形式。"[22]

如果检查几个最小的数的情况,我们发现这个陈述似乎为真。然而,当你看到下面这份名单的时候,就会发现,这一说法对从 3 到 125 之间的奇数是成立的,然后对 127 就不成立了,此后又在一段时间内继续成立。

或许你可以发现让波利尼亚克猜想不成立的下一个数字。确实,下面几个让波利尼亚克猜想不成立的数字是 149、251、331、337、373 和 509,之后的另一个反例是 877。

49

奇数	2 的一个幂与一个素数之和
3	$= 2^0 + 2$
5	$= 2^1 + 3$
7	$= 2^2 + 3$
9	$= 2^2 + 5$
11	$= 2^3 + 3$
13	$= 2^3 + 5$
15	$= 2^3 + 7$
17	$= 2^2 + 13$
19	$= 2^4 + 3$
…	…
51	$= 2^5 + 19$
…	…
125	$= 2^6 + 61$
127	$= ?$
129	$= 2^5 + 97$
131	$= 2^7 + 3$

检验以上各个数字的情况是相当容易的。127 的情况似乎有些"棘手"，因为它是 2 的幂之和，[①]因此不如让我们检验一下 149。

因为 $2^8 = 256 > 149$，因此我们只需要证明 $149 - 2^k$ 所得的差在 $k = 1$ 到 7 的情况下不是素数就可以了。核查情况如下：

$$149 - 2^0 = 149 - 1 = 148（可以被 2 整除）$$

$$149 - 2^1 = 149 - 2 = 147（可以被 3 整除）$$

$$149 - 2^2 = 149 - 4 = 145（可以被 5 整除）$$

$$149 - 2^3 = 149 - 8 = 141（可以被 3 整除）$$

$$149 - 2^4 = 149 - 16 = 133（可以被 7 整除）$$

$$149 - 2^5 = 149 - 32 = 117（可以被 3 整除）$$

$$149 - 2^6 = 149 - 64 = 85（可以被 5 整除）$$

$$149 - 2^7 = 149 - 128 = 21（可以被 3 整除）$$

你可以对其他反例进行同样的工作，确认它们也无法分解成任何形式的 $2^k +$ 素数组合，因为我们可以核查所有可能的 2^k 的差，证实这些数永远都不可能是素数。

1848 年，波利尼亚克进一步猜想：每一个大于 1 并小于 3000000 的奇数（除了数字 959）都可以表达成 2 的一个幂和一个素数的和的形式。[23]但 1960 年人们证明，[24]在这个范围内有许许多多[②]奇数可以证实波利尼亚克的错误，例如，人们无法用这样的形式来

---

① 原文是 since it is a sum of powers of 2，但并非一眼即可看出。或许可以这样处理：$127 = 2^0 + 2^1 + 2^2 + 2^3 + 2^4 + 2^5 + 2^6$。——译者注

② 原文为 infinitely many，意为"无穷多"，但是 3000000 只是一个有限数，在这一范围内的奇数个数显然是有限的，可以证实波利尼亚克的错误的奇数自然也就是有限的，故此处用"许许多多"加以表达。——译者注

表达数字 2999999。

顺便提一下,1849 年,阿方斯·德·波利尼亚克还提出了另外一个猜想,这个猜想现在还没有人证明其真伪。这个猜想说的是:

两个连续素数之差是一个偶数 n,有无数组这样的情况存在。

例如,假设我们令 $n=2$。有一些连续素数对的差值是 2,例如 $(3,5)$、$(11,13)$、$(17,19)$ 等。但这次我们无法确定这一猜想的真伪。

莱昂哈德·欧拉的错误猜想

著名数学家的错误时常会导致许多新的发现,这些发现有时甚至与猜想本身并无关联。但对于像瑞士数学家莱昂哈德·欧拉这样一个多产的作者来说,提出一个错误的猜想是相当令人吃惊的,然而这一猜想却激励了好几个世纪的数学家。我们都很熟悉毕达哥拉斯定理,知道 $a^2+b^2=c^2$ 这一方程有整数解。欧拉证明了 $a^3+b^3=c^3$ 这一方程没有整数解。然而,通过英国数学家安德鲁·怀尔斯 1994 年的出色工作,我们已经知道,在 $n>2$ 的情况下,$a^n+b^n=c^n$ 这个方程没有整数解。

以自己对 $a^3+b^3=c^3$ 这一方程没有整数解的证明为基础,欧拉猜想,以下方程中的每一个以及所有与之类似的方程,都没有整数解:

$$a^3+b^3=c^3$$
$$a^4+b^4+c^4=d^4$$
$$a^5+b^5+c^5+d^5=e^5,$$

等等。好吧,命运就是如此,后来人们证明,欧拉是错误的! 1966

年,利昂・J. 兰德(Leon J. Lander)和托马斯・R. 帕金(Thomas R. Parkin)发现了以上方程在 $n=5$ 的情况下的一个解:[25]

$$27^5 + 84^5 + 110^5 + 133^5 = 61917364224 = 144^5 。$$

然后,诺姆・埃尔基斯(Noam Elkies, 1966—　)于 1988 年发现了以上方程在 $n=4$ 的情况下的一个解:[26]

$$2682440^4 + 15365639^4 + 18796760^4$$

$$= 180630077292169281088848499041 = 20615673^4 。$$

埃尔基斯进一步证明,$n=4$ 时,方程存在着无穷多个解,其中最小的一个解由罗杰・弗赖伊于同年发现:

51

$$95800^4 + 217519^4 + 414560^4 = 31858749840007945920321 = 422481^4 。$$

这些反证说明欧拉的猜想是错误的。

欧拉的另一个错误

欧拉是有史以来最受人崇敬的数学家之一。在我们败坏他的名声之前,应该说,他的好多猜想都是成立的,而且这些猜想多次为数学研究指出了新的方向。但是他有时候也会犯错误。其中一个错误是他对凯瑟琳大帝(1729—1796)的宫廷中人提出的一个问题的回答。这个问题是:如何将每一个由 6 个不同的军阶(例如将军、上校、中校、少校、上尉、中尉)组成的 6 个不同的军团安排成 6 行 6 列,而令每一行或每一列中都不含有同样的军阶或者同一个军团。欧拉在他 1782 年的《新型幻方之研究》文章中称这个问题为"36 军官问题",并正确地猜到了答案:无法做到这一点。有关这一猜想的证明直到 1900 年才由加斯顿・塔里(Gaston Tarry,

1843—1913）做出。[27]

这一问题可以被简化成安排一个 6×6 的正方形，使正方形的每行每列只容一个团的军官和一个军阶的军官。

然而，在一个 4×4 的正方形中，却可以像玩扑克牌一样，安排每套由四名游戏者组成的四套阵容，如图 1.15 所示。请注意，在其中任何一行或一列中都没有重复出现任何花色或者人头牌。

♥K	♣Q	♠J	♦A
♣J	♥A	♦K	♠Q
♠A	♦J	♥Q	♣K
♦Q	♠K	♣A	♥J

图 1.15

欧拉的错误是，他进一步猜想，建立这种类型的正方形阵列 52
（即不存在重复）不仅对于 2×2 正方形（这一点很简单）和6×6 正方形是不可能的，而且对于所有行数与列数可以用 $4k+2$① 这一形式来表达的正方形都是不可能的；也就是说，其中包括10×10（$k=2$）正方形和 14×14（$k=3$）正方形。但是最优秀的数学家历经数百年的努力最终证明，欧拉的这个猜想是错误的。

直到距离我们不足百年的 1922 年，人们都还一直认为，欧拉

---

① 这里，应对 k 的属性加以说明，即 $k=0,1,2,3,\cdots$。如果 k 没有这样的属性，则原文所说不能成立。——译者注

的这个猜想已经被证明是正确的。[28]然而在 1958 年,拉杰·钱德拉·博斯(Raj Chandra Bose, 1901—1987)和山拉德钱德拉·尚卡尔·什里克汉德(Sharadchandra Shankar Shrikhande, 1917—　)却驳倒了这一理念。[29]他们成功地得出了一个符合条件的 22×22 正方形,也就是在 $4k + 2$ 中令 $k = 5$。他们的发现大受欢迎,1959 年11 月号的《科学美国人》封面上还展示了这一正方形。第二年,欧内斯特·蒂尔登·帕克(Ernest Tilden Parker, 1926—1991)成功构建了一个 10×10 正方形。[30]此后,R. C. 博斯、S. S. 什里克汉德和 E. T. 帕克又于 1960 年证明,欧拉的猜想对于所有 $m = 4k + 2$($k \in$ $\mathbf{N}, k > 1$)都不成立。[31]

不过,在这个过程中,许多数学的新领域得以孕育。因此,欧拉的一些正确猜想在过去几个世纪中具有巨大的价值。

勒让德犯下的令人尴尬的错误

19 世纪中叶,通过查尔斯·戴维斯的翻译和一些重新加工,法国著名数学家阿德里安 - 马里·勒让德在 1794 年以法语出版的几何书成了美国中学几何教科书。但他做的一个猜想后来被证明是不正确的。他在这一猜想中提出,不存在可以令

$$\left(\frac{p}{q}\right)^3 + \left(\frac{r}{s}\right)^3 = 6$$

成立的自然数 p、q、r、s。

在趣味数学方面多有贡献的英国数学家亨利·杜德尼(Henry Dudeney, 1857—1930)发现了勒让德猜想的一个有趣反例,从而

让它成了一项错误的猜想。他发现,当 $p = 17$, $q = 21$, $r = 37$, $s = 21$ 时,我们可以得到

$$\left(\frac{17}{21}\right)^3 + \left(\frac{37}{21}\right)^3 = \frac{4913}{9261} + \frac{50653}{9261} = 6。$$

错误已被验明正身!

尼古拉·切博塔廖夫犯下的出人意料的错误

可以对二项式 $x^n - 1$ 进行因式分解,从中提出一个 $x - 1$ 项。以下表格可以说明这一问题。

n	$x^n - 1$	分解因式
1	$x^1 - 1$	$x - 1$
2	$x^2 - 1$	$(x - 1) \cdot (x + 1)$
3	$x^3 - 1$	$(x - 1) \cdot (x^2 + x + 1)$
4	$x^4 - 1$	$(x - 1) \cdot (x + 1) \cdot (x^2 + 1)$
5	$x^5 - 1$	$(x - 1) \cdot (x^4 + x^3 + x^2 + x + 1)$
6	$x^6 - 1$	$(x - 1) \cdot (x + 1) \cdot (x^2 + x + 1) \cdot (x^2 - x + 1)$
7	$x^7 - 1$	$(x - 1) \cdot (x^6 + x^5 + x^4 + x^3 + x^2 + x + 1)$
8	$x^8 - 1$	$(x - 1) \cdot (x + 1) \cdot (x^2 + 1) \cdot (x^4 + 1)$
9	$x^9 - 1$	$(x - 1) \cdot (x^2 + x + 1) \cdot (x^6 + x^3 + x^2 + 1)$
10	$x^{10} - 1$	$(x - 1) \cdot (x + 1) \cdot (x^4 + x^3 + x^2 + x + 1) \cdot$ $(x^4 - x^3 + x^2 - x + 1)$

53

请注意,所有因式都包括 +1 或者是 -1 的常数和系数。更进一步,我们会发现,当 $n=20$ 的时候进行的因式分解可以得出下面的结果:$x^{20} - 1 = (x-1) \cdot (x+1) \cdot (x^2+1) \cdot (x^4+x^3+x^2+x+1) \cdot (x^4-x^3+x^2-x+1) \cdot (x^8-x^6+x^4-x^2+1)$。

当 n 增加的时候,因式分解变得越来越复杂,也就是说,如果不使用计算机代数系统(CAS),因式分解就会越来越复杂。然而,即使在 n 增加的时候,我们也会注意到,x 的系数总是 ±1 或者 0。

54

1938 年,苏联数学家尼古拉·格里戈里耶维奇·切博塔廖夫(Nikolai Grigorievich Chebotaryov, 1894—1947)在未给出证明的情况下认为,这一模式将对所有 $n > 0$ 的情况成立。这一陈述没过多久就被证明是错误的。

1941 年,另一位苏联数学家瓦伦丁·康斯坦丁诺维奇·伊万诺夫(Valentin Konstantinovich Ivanov, 1908—1992)发现了一个反例,即当 $n=105$ 的时候,把二项式展开后可以得到:[32]

$$x^{105} - 1 = (x-1) \times (x^2+x+1) \times (x^4+x^3+x^2+x+1) \times (x^6+x^5+x^4+x^3+x^2+x+1) \times (x^8-x^7+x^5-x^4+x^3-x+1) \times (x^{12}-x^{11}+x^9-x^8+x^6-x^4+x^3-x+1) \times (x^{24}-x^{23}+x^{19}-x^{18}+x^{17}-x^{16}+x^{14}-x^{13}+x^{12}-x^{11}+x^{10}-x^8+x^7-x^6-x^5-x+1) \times (x^{48}+x^{47}+x^{46}-x^{43}-x^{42}-\mathbf{2x^{41}}-x^{40}-x^{39}+x^{36}+x^{35}+x^{34}+x^{33}+x^{32}+x^{31}-x^{28}-x^{26}-x^{24}-x^{22}-x^{20}+x^{17}+x^{16}+x^{15}+x^{14}+x^{13}+x^{12}-x^9-x^8-\mathbf{2x^7}-x^6-x^5+x^2+x+1)$$。

请注意,在这一因式分解中,系数 -2 出现了两次(上式中以粗体字示之):一次是 x^{41},另一次是 x^7。不妨再稍微往前走一步来阐明这一猜想的错误:我们可以使用某种计算机代数系统,这时就可以看到,在二项式 $x^{2805}-1$ 的分解因式中,除了有 $+1$ 和 -1 作为系数之外,还有 $+2$ 和 -2、$+3$ 和 -3、$+4$ 和 -4、$+5$ 和 -5 以及 $+6$ 和 -6 作为系数。作为这一分解因式的样本项的例子,我们可以看到其中包括的 $-6x^{707}$ 和 $+6x^{692}$。

亨利·庞加莱代价高昂的错误

人们认为,法国数学家、物理学家庞加莱(Henri Poincaré, 1854—1912)是 19 世纪 90 年代到 20 世纪初的数学领袖之一。他在物理学上的贡献以光学、电学和量子力学为中心。他也关心热动力学和相对论理论,是这门学科的创始人之一。为庆祝自己的 60 岁诞辰,瑞典与挪威国王奥斯卡二世(Oskar II, 1829—1907)悬赏 2500 克朗征求四个数学问题的答案,其中第一个问题涉及 n 体运动这一难题。这一问题的背景与以下问题有关:我们的太阳系会永远保持现在这个样子,还是说地球会以螺旋形运动逐步离太阳而去?换句话说,我们可以想象有 n 个质点,它们的位置和速度随时间的变化就是太阳和行星缩成一点时的情况,那么,我们是否可能无限期地确定这些个体的运动?在 $n=2$ 的情况下,牛顿证明,这样一个系统将在一条椭圆轨道上持续运动,其中每个个体都将围绕着它们的共同质心运动。由于同时考虑太阳系中的行星及其各自的卫星会使这一问题过分复杂,庞加莱决定考虑一个包括三个行星的系统。按照牛顿的观点,当 $n>2$ 时,牵涉到的计算将会非常复杂,人的大脑根本无法胜任。约翰尼斯·开普勒和尼古拉·哥白尼把三体问题视为最为困难的数学问题之一。莱昂哈

德·欧拉和约瑟夫－路易·拉格朗日（Joseph-Louis Lagrange,
1736—1813）在试图解决这一问题时也未能成功。这一问题的一
些部分处理的是幂级数和与微分方程相关的几何定理。庞加莱简
化了这一问题，以便能够向它的最后解决迈出决定性的几步。他
也确信，他对运行轨道进行的近似处理会让他更接近问题的解决，
而他对这三个天体的位置进行的近似处理不会影响问题的解决。

　　庞加莱这篇处理简化版三体问题的论文特别长，有 158 页。
尽管这篇论文没有完全回答原来的问题，人们还是接受了他的答
案，于是庞加莱赢得了这笔奖金。奖金颁发之后，人们发现这些行
星的位置有了些微改变，导致轨道出现偏差，这让他的论文出现了
错误。这个错误让庞加莱感到心烦意乱，以至于他与奖金颁发委
员会联系，退还了奖金。他不得不承认，即使对初始条件进行微小
的改动，也会导致完全不同的轨道。由于他的失误，庞加莱随后撰
写了一篇后续论文，其中说明，在进一步思考之后，对此问题做出
混沌解还是可能的。

56　为避免错误而提供的奖项

　　尚未解决的问题在数学上有着非常重要的地位。为解决这些
问题而进行的尝试经常导致其他非常重要的发现。一个尚未被世
界上最富天赋的头脑解决的问题往往会刺激我们的兴趣，好像它
在无言地向我们发问：你能征服我吗？特别是在问题本身看上去
非常容易理解时，这种感觉会更为强烈。

　　在 1900 年 8 月 8 日于巴黎召开的第二届国际数学家大会上，

德国数学家大卫·希尔伯特（David Hilbert, 1862—1943）公布了对未来具有深远影响的 23 个未解问题。20 世纪的数学研究很大一部分受到了这份未解问题名单的影响，因为无论成功与否，人们通过解决这些问题而进行的尝试都促成了一些重要的发现。

为纪念这一重大事件，并为数学跨入 21 世纪（100 年后）提供合适的启动动力，新近成立的克雷数学研究所（位于马萨诸塞州剑桥市）设计了它自己的待解问题清单，并于 2000 年 5 月 24 日在巴黎法兰西学院以演讲形式正式公布，演讲的题目为"数学的重要性"。克雷数学研究所的创办人和资助者兰顿·T. 克雷（Landon T. Clay, 1927—[2017]）是一位商人，他热爱数学，却在哈佛大学主修英语。他认为数学研究所获得的经济赞助偏低，并有兴趣为让这一学科广为人知而奉献力量。他悬赏 100 万美元，奖励能够解决清单上任何一个未解问题的人。这些"千年问题"中的一个已经被一位俄罗斯数学家格里高利·佩雷尔曼（Grigori Perelman, 1966— ）解决，此人于 2002 年证明了庞加莱猜想。

著名人物因不慎而造成的错误！

著名科学家有时也会因不仔细而犯下简单的数学错误。令人遗憾的是，这种错误有时候会长期存在。举个例子，让我们看看著名科学家、诺贝尔奖得主恩里科·费米（Enrico Fermi, 1901—1954）犯下的错误吧；由于极少犯错误，他在同事中享有"教皇陛下"的绰号。好吧，只要说说下面的例子就足够了：他有时也会犯错误，而且对于他来说悲剧的是，其中一个还被拍成了照片；更令人尴尬的是,这帧摄于 1948 年的照片甚至出现在为纪念他的百年诞辰而发行的一张美国纪念邮票上(2001 年)。如图 1.16 所示,在邮票左上角,他用粉笔写在黑板上的公式中有一个错误。这是一位杰出的科学家因不仔细而犯下的错误:费米错误地互换了符号 e 与 $\hbar$ 的位置。

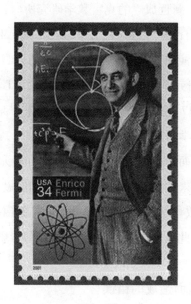

图 1.16

34¢:

错误的等式: $a = \dfrac{\hbar^2}{e \cdot c}$。

正确的等式应该是: $a = \dfrac{e^2}{\hbar \cdot c}$,

其中, a 为精细结构常数; e 是电子的电荷;

$\hbar = \dfrac{h}{2\pi}$ 是简约后的普朗克常数;而 c 是光在真空中的速度。

结论

在我们结束对杰出数学家所犯错误的讨论的时刻,我们不应该忘记,甚至最伟大的现代思想家之一阿尔伯特·爱因斯坦(1879—1955)也曾在他的许多发现中犯过错误,有多部著作专门叙述了这些错误。其中有一本是汉斯·C. 瓦尼安所著的《爱因斯坦的错误》,[33] 书中提到了爱因斯坦发表的 180 篇学术论文,其中 40 篇存在错误。这些错误并没有阻止他进行杰出的观察研究,而且它们都在后来得到了纠正。近年来人们发现,约翰尼斯·开普勒的笔记中也包括了他在行星观察中所犯的错误,但是,开普勒同样无视了这些细小的偏差,并继续在行星运动和日食的性质问题上做出了一些最令人震惊的发现。下面这段常被认为出自爱因斯坦的著名引言,或许就是对这种情况的最好总结:"只有那些从来也没有尝试过新事物的人才会永远不犯错误。"读者或许会感到奇怪,为什么我们要在这里强调人们犯过的错误,特别是这些错误并不广为人知。绝大多数研究人员,譬如科学家、数学家和其他开创新领域的人,都会犯错误,他们时常能够自己改正这些错误。在其他情况下,例如安德鲁·怀尔斯,错误是由其他人发现的,然后犯错误的人又自己改正了——至少我们希望情况会是如此! 既然是这样,为什么我们对这些错误的关注还少之又少呢? 大多数论及科学与数学的书籍从不叙述这些错误,它们只讲述正确的结果。

不过,当我们回顾数学史的时候,就会注意到,整个历史上最伟大的数学家之一,卡尔·弗里德里希·高斯似乎从来没有在他发表的作品中犯过任何错误。一句拉丁格言似乎主宰了他的行为，这句格言就是"Pauca sed matura"，意思是"少，但要成熟"。直到 1898 年，人们发现了他的日记并对其进行分析之后才意识到，高斯并没有发表他的全部发现。

如果我们接触了这些著名的错误，或许就能对不同学科有更多了解，这也是本书后面章节的目标之一。

当我们在数学中出现的许多错误中观光游览的时候,首先停靠在算术领域是合情合理的,因为这里通常是人们第一次接触数学的地点。这个领域中出现的错误包括从数数时的失误,到稀奇古怪的计算与对逻辑思维的各种违背。很显然,一些错误是因为违背了确立已久的数学规则而发生的,其中一些规则没有获得他们应有的知名度。还有一些错误的发生是因为人们过早地下结论,然后才发现这些结论有问题。现在,就让我们开始这次旅行吧!

绊脚石:计数时发生的错误

可以从一道典型的减法问题中看出学生普遍会犯下的一个错误,而这个错误老师们认为早已被改正了。现在就让我们考虑下面这个问题:

在一条街道上,房屋的号码从 22 号到 57 号连续排列。我们的问题是:这条街道有多少所房子?

大部分学生会理所当然地使用减法:57 - 22 = 35,因此答案是有 35 所房子。很清楚,这是一个错误的答案。正确的答案实际上是 $35 + 1 = 36$(所)房子。为了说明对房子的计数,学生们可以把房子的号码各自减去 21,于是他们就可以从 1 号开始数起,答案便一目了然了。

　　还有与此类似的例子,可以进一步说明这个相当普遍的错误。现在考虑一座 10 层的公寓楼,其中第一层是底层,各层之间的楼梯都有相同数目的台阶。走到第 10 层楼时走过的路程是走到第 5 层楼的多少倍? 一般会立即回答:2 倍。但遗憾的是,这个答案并不正确。由于第一层是底层,因而走到第 10 层共有 9 段楼梯;而走到第 5 层只有 4 段楼梯。因此,走到第 10 层的路程是走到第 5 层的路程的 $\frac{9}{4} = 2.25$ 倍。

　　与此类似的是一个有关自鸣钟的问题。这只自鸣钟在 5:00 的时候响 5 声,需要的时间是 5 秒(我们假定钟声的那一下"梆"声不占用时间)。那么,这只自鸣钟 10:00 的时候要用多少时间? 通常的回答是 10 秒,这也是错误的! 因为在钟敲 5 响的时候只有 4 个时间间隔,因此每一个时间间隔占用的是 $\frac{5}{4}$ 秒。而在 10:00 的时候,10 次敲钟有 9 个间隔,因此需要的时间是 $9 \times \frac{5}{4} = 11\frac{1}{4}$(秒)。

　　有不计其数的例子可以用来凸显这类问题的重要性,同时让我们感到十分有趣,因为它们或多或少都是违背人们直觉的。或许可以将之称为常识性错误!

计算前没有思考而导致的错误

一种叫作书虱的昆虫喜欢咬穿书页,某日它开始了一次吃书大旅行,目标是一套三卷本、大小相同的书。这些书放在一个书架上,从左至右按正常顺序排列。书虱从第一卷的第一页开始动口,咬穿了第一卷之后接着咬第二卷,直到咬穿了第三卷的最后一页,这才破洞而出。如果每本书从封面到封底的厚度为5cm,每个封底或封面的厚度是1mm,那么书虱的整个旅途路径是多长?当然,我们假定它的旅程是沿着最短的直线进行的。

典型的回答是14.8cm,其计算过程如下:

[(第一卷 − 2 封面/封底) + 1 封面/封底] + (第二卷) + [(第三卷 − 2 封面/封底) + 1 封面/封底] = (4.8cm + 0.1cm) + 5cm + (4.8cm + 0.1cm)。

这个答案是错误的!

正确的答案是5.2cm,计算过程是0.1cm + 5cm + 0.1cm。

如果你看一看图2.1,就可以发现,第一卷的第一页在第一卷的最右边,而第三卷的最后一页在第三卷的最左边。

61

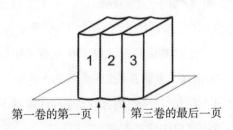

第一卷的第一页 ↑　↑ 第三卷的最后一页

图2.1

绊脚石：编号造成的错误

经常有这样的情况：计数中发生的失误在发生后的很长时间内都没有人注意。2000 年 1 月 1 日，《纽约时报》纠正了一个发生在 100 多年前的失误。该报的一位员工在 1898 年 2 月 6 日注意到，那一天的发行编号是 14499。于是他错误地把第二天的编号写成了 15000，而不是 14500。这个错误直到 2000 年 1 月 1 日（星期六）才得到纠正。那一天的发行编号是 51254，而前一天的发行编号是 51753。如果你想知道《纽约时报》发行编号第 1 号出现在哪一天的话，答案是：《纽约时报》发行编号第 1 号出版于 1851 年 9 月 18 日。

62　　　　有些印刷错误不像《纽约时报》的发行编号那么容易纠正。通过漫画《大力水手》，我们得知菠菜可以让人长得特别强壮。但这主要是由对菠菜中的含铁量的误解或者说是错误造成的。每 100 克新鲜菠菜中大约含有 3.5 毫克铁；而当菠菜下锅做成菜看上桌后，它的含铁量会减少到大约 2 毫克，我们知道，这其实要比面包、肉或者鱼中的含铁量少很多。这种对菠菜中的含铁量的误解来自 20 世纪 30 年代的一个印刷错误。一个小数点被人错误地向右移动了一位，这当然就给出了一个 10 倍于它应有数值的数值。我们或许可以把这看成一个让每 100 克菠菜中的含铁量变成正确数值 10 倍的错误。[1] 也就是说，正确的 3.5 毫克变成了错误的 35 毫克。而由于《大力水手》起的强化作用，许多孩子就在吃菠菜能瞬间获得力量的想象中成长起来。

四舍五入可能会造成错误的答案

有时候会出现正确的四舍五入导致错误的答案的情况。让我们考虑下面这个例子:在一个机场上有 963 位因航班问题而滞留的旅客。人们预定了大客车把这些旅客送往他们去的地方。每辆大客车可以乘坐 59 名旅客。问题是,需要多少辆大客车才能把这些旅客送走?通常情况下,一位学生将进行下面的计算:$\frac{963}{59} = 16.32203389$。因为大客车的数目必须是整数,这位学生就正确地把答案四舍五入到 16,因为小数点后面的那一位数是 3,小于 5。很清楚,这个答案没有解决问题。而且,尽管计算是正确的,问题却没有正确地得到解决。显然,需要 17 辆大客车才够,而第 17 辆车不会完全装满。这是一个例子,说明有时尽管人们进行了正确的计算,得到的答案却是错误的。

绊脚石:零的天谴

63

让我们检查下面的算式:$\frac{0}{3} = 0, \frac{0}{5} = 0$;因此我们可能会得出结论,$\frac{0}{0} = 0$,因为这里的分子是零。或者我们会根据 $\frac{3}{3} = 1$ 和 $\frac{5}{5} = 1$ 得出结论,认为 $\frac{0}{0} = 1$,因为这里的分母和分子相等。因为有了这样一个两难处境,我们称 $\frac{0}{0}$ 这样的分数为未定式,也就是说,它没有值。

为什么零在算术中会扮演这样一个令人困惑的角色？我们注意到，在加法中，零所起的作用是完全中性的。这一点可以从下面的例子中看出：对于所有实数 a 来说，$a+0=0+a=a$。

然而在减法中我们发现了第一个由零产生的绊脚石。如果我们用一个数字减去零，得到的结果与用零减去一个数字的结果是有差别的：对于所有实数 a 来说，$a-0=a$，但 $0-a=-a$。

当我们考察乘法的情况时，事情就变得更加复杂了，而在稍后考察与零有关的除法时，情况就又进一步复杂了。在做乘法的时候，学生们看到零似乎把与它相乘的一切事物全都吞噬了；换言之，对于所有实数 a 来说，零与任何数相乘都等于零：$a \cdot 0 = 0 \cdot a = 0$。

另一个绊脚石是零和 1 在乘法和加法中扮演的角色。我们知道，当我们用 1 乘任何数时，这个数保持不变。与此类似的是，当我们在任何数上加上零的时候，这个数也会保持不变。正如我们可以从下面的算术中看到的那样：对于所有实数 a 来说，$a \cdot 1 = 1 \cdot a = a$，$a+0=0+a=a$。

当考虑与零有关的除法时，事情就变得更加富有戏剧性了。零出现在分子或者分母上，这种位置的变化可以带来极大的不同。如果我们让零除以任何实数 a，都会得到零：$\dfrac{0}{a}=0$。

然而，如果我们用零除任何数，都会面临一种无法解释的状况，因此我们说：不允许用零作除数。许多数学教师都会告诉他们的学生，这一点是"第十一条戒律"①。"汝不可妄用零作除数！"违

---

① 前面的十诫是《圣经》中记载的"摩西十诫"。——译者注

背这条戒律会引发的后果将在后面的讨论中变得很清楚。所以，抖擞起精神，准备看接下来的一系列精彩绝伦的错误吧。

我们有许多办法可以"证明"1 = 2。现在，有人或许会感到吃惊：这是什么意思？怎么可能证明 1 = 2？很显然，在这种所谓"证明"中肯定有什么地方不对劲。而且，如果这样的错误隐藏得很巧妙，那么我们的"证明"就会变得更加令人沮丧。不过，知道这种情况是不可能发生的之后，我们就会仔细搜索，希望能够找到其中的错误所在。我们将从一个简单的错误开始，并从不同的角度审视它。

违背了"第十一条戒律"——一个错误！

我们可以通过使用禁用的零作除数来"证明"1 = 2。我们知道，如果 $5a = 5b$，则 $a = b$。然而，假如我们这样推理：因为 $1 \times 0 = 0$，同时 $2 \times 0 = 0$，所以，我们可以得到：$1 \times 0 = 2 \times 0$。然后，我们可以使用与前面同样的推理，将等式两边同时除以零，从而可以得到 1 = 2。由于用零作除数可以导致如此荒谬的结果，所以在数学中禁止这样的用法。记住第十一条戒律：汝不可妄用零作除数。

从下面的例子中可以看到违背这个规则带来的后果：

$$12 - 12 = 18 - 18$$
$$12 - 8 - 4 = 18 - 12 - 6$$
$$2 \times (6 - 4 - 2) = 3 \times (6 - 4 - 2)$$
$$2 = 3$$

我们甚至可以通过违背这个重要的规则来创造一个滑稽的情

景。也就是说,实际上可以通过下面的论证来证明,任何人的体重都没有超标。换言之,每个人的体重对于他们的身体来说都是恰好的。

仔细地随着证明一步一步地看下去。第一步,令 G = 实际体重,g = 理想体重,W = 体重超标数。

很明显,我们可以把实际体重定义为 $G = g + W$。

从等式两边同时减去 g,于是有:$G - g = W$。

用 $(G - g)$ 同时乘等式两边:$(G - g)^2 = W \cdot (G - g)$。

去掉括号,可以得到:$G^2 - 2G \cdot g + g^2 = G \cdot W - g \cdot W$。

等式两边同时减去 g^2,可以得到:$G^2 - 2G \cdot g = G \cdot W - g^2 - g \cdot W$。

65　　　现在等式两边同时减去 $G \cdot W$,这样就得到了:$G^2 - 2G \cdot g - G \cdot W = -g^2 - g \cdot W$。

现在我们在等式两边加上 $G \cdot g$,于是有:$G^2 - G \cdot g - G \cdot W = G \cdot g - g^2 - g \cdot W$。

进一步化简,得到:$G \cdot (G - g - W) = g \cdot (G - g - W)$。

让等式两边同时除以 $(G - g - W)$,这让我们得到了:$G = g$。

这实际上就是在说,我们的实际体重就是我们的理想体重。然后我们会自问,错误隐藏在哪里? 好吧,让我们回想一下:$G = g + W$,因此 $G - g - W = 0$。然后注意让我们得到以上荒谬结论的那一步。

分数加法:方法错误,结果正确!

假设我们来计算两个分数的加法:$\dfrac{9}{3} + \dfrac{-16}{4}$。就让我们采取显然是错误的方法,把分子与分子相加、分母与分母相加好了:由此我们可以得到 $\dfrac{9}{3} + \dfrac{-16}{4} = \dfrac{9-16}{3+4}$。令人吃惊的是,这种方法给出了正确的答案: $\dfrac{9-16}{3+4} = -\dfrac{7}{7} = -1$。当然一定要记得,上述方法完全是错误的。

正如我们看到的那样,正确的步骤是: $\dfrac{9}{3} + \dfrac{-16}{4} = 3 - 4 = -1$,这会给我们正确的答案,与前面得到的答案一致。因此,即使答案正确,也无法说明你使用的方法就是正确的!

我们可以看看这种错误步骤的另外一个例子,奇怪的是它也得出了正确的答案。下面就是这个例子: $\dfrac{-5}{-1} + \dfrac{20}{2} = \dfrac{-5+20}{-1+2} = \dfrac{15}{1} = 15$。按照正确的方法,这道算术题应该这样做: $\dfrac{-5}{-1} + \dfrac{20}{2} = 5 + 10 = 15$,让人吃惊的是,得到的是同样的答案。可别受骗,认为这种方法是分数加法的简便方法,尽管在这些特例中它得出了正确的答案。它仍旧是一种错误的方法。

分数乘法的一种疯狂的错误方法导致了正确的答案

有人在这里给了我们两个包括分数的二项式,我们以一种相当古怪的方法让它们相乘:

$$\left(\dfrac{2}{3} - \dfrac{5}{4}\right) \times \left(\dfrac{1}{3} + \dfrac{5}{8}\right) = \dfrac{2}{3} \times \dfrac{1}{3} - \dfrac{5}{4} \times \dfrac{5}{8}。$$

按照这种错误的方法,我们只让两个括号内的第一项相乘,然后让两个括号内的第二项相乘。试做式中给定的算式，我们得到了以下正确答案：

$$\frac{2}{3} \times \frac{1}{3} - \frac{5}{4} \times \frac{5}{8} = \frac{2}{9} - \frac{25}{32} = -\frac{161}{288} = -0.559027\dot{}。$$

为了确认这一答案实际上是正确的，我们把这种算法与正确的算法相比较：

$$\left(\frac{2}{3} - \frac{5}{4}\right) \times \left(\frac{1}{3} + \frac{5}{8}\right) = -\frac{7}{12} \times \frac{23}{24} = -\frac{161}{288} = -0.559027\dot{}。$$

我们又一次用完全错误的方法得到了正确的答案，这是个运气问题。这告诉我们，我们决不能因为有什么东西在某种情况下"行得通"，便立即决定推广它。

草率下结论带来的错误

我们可以很容易地证明，以下数字都是素数：

31；

331；

3331；

33331；

333331；

3333331；

33333331。

67　首先我们应该注意到，这些数字具有 $\dfrac{10^n - 7}{3}$（$n = 2, 3, 4, \cdots, 8$）的形式。（你也可以回想起，31 是一个梅森素数，因为 $31 = 2^5 - 1$。）

人们或许会很轻易地得出结论,认为所有形如 333…3331 的数字都是素数。但是,这样的结论是错误的,而且在数学史上经常出现这样的错误;然而这类错误后来又成了许多进一步的研究和相关发现的出发点。让我们看看,在下面的表格中,当 n 取大于 8 的值时会发生什么情况吧。

n	$\dfrac{10^n - 7}{3}$		质因数分解
9	333333331	=	17×19607843
10	3333333331	=	673×4952947
11	33333333331	=	307×108577633
12	333333333331	=	$19 \times 83 \times 211371803$
13	3333333333331	=	$523 \times 3049 \times 2090353$
14	33333333333331	=	$607 \times 1511 \times 1997 \times 18199$
15	333333333333331	=	181×1841620626151
16	3333333333333331	=	$199 \times 16750418760469$
17	33333333333333331	=	$31 \times 1499 \times 717324094199$

31 这个因数在最后一个数字的质因数分解中再次出现,这说明这种序列不可能仅仅包含素数,因为序列中的每一个素数都将周期性地整除后面的数字。在上面的例子中,我们注意到,数字 31 能够整除形如 333…33331 的数字中所有第 15 次、第 30 次、第 45 次……出现的数字。而且我们应该注意,数字 331 能够整除形如 333…33331 的数字中每 110 次出现的数字。

这一次我们将以一个不同的数字模式开始:

$$91;9901;999001;99990001;9999900001;999999000001;\cdots$$

当我们检查这些数字的时候,会注意到一个模式的出现,即从第二个数字开始,每隔一个数字就是一个素数。

n	$10^{2n} - 10^n + 1$		素数或质因数相乘
1	$10^2 - 10^1 + 1$	= 91	$= 7 \times 13$
2	$10^4 - 10^2 + 1$	= 9901	素数
3	$10^6 - 10^3 + 1$	= 999001	$= 19 \times 52579$
4	$10^8 - 10^4 + 1$	= 99990001	素数
5	$10^{10} - 10^5 + 1$	= 9999900001	$= 7 \times 13 \times 211 \times 241 \times 2161$
6	$10^{12} - 10^6 + 1$	= 999999000001	素数
7	$10^{14} - 10^7 + 1$	= 99999990000001	$= 7^2 \times 13 \times 127 \times 2689 \times 459691$
8	$10^{16} - 10^8 + 1$	= 9999999900000001	素数
9	$10^{18} - 10^9 + 1$	= 999999999000000001	$= 70541929 \times 14175966169$

68

让人失望的是,对这一模式进行推广是个错误。因为,我们或许会期待第 10 次出现的数字是个素数,但实际上它不是。

当 $n = 10$ 时,我们得到:$10^{20} - 10^{10} + 1 = 99999999990000000001 = 61 \times 9901 \times 4188901 \times 39526741$。

顺便说一下,当 $n = 12$ 时,还是没有得到素数。

现在,我们不再讨论素数,因为它们看来什么规矩都不想遵守。

我们来看看两个数的乘积吧:列于下面表格中的乘积都是由同样的数字重复同样多次之后相乘得到的。

大约在 1300 年,出现了一本名为《简洁算术运算》的阿拉伯文著作,其中提供了以下计算:

1 的个数	相同因数相乘		乘积
1	1×1	=	1
2	11×11	=	121
3	111×111	=	12321
4	1111×1111	=	1234321
…	…		…
9	$111111111 \times 111111111$	=	12345678987654321

我们预期这个回文模式会一直持续下去;然而,如果你再往下看,10 个 1 组成的数字自乘所得到的数字就已经打破了这一规律。因此,如果我们在 $n = 9$ 时就总结出一条普遍规律,那就会又一次犯错误。

1 的个数	相同因数相乘		乘积
1	1×1	=	1
2	11×11	=	121
3	111×111	=	12321
4	1111×1111	=	1234321
5	11111×11111	=	123454321
6	111111×111111	=	12345654321
7	1111111×1111111	=	1234567654321
8	11111111×11111111	=	123456787654321
9	$111111111 \times 111111111$	=	12345678987654321
10	$1111111111 \times 1111111111$	=	1234567**900**987654321

69 **何时抵消是错误的,何时又是正确的!**

有时候,这种错误被称为"好乐"(howler)。它就是那种肯定可以让我们感到吃惊的错误!考虑下面的算式,化简分数$\frac{16}{64}$,我们只是把上下两个 6 划掉,然后,奇怪的是,我们就得出了正确的结果:$\frac{16}{64} = \frac{1\!\!\!/6}{6\!\!\!/4} = \frac{1}{4}$。我们也可以在下面的算式中运用这一方法:

化简分数$\frac{26}{65}$,我们只要划掉上下的 6,就可以得到正确的答案:$\frac{26}{65} = \frac{2\!\!\!/6}{6\!\!\!/5} = \frac{2}{5}$。

化简分数$\frac{19}{95}$,我们只要划掉上下的 9,就可以得到正确的答案:$\frac{19}{95} = \frac{1\!\!\!/9}{9\!\!\!/5} = \frac{1}{5}$。

化简分数$\frac{49}{98}$,我们只要划掉上下的 9,就可以得到正确的答案:$\frac{49}{98} = \frac{4\!\!\!/9}{9\!\!\!/8} = \frac{4}{8}\left(\ = \frac{1}{2}\right)$。

自然,这也可以应用于所有 11 的两位数倍数$\left(\frac{1\!\!\!/1}{1\!\!\!/1}, \frac{2\!\!\!/2}{2\!\!\!/2}, \cdots\right)$,但这样一个傻乎乎的两位数抵消方法的运用也就到此为止了。然后人们就想知道,为什么这样简单(或者傻)的方法不能到处应用。

从上面的情况可以看出,有时候,一种错误的方法可以仅仅因为巧合而为我们带来正确的答案。当然,危险在于,我们千万不可以把这种方法普遍化。这种错误方法导致正确化简的所有两位数分数实例已经被我们尽数罗列,无一漏网。[2]

从以下计算可以得到一个算术解释,说明这种方法为什么会奏效:

$$\frac{16}{64} = \frac{1 \times 10 + 6}{10 \times 6 + 4} = \frac{\cancel{6} \times \frac{16}{6}}{\cancel{6} \times \frac{64}{6}} = \frac{\cancel{6} \times \frac{8}{3}}{\cancel{6} \times \frac{32}{3}} = \frac{8}{32} = \frac{1}{4};$$

所以,
$$\frac{16}{64} = \frac{1 \times 10 + \cancel{6}}{10 \times \cancel{6} + 4} = \frac{1}{4}。$$

对于那些能很好地运用初等代数知识的读者来说,我们可以"解释"这种状况,并说明,**除了**以上那 4 个分数之外,其他所有分子与分母都由两位数组成的分数都不可以应用这种抵消方法。这种解释只用了初等代数。

我们首先考虑分数 $\dfrac{10x + a}{10a + y}$。

以上 4 次抵消是这样进行的:我们去掉其中含有的 a 之后,余下的分数等于 $\dfrac{x}{y}$。

所以, $\dfrac{10x + a}{10a + y} = \dfrac{x}{y}$。

由此我们可以一步步推导出: $y(10x + a) = x(10a + y)$,

$$10xy + ay = 10ax + xy,$$

$$9xy + ay = 10ax,$$

因此, $y = \dfrac{10ax}{9x + a}$。

此时我们检查一下这个方程。首先, x、y、a 都必须是整数,因为它们都是分子或者分母上的数位。现在我们要找出那些也可以让 y 是整数的 a 值和 x 值。

为了避免大量的代数运算，我们需要建立一个表格，显示我们通过 $y = \dfrac{10ax}{9x + a}$ 取得的 y 的数值。要记住，x、y、a 都必须是个位数的整数。下面就是我们将要建立的表格的一部分。注意我们没有把 $x = a$ 的情况包括在内，因为 $\dfrac{x}{a} = 1$。

x/a	1	2	3	4	5	6	7	8	9
1		$\dfrac{20}{11}$	$\dfrac{30}{12}$	$\dfrac{40}{13}$	$\dfrac{50}{14}$	$\dfrac{60}{15}=4$	$\dfrac{70}{16}$	$\dfrac{80}{17}$	$\dfrac{90}{18}=5$
2	$\dfrac{20}{19}$		$\dfrac{60}{21}$	$\dfrac{80}{22}$	$\dfrac{100}{23}$	$\dfrac{120}{24}=5$	$\dfrac{140}{25}$	$\dfrac{160}{26}$	$\dfrac{180}{27}$
3	$\dfrac{30}{28}$	$\dfrac{60}{29}$		$\dfrac{120}{31}$	$\dfrac{150}{32}$	$\dfrac{180}{33}$	$\dfrac{210}{34}$	$\dfrac{240}{35}$	$\dfrac{270}{36}$
4	$\dfrac{40}{37}$	$\dfrac{80}{38}$	$\dfrac{120}{39}$		$\dfrac{200}{41}$	$\dfrac{240}{42}$	$\dfrac{280}{43}$	$\dfrac{320}{44}$	$\dfrac{360}{45}=8$
5	$\dfrac{50}{46}$	$\dfrac{100}{47}$	$\dfrac{150}{48}$	$\dfrac{200}{49}$		$\dfrac{300}{51}$	$\dfrac{350}{52}$	$\dfrac{400}{53}$	$\dfrac{450}{54}$
6	$\dfrac{60}{55}$	$\dfrac{120}{56}$	$\dfrac{180}{57}$	$\dfrac{240}{58}$	$\dfrac{300}{59}$		$\dfrac{420}{61}$	$\dfrac{480}{62}$	$\dfrac{540}{63}$
7	$\dfrac{70}{64}$	$\dfrac{140}{65}$	$\dfrac{210}{66}$	$\dfrac{280}{67}$	$\dfrac{350}{68}$	$\dfrac{420}{69}$		$\dfrac{560}{71}$	$\dfrac{630}{72}$
8	$\dfrac{80}{73}$	$\dfrac{160}{74}$	$\dfrac{240}{75}$	$\dfrac{320}{76}$	$\dfrac{400}{77}$	$\dfrac{480}{78}$	$\dfrac{560}{79}$		$\dfrac{720}{81}$
9	$\dfrac{90}{82}$	$\dfrac{180}{83}$	$\dfrac{270}{84}$	$\dfrac{360}{85}$	$\dfrac{450}{86}$	$\dfrac{540}{87}$	$\dfrac{630}{88}$	$\dfrac{720}{89}$	

这个表格的一部分已经得出了 y 的 4 个整数值中的两个，一 71

个是当 $x=1$，$a=6$ 的时候，此时 y 值为 4；另一个是当 $x=2$，$a=6$

的时候，此时 y 值为 5。这些值分别给出了分数 $\dfrac{16}{64}$ 和 $\dfrac{26}{65}$。y 的另外

两个整数值中的一个将在 $x=1$，$a=9$ 时得出，此时 $y=5$；另一个将

在 $x=4$，$a=9$ 时得出，此时 $y=8$。这些值分别给出了分数 $\dfrac{19}{95}$ 和

$\dfrac{49}{98}$。① 这应该能够说服你，在分子与分母都是两位数的情况下，这

种分数确实只有 4 个。

现在你或许会想，对于分子和分母由多于两位数组成的分数，

这种古怪的抵消方法是否适用呢？

在以下一些例子中，我们给出了适用这种古怪的抵消方法的

三位数分数。

$$\frac{199}{995}=\frac{19\!\!\!/\,9}{9\!\!\!/\,95}\left(=\frac{1}{5}\right),\ \frac{266}{665}=\frac{26\!\!\!/\,6}{6\!\!\!/\,65}\left(=\frac{2}{5}\right),\ \frac{124}{217}=\frac{12\!\!\!/\,4}{2\!\!\!/\,17}\left(=\frac{4}{7}\right),$$

$$\frac{103}{206}=\frac{1\!\!\!/\,03}{2\!\!\!/\,06}=\frac{13}{26}\left(=\frac{1}{2}\right),\ \frac{495}{990}=\frac{49\!\!\!/\,5}{99\!\!\!/\,0}=\frac{45}{90}\left(=\frac{1}{2}\right),\ \frac{165}{660}=\frac{16\!\!\!/\,5}{66\!\!\!/\,0}=\frac{15}{60}\left(=\frac{1}{4}\right),$$

$$\frac{127}{762}=\frac{12\!\!\!/\,7}{7\!\!\!/\,62}\left(=\frac{1}{6}\right),\ \text{还有}\ \frac{143185}{1701856}=\frac{143\!\!\!/\,185}{1701\!\!\!/\,856}=\frac{1435}{17056}\left(=\frac{35}{416}\right)。$$

你不妨在分数 $\dfrac{499}{998}$ 上试试这种抵消方法。你会发现 $\dfrac{499}{998}=$ 72

---

① 此处（以及上一个自然段中）的原文称以上表格只是一部分，但实际上文中的表格
已经是其完整的形式，后面两个整数 y 值也同样列于表中。——译者注

$\frac{4}{8} = \frac{1}{2}$。

这种方法也可以推广到如下分数上面：

$$\frac{19999}{99995} = \frac{1999\cancel{9}}{9999\cancel{5}} = \frac{199\cancel{9}}{999\cancel{5}} = \frac{19\cancel{9}}{99\cancel{5}} = \frac{1\cancel{9}}{9\cancel{5}} = \frac{1}{5},$$

也就是说，

$$\frac{19999}{99995} = \frac{1\cancel{9999}}{9\cancel{9995}} = \frac{1}{5}。$$

或者，

$$\frac{26666}{66665} = \frac{2666\cancel{6}}{6666\cancel{5}} = \frac{266\cancel{6}}{666\cancel{5}} = \frac{26\cancel{6}}{66\cancel{5}} = \frac{2\cancel{6}}{6\cancel{5}} = \frac{2}{5},$$

也就是说，

$$\frac{26666}{66665} = \frac{2\cancel{6666}}{6\cancel{6665}} = \frac{2}{5}。$$

现在有一个模式浮出水面了，或许你已经意识到：

$$\frac{49}{98} = \frac{499}{998} = \frac{4999}{9998} = \frac{49999}{99998} = \cdots$$

$$\frac{16}{64} = \frac{166}{664} = \frac{1666}{6664} = \frac{16666}{66664} = \frac{166666}{666664} = \cdots$$

$$\frac{19}{95} = \frac{199}{995} = \frac{1999}{9995} = \frac{19999}{99995} = \frac{199999}{999995} = \cdots$$

$$\frac{26}{65} = \frac{266}{665} = \frac{2666}{6665} = \frac{26666}{66665} = \frac{266666}{666665} = \cdots$$

热情的读者可能会希望将这种原有分数的扩展方法合法化。此时，那些渴望进一步找出允许使用这种抵消方法的其他分数的读者，应该考虑以下分数。它们应该能够证明这一奇怪的抵消方法的合理性,然后还能找出更多这种分数。

73

$$\frac{3\!\!\!/2}{8\!\!\!/0} = \frac{32}{80} = \frac{2}{5},$$

$$\frac{3\!\!\!/5}{8\!\!\!/0} = \frac{35}{80} = \frac{7}{16},$$

$$\frac{1\!\!\!/8}{\!\!\!/45} = \frac{18}{45} = \frac{2}{5},$$

$$\frac{2\!\!\!/5}{7\!\!\!/0} = \frac{25}{70} = \frac{5}{14},$$

$$\frac{16\!\!\!/3}{\!\!\!/26} = \frac{1}{2}。$$

然而还是应该小心为上,因为 $\frac{163}{\!\!\!/326} \neq \frac{1}{2}$,而且 $\frac{163}{326} \neq \frac{1}{2}$。

除了提供一种代数方面的应用,即以一种富有启发性的方式引出几种重要的课题,这一课题还可以提供一些趣味活动。这里还有一些古怪分数,我们也可以用明显错误的方法来得到正确的结果!

$$\frac{48\!\!\!/4}{8\!\!\!/47} = \frac{4}{7} \;;\; \frac{\!\!\!/45}{65\!\!\!/4} = \frac{5}{6} \;;\; \frac{\!\!\!/24}{7\!\!\!/2} = \frac{4}{7} \;;\; \frac{24\!\!\!/9}{\!\!\!/96} = \frac{24}{96} = \frac{1}{4} \;;$$

$$\frac{48\!\!\!/4\!\!\!/8\!\!\!/4}{8\!\!\!/4\!\!\!/8\!\!\!/47} = \frac{4}{7} \;;\; \frac{\!\!\!/4\!\!\!/5\!\!\!/45}{65\!\!\!/4\!\!\!/4} = \frac{5}{6} \;;\; \frac{\!\!\!/2\!\!\!/4\!\!\!/24}{7\!\!\!/4\!\!\!/2\!\!\!/2} = \frac{4}{7} \;;$$

$$\frac{\!\!\!/32\!\!\!/43}{4\!\!\!/32\!\!\!/4} = \frac{3}{4} \;;\; \frac{\!\!\!/64\!\!\!/86}{86\!\!\!/4\!\!\!/8} = \frac{6}{8} = \frac{3}{4} \;;$$

$$\frac{14\,1\,1\,4}{7\,1\,1\,4\,68}=\frac{14}{68}=\frac{7}{34}\ ;\quad \frac{8\,7\,8\,0\,48}{98\,7\,8\,0\,4}=\frac{8}{9}\ ;$$

$$\frac{1\,4\,2\,8\,5\,7\,1}{4\,2\,8\,5\,7\,1\,3}=\frac{1}{3}\ ;\quad \frac{2\,8\,5\,7\,1\,4\,2}{8\,5\,7\,1\,4\,26}=\frac{2}{6}=\frac{1}{3}\ ;\quad \frac{3\,4\,6\,1\,5\,3\,8}{4\,6\,1\,5\,3\,84}=\frac{3}{4}\ ;$$

$$\frac{7\,6\,7\,1\,2\,3\,2\,8\,7}{8\,7\,6\,7\,1\,2\,3\,2\,8}=\frac{7}{8}\ ;\quad \frac{3\,2\,4\,3\,2\,4\,3\,2\,4\,3}{4\,3\,2\,4\,3\,2\,4\,3\,2\,4}=\frac{3}{4}\ ;$$

$$\frac{1\,0\,2\,5\,6\,4\,1}{4\,1\,0\,2\,5\,6\,4}=\frac{1}{4}\ ;\quad \frac{3\,2\,4\,3\,2\,4\,3}{4\,3\,2\,4\,3\,2\,4}=\frac{3}{4}\ ;\quad \frac{4\,5\,7\,1\,4\,2\,8}{5\,7\,1\,4\,2\,85}=\frac{4}{5}\ ;$$

$$\frac{4\,8\,4\,8\,4\,8\,4}{8\,4\,8\,4\,8\,4\,7}=\frac{4}{7}\ ;\quad \frac{5\,9\,5\,2\,3\,8\,0}{9\,5\,2\,3\,8\,0\,8}=\frac{5}{8}\ ;\quad \frac{4\,2\,8\,5\,7\,1\,4}{6\,4\,2\,8\,5\,7\,1}=\frac{4}{6}=\frac{2}{3}\ ;$$

$$\frac{5\,4\,5\,4\,5\,4\,5}{6\,5\,4\,5\,4\,5\,4}=\frac{5}{6}\ ;\quad \frac{6\,9\,2\,3\,0\,7\,6}{9\,2\,3\,0\,7\,6\,8}=\frac{6}{8}=\frac{3}{4}\ ;\quad \frac{4\,2\,4\,2\,4\,2\,4}{7\,4\,2\,4\,2\,4\,2}=\frac{4}{7}\ ;$$

$$\frac{5\,3\,3\,8\,4\,6\,1\,5}{7\,5\,3\,3\,8\,4\,6\,1}=\frac{5}{7}\ ;\quad \frac{2\,0\,5\,1\,2\,8\,2}{8\,2\,0\,5\,1\,2\,8}=\frac{2}{8}=\frac{1}{4}\ ;\quad \frac{3\,1\,1\,6\,8\,8\,3}{8\,3\,1\,1\,6\,8\,8}=\frac{3}{8}\ ;$$

$$\frac{6\,4\,8\,6\,4\,8\,6}{8\,6\,4\,8\,6\,4\,8}=\frac{6}{8}=\frac{3}{4}\ ;\quad \frac{4\,8\,4\,8\,4\,8\,4\,8}{8\,4\,8\,4\,8\,4\,8\,7}=\frac{4}{7}\ ;$$

数学一直以"错误方法"包裹着一些瑰宝,把它们隐藏了起来。

A. P. 达莫莱阿德用下面这个例子让我们得以进一步欣赏这一古怪的计算方式。[3]但我们必须多加小心,因为这是错误的!

$$\frac{4251935345}{91819355185}=\frac{4251935345}{91819355185}=\frac{425345}{9185185}$$

然而,如果我们同时用 5 除第一个分数的分子与分母,用一种

非常奇怪的方式简化这个分数,就可以如下得出正确的答案:

$$\frac{4251935345}{91819355185}=\frac{850[387]069}{1836[387]1037}\approx\frac{850069}{18361037}\approx\frac{425345}{9185185}。$$

简单地用抵消法化简分数可能会导致错误,但也可能会带来一些创造性的结果。

这里还有几个由古怪的抵消法获得正确结果的例子:

$$\frac{19+2\times1}{1+9+1\times2}=\frac{\cancel{19}+2\times1}{\cancel{1+9}+1\times2}=\frac{21}{12},$$

$$\frac{28+3\times1}{2+8+1\times3}=\frac{\cancel{28}+3\times1}{\cancel{2+8}+1\times3}=\frac{31}{13},$$

$$\frac{37+4\times1}{3+7+1\times4}=\frac{\cancel{3+7}+4\times1}{\cancel{3+7}+1\times4}=\frac{41}{14},$$

$$\frac{46+5\times1}{4+6+1\times5}=\frac{\cancel{46}+5\times1}{\cancel{4+6}+1\times5}=\frac{51}{15},$$

$$\frac{55+6\times1}{5+5+1\times6}=\frac{\cancel{55}+6\times1}{\cancel{5+5}+1\times6}=\frac{61}{16},$$

$$\frac{64+7\times1}{6+4+1\times7}=\frac{\cancel{64}+7\times1}{\cancel{6+4}+1\times7}=\frac{71}{17},$$

$$\frac{73+8\times1}{7+3+1\times8}=\frac{\cancel{73}+8\times1}{\cancel{7+3}+1\times8}=\frac{81}{18},$$

$$\frac{82+9\times1}{8+2+1\times9}=\frac{\cancel{82}+9\times1}{\cancel{8+2}+1\times9}=\frac{91}{19}。$$

当我们观察包含一般情况的数值时,在进行正确抵消时也必须非常仔细。考虑下面的方程:

$$\frac{(1+x)^2}{1-x^2}=\frac{1+x}{1-x}。$$

这几乎是正确的。但为什么我们说的是"几乎"?

75

很清楚,如果我们从左边出发,恰当地化简这个分式,就会得到下面的结果:

$$\frac{(1+x)^2}{1-x^2} = \frac{(1+x)(1+x)}{(1+x)(1-x)} = \frac{1+x}{1-x}.$$

我们注意到,左边的分式 $\frac{(1+x)^2}{1-x^2}$ 在 $x=1$ 时没有意义,在 $x=-1$ 的时候分式也没有意义,因为这两个值都会让分母等于零,而右边的分式 $\frac{1+x}{1-x}$ 只在 $x=1$ 时没有意义。

处理百分数时发生的错误

我们可能会在商店里遇到一个常见的算术错误。假设某家商店提高了商品的价格,不妨说提高了 10%。然后,他们注意到自己的销售情况有所下降,于是又把价格降低了 10%,同时宣称价格恢复了原来的水平。但情况并非如此!或许说明这一错误的最好办法就是从一件价值 100 美元的商品开始:提价 10% 后,新的价格是 110 美元。然后再在新价格的基础上降价 10%,即 110 美元的 10% =11 美元。这样,降价后的价格就变成 99 美元了。这是一个人们在计算中经常忽略的错误。

还有一个类似的错误,这一错误发生在商店对已经降价 10% 的商品再次降价 20% 的时候。人们往往会相信,他们得到的是 30% 的降价。让我们还是以价格为 100 美元的商品为例。降价 10% 后,新的价格是 90 美元。再次降价 20% 之后,该商品的价格是 72 美元,并不是直接降价 30% 会得到的 70 美元。这是一个普遍存在的错误，而且是个很容易误导顾客的错误。你也会注意到，如果改变次序，先让该商品降价20%，然后降价10%，这与前面的情况并无差别。最后的价格仍然会是72美元。

有一个有趣但相当不寻常的方法可以博人一乐，同时也可以让我们以新的眼光看待这种特定的情况。这里有一个计算与两次（或更多次）连续降价（或提价）相当的单次降价（或提价）的机械方法。

（1）把每次的百分数改成小数：0.20与0.10。

（2）分别从1.00中减去这两个小数，得到0.80与0.90（如果是提价则加上）。

（3）把这两个差相乘：0.80×0.90＝0.72。

（4）从1.00中减去这个乘积（即0.72）：1.00－0.72＝0.28，这一数值代表的就是总降价百分比。

（如果第3步的结果大于1.00，则从中减去1.00，得到的结果就是总的提价百分比。）

这一方法也可以用于多于两次的降价或者提价，同样也可以用于既有降价也有提价的情况。

最近报告的建筑项目中出现了另一个计算百分数时普遍发生的错误。某停车场要栽种一批灌木，需要略微减小每一处停车位的空间。其中长度将缩短4个百分点，宽度缩短5个百分点。因此，经过计算，每个停车位面积将减小（4×5＝）20个百分点。但这是错误的！请看以下解释。令 a 代表现有停车位的长度，b 代表其宽度。让我们首先确定现在的停车位面积。

$$A_{原} = a_{原} \cdot b_{原}。$$

77

然后,新的停车位面积将是:

$$A_新 = a_新 \cdot b_新 = \left(a_原 - \frac{4}{100} \cdot a_原 \right) \cdot \left(b_原 - \frac{5}{100} \cdot b_原 \right)$$

$$= \frac{96}{100} \cdot a_原 \cdot \frac{95}{100} \cdot b_原 = \frac{114}{125} \cdot a_原 \cdot b_原$$

$$= 0.912 a_原 \cdot b_原 \approx 0.91 A_原。$$

这一结果告诉我们,原来那种说法的错误并不小,实际停车位面积减小大约9%,而不是20%!

这类错误可以以更为戏剧性的方式发生。考虑有这样一位房主,他想让他的游泳池的容积增加一倍,于是他决定直接把池子的三维全都增加一倍。这个错误可谓耗资巨大。如果我们令 a、b、c 代表池子的长、宽、深三维,则游泳池原来的容积为:$V_原 = a_原 \cdot b_原 \cdot c_原$,那么扩大之后的容积就将是:

$$V_新 = a_新 \cdot b_新 \cdot c_新 = 2a_原 \cdot 2b_原 \cdot 2c_原$$

$$= 8 \cdot a_原 \cdot b_原 \cdot c_原 = 8V_原。$$

让这位房主吃惊的是,游泳池的容积并非扩大了一倍,而是变成了原有容积的8倍。这可算是一个相当重大的错误!

忽略分数可以错误地导致一个正确的答案

我们是否能够说,可以简单地不去理会"令人厌烦"的分数呢?你能想象这样一种乘法吗?

$$\left(a + \frac{b}{c} \right) \cdot \left(x - \frac{y}{z} \right) = a \cdot x。$$

也就是说,我们能否直接忽视分式$\frac{b}{c}$和$\frac{y}{z}$,而仍然得到正确的结果? 让我们看看下面的计算,我们在其中使用的正是这种方法,即完全不去理会分数部分!

$$\left(7+\frac{3}{7}\right) \times \left(4-\frac{3}{13}\right) = 7 \times 4 = 28。$$

这怎么可能? 看看下面的计算吧。

我们首先让两个二项式(正确地)相乘,然后用"简便算法":

$$\left(7+\frac{3}{7}\right) \times \left(4-\frac{3}{13}\right) = 7 \times 4 - 7 \times \frac{3}{13} + \frac{3}{7} \times 4 - \frac{3}{7} \times \frac{3}{13}$$

$$= 28 - \frac{21}{13} + \frac{12}{7} - \frac{9}{91} = 28。$$

或者你也可以先计算括号内的算式,再把两个假分数相乘:

$$\frac{52}{7} \times \frac{49}{13} = 28。$$

是的,我们这样得到的答案,与我们不理会二项式的分数部分时所得到的答案相同。

在下面的例子中,我们同样可以得到那个古怪的结果:
$\left(7+\frac{1}{2}\right) \times \left(5-\frac{1}{3}\right) = 7 \times 5 = 35$,这一点也可以很容易地用上面的传统方法加以检验。如果你还没有被说服,下面还有另一个去掉"令人厌烦的"分数的例子,也就是说,在这个例子中,你可以犯同样的错误,但还是能够得到正确的答案:

$$\left(31+\frac{1}{2}\right) \times \left(21-\frac{1}{3}\right) = 31 \times 21 = 651。$$

为了进一步阐明观点,考虑另外一个这类例子:

$$\left(6+\frac{1}{4}\right)\times\left(5-\frac{1}{5}\right)=6\times5=30。$$

是的,上面的计算也同样(奇怪地)给出了正确的答案。嘿,这到底是怎么回事? 以后,计算是不是都能用这种令人开心的简便方法了呢? 但是,让每个人都很失望的是,这种方法并不适用于所有这种形式的问题。是的,如果把它推广到所有带分数的情况就会出现错误。例如在下面的计算中:

$$\left(7+\frac{1}{5}\right)\times\left(4-\frac{2}{3}\right)=24,$$

而不像我们运用上述"规则"时所预期的那样,等于 $7\times4=28$。

到了现在,我们必须小心地弄清楚,在什么情况下,

$$\left(a+\frac{b}{c}\right)\times\left(x-\frac{y}{z}\right)=a\cdot x$$

79　才是正确的。

让我们考虑下面可以运用简便算法的乘法:

$$\left(7+\frac{1}{2}\right)\times\left(5-\frac{1}{3}\right)=7\times5=35。$$

分别看一下这两个二项式: $7+\frac{1}{2}=\frac{15}{2},5-\frac{1}{3}=\frac{14}{3}$。

请注意,2 是 14 的一个因数,3 是 15 的一个因数。任何与因数相差不大的非素整数都可以使用这一方法。

这一相当精彩的错误也可以推广到三个数字相乘的情况,下面就让我们看看另外两个例子:

$$\left(2\times\frac{2}{13}\right)\times\left(6+\frac{1}{4}\right)\times\left(5+\frac{1}{5}\right)=2\times6\times5=60;$$

$$\left(2 \times \frac{2}{13}\right) \times \left(4 + \frac{1}{6}\right) \times \left(5 + \frac{1}{5}\right) = 2 \times 4 \times 5 = 40。$$

有志于学习的读者或许会有兴趣寻找适用于这种特别方法的其他乘法运算。

能够导致错误过程的奇怪的指数关系

让我们考虑下面的计算：$2^5 \times 9^2 = 32 \times 81 = 2592$。请注意两个底数（2，9）和两个指数（5，2）在乘积 2592 中的排列次序。我们是否可以通过这样一个例子总结出某种规律？或者，试图根据一个例子来推导普遍规律是个错误？令我们十分失望的是，这一模式存在的情况只此一例。这种能够误导人的关系是由安德伍德·达德利（Underwood Dudley，1937—　）第一个发现的。人们很容易就可以找到一个反例：$2^2 \times 2^2 = 16 \neq 2222$。1934 年，趣味数学的提倡者查尔斯·W. 特里格[4]（Charles W. Trigg）证明，对这种关系的唯一一解就是上述例子。也就是说，只有当 $a = d = 2, b = 5$ 且 $c = 9$ 时，方程 $a^b \cdot c^d = \overline{abcd}$ 才成立。这里的 $\overline{abcd}$ 是各个数位按照这一次序排列的十进位数字。或者，我们可以更准确地定义这一表达式：$\overline{abcd} = 10^3 \cdot a + 10^2 \cdot b + 10^1 \cdot c + 10^0 \cdot d$，其中 $a, b, c, d \in \{0, 1, 2, 3, \cdots, 9\}$，且 $a \neq 0$。

利用一个不同的过程（这一次是减法），我们可以得到 $8^2 - 2^2 = 82 - 22 = 60$，结果证明，这种方法是正确的，因为 $64 - 4 = 60$。同样，$9^2 - 1^2 = 92 - 12 = 80$，这也是正确的，因为 $81 - 1 = 80$。

但请不要把这种方法推广到其他类似情况上面，否则就会犯错误了。

为了进一步防止读者因普遍化一些可爱的探索性规律而犯错，请看一看下面的"规则"：

"求一个数字的位数之和的平方，我们只要去掉其中的加号和指数即可。"这个规则的一个例子是$(8+1)^2=81$。这一条也适用于对一个数做立方运算，见下例：$(5+1+2)^3=512(=8^3)$。下面是这种例子的一份列表，在这些例子中，只要去掉加号就能得到正确的答案。

(位数之和)^n		幂		得数
4^1	=	4^1	=	4
$(8+1)^2$	=	9^2	=	81
$(5+1+2)^3$	=	8^3	=	512
$(1+9+6+8+3)^3$	=	27^3	=	19683
$(2+4+0+1)^4$	=	7^4	=	2401
$(1+6+7+9+6+1+6)^4$	=	36^4	=	1679616
$(5+2+5+2+1+8+7+5)^5$	=	35^5	=	52521875
$(2+0+5+9+6+2+9+7+6)^5$	=	46^5	=	205962976
$(3+4+0+1+2+2+2+4)^6$	=	18^6	=	34012224
$(2+4+7+9+4+9+1+1+2+9+6)^6$	=	54^6	=	24794911296
$(6+1+2+2+2+0+0+3+2)^7$	=	18^7	=	612220032

遗憾的是，对这些巧妙的方法进行推广也将导致巨大的错误，下面的例子就可以说明这个问题：$(8+2)^2=10^2=100$，这一算式无法像以前那样通过去掉加号和指数得来，因为$(8+2)^2\neq$ 82。你或许可以找到能够用这种古怪的规则计算的其他例子。

我们还可以找到其他这一类巧妙的计算"窍门"，虽然它们一经推广就出错，但看上去还是赏心悦目的。有一种情况是，几个数

81

的同次幂之和就等于这几个数的位数拼凑在一起。对于这道计算题,我们只要去掉加号和指数就能得到正确的答案:$1^3 + 5^3 + 3^3 = 153(= 1 + 125 + 27)$。

这种情况可以推广。如果一个数的各个位数取不同的方次幂,这几个数的位数拼凑起来就等于计算的结果。拼凑的方法是去掉加号和指数,这样就可以得到"正确"的结果。

(位数)^n 之和①		得数
$1^3 + 5^3 + 3^3$	=	153
$1^1 + 7^2 + 5^3$	=	175
$1^1 + 3^2 + 0^3 + 6^4$	=	1306
$8^4 + 2^4 + 0^4 + 8^4$	=	8208
$4^5 + 1^5 + 5^5 + 1^5$	=	4151
$3^3 + 4^4 + 3^3 + 5^5$	=	3435
$2^1 + 6^2 + 4^3 + 6^4 + 7^5 + 9^6 + 8^7$	=	2646798

最重要的是,一定要谨记推广这个错误的规则将会是一个令人尴尬的错误,就像下面这个例子:$1^1 + 2^2 + 3^3 = 1 + 4 + 27 = 32 \neq 123$。

当我们发现了一些令人吃惊的关系时,必须非常小心,因为它们可能仅此而已,不一定能够进一步推广。记住,特例是永远也不能成为普遍的,否则就会造成巨大的错误。

① 原文为(sum of the digits)^n,即位数之和的 n 次方,似不妥,故根据实际情况进行了调整。——译者注

在下面的例子中,我们也可以去欣赏对数字和指数进行的同样的戏法,它们能够让我们得到出人意料的结果:

$1+5+8+12=26=2+3+10+11$。

现在让我们看看这些数位的平方:

$1^2+5^2+8^2+12^2=234=2^2+3^2+10^2+11^2$。

令人吃惊的是,我们可以把这个等式中的平方换成立方,而等式的两边依然相等:

$1^3+5^3+8^3+12^3=2366=2^3+3^3+10^3+11^3$。

尽管我们想要谨慎,不想错误地建立任何形式的普遍公式,我们还是提出下列算式供大家娱乐:

$1+6+7+8+14+15=51=2+3+9+10+11+16$;

$1^2+6^2+7^2+8^2+14^2+15^2=571=2^2+3^2+9^2+10^2+11^2+16^2$;

$1^3+6^3+7^3+8^3+14^3+15^3=7191=2^3+3^3+9^3+10^3+11^3+16^3$;

$1^4+6^4+7^4+8^4+14^4+15^4=96835=2^4+3^4+9^4+10^4+11^4+16^4$。

带有陷阱的小数

让我们回想一下这些符号及其所具有的意义:$0.\dot{6}=0.666\cdots$,代表一个无限循环小数。我们是不是可以就此下一个结论,即 $0.\dot{6}\times0.\dot{3}=0.\dot{1}\dot{8}$? 为了看看这是不是一个错误的算法,我们把这些无限循环小数转化成分数形式:

$$0.\dot{6}=\frac{2}{3},0.\dot{3}=\frac{1}{3}。$$

因此它们的乘积就是:$0.\dot{6} \times 0.\dot{3} = \dfrac{2}{3} \times \dfrac{1}{3} = \dfrac{2}{9} = 0.222\cdots = 0.\dot{2}$,而不是 $0.\dot{1}\dot{8}$。这是否暗示我们应该对 $0.\dot{1}\dot{8}$ 四舍五入,令其等于 $0.\dot{2}$?为了回答这个问题,我们将 $0.\dot{1}\dot{8}$ 转化为分数形式。

首先我们令 $x = 0.\dot{1}\dot{8}$。

可以得到,$100x = 18.\dot{1}\dot{8}$,然后将两个等式相减,则有 $100x - x = 18.\dot{1}\dot{8} - 0.\dot{1}\dot{8} = 18$。所以,$99x = 18$,则有 $x = \dfrac{18}{99} = \dfrac{2}{11} = 0.\dot{1}\dot{8}$,而非 $0.\dot{2} = \dfrac{2}{9}$。这是我们需要避免的错误!

留意错误的身份

$\sqrt{2}$是个无理数,这是个相当普通的知识。当被问到为什么它是一个无理数时,通常的回答是,如果把这一小数展开,它不会出现循环。这是一个正确的答案,然而,这个答案也有可能让一个不是无理数的数字被错误地认定为无理数。一个普通的计算器会把$\sqrt{2}$显示为 1.4142136。这些信息足以让我们确定是否存在着某种循环规律吗?未必。在一台计算机的帮助下,我们可以计算$\sqrt{2}$直至精确到 100 位,其结果是:1.41421356237309504880168872420969807856967187537694807317667973799073248462107038850387534327641572,没有显示出任何重复的规律。那么,这是不是可以成为它是无理数的确凿证据呢?在回答这个问题之前,让

83

我们考虑以下问题。

当我们展开分数 $\frac{1}{7}$ 时，我们得到了 $\frac{1}{7} = 0.142857\ \textbf{142857}142857$

$\textbf{142857}\cdots = 0.1\overset{\cdot}{4}285\overset{\cdot}{7}$。根据定义，分数是有理数，而且我们也可以从它相应的小数中看到循环的规律。然而，这正是人们可能会犯错误的地方。让我们考虑分数 $\frac{1}{109}$ 的 100 位小数展开式：

$\frac{1}{109} = 0.0091743119266055045871559633027522935779816513761 4$

678899082568807339449541284403669724770642201834 8623。

如果我们用一个分数（通过定义，我们知道一切分数都是有理数）的小数展开式中是否能看出规律作为测试标准，就很可能会犯错，因为到此为止我们还看不出任何规律。然而，如果把这个分数展开到 110 位小数，我们就可以得到以下形式，这时就出现了重复，其中最后两位是 91：

$\frac{1}{109} = 0.00\ \underline{\textbf{91}}743119266055045871559633027522935779816513761$

46788990825688073394495412844036697247706422018348 62

385321100 $\underline{\textbf{91}}$。

我们再次求助于计算机，并把这个分数展开到 220 位：

$\frac{1}{109} = 0.0091743119266055045871559633027522935779816513761 4$

678899082568807339449541284403669724770642201834 8623

85321100 **9174311926605504587155963302752293577981651 3**

76146788990825688073394495412844036697247706422018 34

86238532110０9174。

我们注意到,在重复发生前的小数位周期是 108 位。(数学程 84
度比较高的读者会意识到,重复周期最长可以达到 $10^9 - 1 = 108$
位小数。)

这实际上告诉了我们些什么呢? 从本质上说,我们无法用重
复小数位这一论据作为确定数字无理性的标准,因为我们展开相
关数字的小数位的能力有限。但我们可以求助于简单的代数方法
来确定一个数字的无理性。

量纲错误

1999 年 9 月 23 日,当火星气候探测者号航空器进入轨道时,
人们与这颗卫星失去了通信联系,因为地基计算机软件向外发射
的信号是磅/秒系统的英制单位,而不是特定的牛顿/秒系统的公
制单位。结果航空器以不适当的低高度接近火星,这使它错误地
进入了高层大气并解体。量纲错误会在数学中引起一些严重的
错误。

当我们考察这类错误时,考虑使用不同的单位会出现的类似
问题是有帮助的。为了使情况与我们当前考虑的问题尽量相似,
我们不妨使用一种熟悉的系统,这一系统的计数单位自然地分为
100 个下级单位;在这种情况下,十进位制刚好满足要求。我们知
道,1 米中包含 100 厘米,用数学形式写出即 $1m = 100cm$。遵照以上
等式的逻辑,我们可以继续写下去:$1m = 100cm = (10cm)^2 = \cdots$。

打住! 这完全不是那么回事! 事实上,$(10cm)^2 = 100cm^2$,而

不是100cm!

我们必须时刻把我们正在使用的单位的种类牢记在心:线性单位、平方单位或立方单位,诸如此类。

这里的一个错误可以导致下面的难题:

1美分 $=0.01$ 美元 $=(0.10$ 美元 $)^2=(10$ 美分 $)^2=100$ 美分 $=1$ 美元。这说明1美分等于1美元吗?

或者,反过来做这一运算,我们可以得到同样的结果:

1美元 $=100$ 美分 $=(10$ 美分 $)^2=(0.10$ 美元 $)^2=0.01$ 美元 $=1$ 美分。

消失的钱到哪里去了? 我们真的证明了1美元 $=1$ 美分吗?错误发生在哪里?

对于 $\frac{1}{4}$ 美元,我们也可以做同样的计算:

25美分 $=0.25$ 美元 $=(0.5$ 美元 $)^2=(50$ 美分 $)^2=2500$ 美分 $=25$ 美元。

我们也可以用类似的方法证明1美元 $=100$ 美元,过程如下:

1美元 $=(1$ 美元 $)^2=(100$ 美分 $)^2=10000$ 美分 $=100$ 美元。

我们甚至能够对平方根进行同样的运算,过程如下:

$$5 \text{美分} = \sqrt{25 \text{美分}} = \sqrt{\frac{1}{4} \text{美元}} = \sqrt{\frac{1}{2} \text{美元} \times \frac{1}{2} \text{美元}}$$
$$= \sqrt{50 \text{美分} \times 50 \text{美分}} = \sqrt{2500 \text{美分}} = 50 \text{美分}。$$

我们也能够证明1美元 $=10$ 美分,过程如下:

首先,在等式1美元 $=100$ 美分两边同时除以100,则可以得到 $\frac{1}{100}$ 美元 $=\frac{100}{100}$ 美分,或者说 $\frac{1}{100}$ 美元 $=1$ 美分。

下面我们对此式两边同时开平方，可以得到：$\sqrt{\dfrac{1}{100}\text{美元}}=$

$\sqrt{1\text{美分}}$，或者说$\dfrac{1}{10}$美元 = 1 美分。

在等式两边同时乘以 10，我们可以得到：1 美元 = 10 美分。

那么，错误在哪里？我们不能轻易允许美元这个单位原封不动地从开方号底下溜走。它也要接受开方处理。但 $\sqrt{\text{美元}}$ 这个单位我们并不知道应该如何处理，$\sqrt{\text{美分}}$ 也同样如此，它们作为度量单位是无意义的！

如果我们改变问题的形式，就能够看清楚，错误来自我们最初对度量单位的错误处理；因为不存在类似于"平方英尺"和"平方厘米"的"平方美元"和"平方美分"，我们的直觉让这个错误与我们擦肩而过。在把括号放到正确的位置上之后，我们可以看到

$$1\text{ 美元} = 100\text{ 美分} = (10)^2\text{ 美分} = (10)^2\text{ 美分} \times \frac{1\text{ 美元}}{100\text{ 美分}}$$

$$= \frac{(10)^2\text{ 美元}}{100} = 1\text{ 美元}。$$

这里的运算与前面的运算的主要差别在第四步，我们在那里进行了美元与美分之间的转换，抵消了美分的符号，因此回到了预期的 1 美元的值。

另一方面，在物理学这类学科中，我们经常会遇见一些诸如米每平方秒$\left[\text{即}\dfrac{m}{s^2}，\text{请不要与}\left(\dfrac{m}{s}\right)^2\text{混淆}\right]$一类的度量单位，这是加速度的国际单位。

一个假设的问题牵涉到加速度与距离的乘积,我们将在这个问题中看到加速度乘以距离,其表达式如下:

$$\frac{m}{s^2} \times m = \frac{m^2}{s^2} = \left(\frac{m}{s}\right)^2,$$

然后,两边开平方,可得 $\sqrt{\left(\frac{m}{s}\right)^2} = \frac{m}{s}$。

此处得到的是米每秒,即一个速度单位。而且人们确实已经证明,这是一个有效的物理公式,准确地说,即某物体速度的变化等于加速度与加速度在其上作用的距离的乘积的平方根。这就说明,注意单位问题不仅仅有助于避免错误,我们还可以把它当作一种记住应用原理的技巧。

试着发现这里的错误:一项悖论

一位顾客走进一家书店,买了一本定价为 10 美元的书。第二天他回到这家书店,退回了他前一天购买的书。然后他选了一木定价为 20 美元的书,接着就这么拿着书走出了书店。他的说法是:他第一天为那本价格为 10 美元的书付了钱,然后又把书退了回来,因此他在书店里留下了 10 美元现金,再加上退回去的价格为 10 美元的书。有了这 20 美元的账面余额,他就又拿了一本价格为 20 美元的书,并认为这是一项公平交易。他说的对吗?如果不对,错误在哪里?这里显然有一个微妙的错误,我们把它留给读者来发现。(提示:试着用"两张 5 美元的纸币"来代替"一本 10 美元的书"。其中的错误就应该一清二楚了。)

失踪的 1 美元的悖论

有三个人计划在一间旅店里开房度过一夜。他们为这个房间付了 60 美元。就在他们即将离开这个房间的时候,前台接待人员发现这个房间每晚的标价是 55 美元。这位接待员让一位服务员到房间里退回多付的 5 美元。但这位服务员决定给这三个人每人 1 美元,剩下的 2 美元自己留下。这样一来,三个客人每人为这个房间付了 19 美元。三笔款子加起来总共是 3×19 美元 = 57 美元。57 美元加上旅店服务员留下的 2 美元总共只有 59 美元。失踪的 1 美元哪里去了? 这中间有什么错误吗?

对于这笔账,经过一番多少有些令人困惑的讨论之后,我们对于其中的错误给出了下面的解释:把服务员留下的 2 美元加到那三个人付出的 57 美元里面去是完全没有意义的。正确的计算是这样的:这三个人为这间客房付了 57 美元,其中 55 美元给了接待员,2 美元给了服务员。

另外一种探讨这一问题的方法也是没有错误的。这一方法注意到这三位客人得到了一笔 3 美元的退款,而这笔退款加上他们开始为房间付过的 55 美元和服务员拿走的 2 美元,总共是 60 美元。这样的计算错误很常见,但不应该被随便接受。

计算平均速度时发生的错误

一个普遍的数学错误是当我们计算某次往返旅行的平均速度时发生的。例如,让我们假定,经计算,前往某目的地的速度为 60

英里每小时,而按原路返程的速度为 30 英里每小时。人们在这里经常犯的典型错误,是认为这两个速度具有相等的权重,也就是说,把它们加起来之后除以 2,得到 45 英里每小时的平均速度。尽管对于计算两个等值数量的算术平均数(即普通的平均值)来说这是正确的方法,但对于处理两个不等值数量来说,这就不是正确的方法了。在这种情况下,速度是在不同的时间内取得的。

这就是我们考虑的这两种速度的情况,与以 60 英里每小时的速度行驶的时间相比,以 30 英里每小时的速度行驶的时间是其 2 倍,因为二者驶过的距离是一样的。因此,我们必须给 30 英里每小时的速度双倍的权重。所以,整个往返旅途的正确的平均速度应该是 $\dfrac{60+30+30}{3}=40$ 英里每小时。

在其他情况下,速度之间的相互关系不像以上例子中的两个速度那么方便。这时候,要求平均速度,就需要在计算中应用调和平均数的概念。调和平均数的定义,是我们正讨论的值的"倒数的平均数的倒数"。也就是说,对于两个值 a 与 b,调和平均数是

$$\frac{1}{\dfrac{\dfrac{1}{a}+\dfrac{1}{b}}{2}}=\frac{2}{\dfrac{1}{a}+\dfrac{1}{b}}=\frac{2ab}{a+b}。$$

88

对于上述例子来说,我们可以使用调和平均数的公式得到平均速度,过程如下:

$$\frac{2\times60\times30}{60+30}=40。$$

当数字不像我们在上面所使用的那么简便的时候,调和平

数就变得尤其有用了。现在假设我们在往返旅行中使用的速度是 58 英里每小时和 32 英里每小时。对这两个速度应用调和平均数公式，我们就可以得到：

$$\frac{2 \times 58 \times 32}{58 + 32} = 41.2\dot{4}。$$

利用调和平均数的公式，我们也可以计算多于两个速度的平均速度。调和平均数的定义即倒数的平均数的倒数，应用这一定义，我们可以得出三个速度的平均速度的公式：

$$\frac{1}{\dfrac{\dfrac{1}{a} + \dfrac{1}{b} + \dfrac{1}{c}}{3}} = \frac{3}{\dfrac{1}{a} + \dfrac{1}{b} + \dfrac{1}{c}} = \frac{3abc}{bc + ac + ab}。$$

而在四个速度的情况下，则有：

$$\frac{1}{\dfrac{\dfrac{1}{a} + \dfrac{1}{b} + \dfrac{1}{c} + \dfrac{1}{d}}{4}} = \frac{4}{\dfrac{1}{a} + \dfrac{1}{b} + \dfrac{1}{c} + \dfrac{1}{d}} = \frac{4abcd}{bcd + acd + abd + abc}。$$

当然，这一公式也可以进一步推广，用来计算在同样距离上的五个或者更多的速度的平均值。利用这样的关系，我们可以避免数学计算中最为普遍的错误之一，尽管这种错误算不上精彩绝伦。

应该注意到，还有一种计算平均速度的普遍方法，就是首先计算总距离，然后除以驾车总时间。

算术中出现的错误不仅让人烦恼，还会破坏精确的数学运算。所以，把我们在本章中强调过的一些错误牢记在心，是件十分重要的事情。

89

第三章　代数中的错误

"人要从错误中学习",把这句格言应用在代数上尤为正确。人们可能会犯计算上的错误,或者有所疏漏,甚至会忽略代数的基本规则,这些都是会自然发生的情况。在我们对代数的理解上,基本规则是最重要的。这些规则的存在是有原因的。在大多数情况下,违背这些代数规则将导致荒唐的结果。这些结果经常会引人发笑,但它们也可以具有很大的启发意义。在这一章里,我们将研究各种错误。必须说,大部分错误都会让我们更好地理解数学,特别是当我们善于从错误中举一反三的时候。不过要记住,我们不会给出下面那种愚蠢的错误。一位学生看到了 $\lim\limits_{x\to 0}\dfrac{8}{x}=\infty$ 这一正确算式之后,在计算 $\lim\limits_{x\to 0}\dfrac{5}{x}$ 的时候推广了已有的模式,而把答案写成了 $\lim\limits_{x\to 0}\dfrac{5}{x}=\text{5}$。

现在,就让我们开始寻找一些重要的代数错误吧。

我们在前面提到过,在数学中,最为重要的规则之一或许就是不可以用零作除数。有些人甚至称其为"第十一条戒律"。但在有些情况下,作为除数的零伪装得如此巧妙,以至于人们违背了这条戒律而不自知。看看一旦违背了这一戒律会发生什么后果是很有趣的。希望我们能从每一则违规事件中都学到一些东西。当我们违背这条不得用零作除数的规则时,会得到一些可笑的结果,发现这些是很有意思(或令人愉快)的。现在就让我们讨论几个这样的错误吧。

1 = 2? 因为用零作除数而发生的错误

如果我们在 $a = a$ 这一等式的两边平方,就会得到 $a^2 = a^2$。然后从等式两边同时减去 a^2,可得 $a^2 - a^2 = a^2 - a^2$。我们把 a 这一公因数从左边提取出来,并按平方差公式将右边分解,于是有 $a(a - a) = (a + a)(a - a)$。$a + a = 2a$,因此可以把最后一个等式重新写成 $a(a - a) = 2a(a - a)$。现在可以把两边同时除以 $a(a - a)$,于是便得到了 $1 = 2$。我们是在什么时候犯了错误? 因为 $a - a = 0$,因此,我们违反了不能用零作除数的重要规则,从而得出了荒谬的结果,即 $1 = 2$。

下面是一个类似的简单例子,也与以零作除数这一错误有关。

这一次,我们首先令 $a = b$。

然后将等式两边同时乘以 b,因此得到 $a \cdot b = b \cdot b$,或者可以写成 $ab = b^2$。

然后等式两边同时减去 a^2,于是得到 $ab - a^2 = b^2 - a^2$。

从等式左边提取公因式,右边用平方差公式:$a(b - a) = (b + a)(b - a)$。

等式两边同时除以 $(b - a)$,则有 $a = b + a$。

　　然而,由于我们事先给定了 $a = b$,所以 $b = b + b$,或者说 $b = 2b$。如果我们让等式两边同时除以 b,则会得到 $1 = 2$ 的结果。

　　在下面一个例子中,以零作除数伪装得更为巧妙,因而更加不容易觉察。

证明: $a > b$,同时 $a = b$——以零为除数造成的错误

　　首先,我们令 $a > b$,这一关系也可以写成 $a = b + c$,其中 a、b、c 都是正数。现在我们以 $(a - b)$ 乘等式两边,从而得到 $a^2 - ab = ab + ac - b^2 - bc$。然后等式两边同时减去 ac,得到 $a^2 - ab - ac = ab - b^2 - bc$。之后对等式两边进行因式分解,便有 $a(a - b - c) = b(a - b - c)$。两边同时除以 $(a - b - c)$,结果便是 $a = b$。

　　首先,我们令 $a > b$,这一关系也可以写成 $a = b + c$,其中 a、b、c 都是正数。现在我们以 $(a - b)$ 乘等式两边,得到 $a^2 - ab = ab + ac - b^2 - bc$。然后等式两边同时减去 ac,得到 $a^2 - ab - ac = ab - b^2 - bc$。对等式两边进行因式分解,结果便是 $a = b$。

　　怎么会得到 $a = b$ 这一结果呢? 毕竟我们在开始时就定义了 $a > b$ 啊。我们再次看到,$a - b - c = 0$,因为我们在开始时就令 $a = b + c$。就这样,我们违背了零不可以作除数这一禁令。

从用零作除数这一错误出发,证明一切整数都相等

　　我们将再次利用以零为除数这一错误,来证明上面的小标题中的愚蠢命题,这一次的方式更为隐秘。我们首先接受下面的正

确等式：

$$\frac{x-1}{x-1} = 1。$$

因为$(x+1)(x-1) = x^2 - 1$，我们可以得到：

$$\frac{x^2 - 1}{x - 1} = x + 1。$$

因为$(x^2 + x + 1)(x-1) = x^3 - 1$，所以

$$\frac{x^3 - 1}{x - 1} = x^2 + x + 1。$$

因为$(x^3 + x^2 + x + 1)(x-1) = x^4 - 1$，所以

$$\frac{x^4 - 1}{x - 1} = x^3 + x^2 + x + 1。$$

因为$(x^{n-1} + x^{n-2} + \cdots + x^3 + x^2 + x + 1)(x-1) = x^n - 1$，所以

$$\frac{x^n - 1}{x - 1} = x^{n-1} + x^{n-2} + \cdots + x^3 + x^2 + x + 1。$$

现在，令$x = 1$，则上面各等式右边的绝对值分别等于$1,2,3,$ $4,\cdots,n$。[①] 而上面各式左边的值将一直保持恒定，因为它们的形式都是$\frac{1^n - 1}{1 - 1}$，于是，所有右边的数字都应该相等，也就是说，$1 = 2 = 3 = 4 = \cdots = n$。现在，你肯定已经意识到了，等式左边所有分母都是$1 - 1 = 0$。这种情况是不允许存在的，否则就会出现荒唐的结论，诸如所有数字$1,2,3,\cdots,n$都相等。我们可以从这里看出，$\frac{0}{0}$不可能得出一个数字，否则，所有这些古怪的结果就会接踵而来。

94

---

① 不清楚这里为什么要加上"绝对值"（absolute values）的表述，有些多余。右边的数字都是正数，是不用取绝对值的。——译者注

用零作除数：不会立刻注意到的隐秘惩罚

在许多情况下，用零作除数是很不容易被发现的。我们不妨以下面的方程为例：

$$\frac{3x-30}{11-x}=\frac{x+2}{x-7}-4。$$

我们可以把方程右边的两项加起来合成一项，于是原方程变为 $\frac{3x-30}{11-x}=\frac{x+2-4(x-7)}{x-7}$。

然后把这一方程简化为 $\frac{3x-30}{11-x}=\frac{3x-30}{7-x}$。

因为分子是相等的，分母也应该相等，因此，$11-x=7-x$，也就是说 $11=7$。相当荒谬！

这次我们似乎并没有用零作除数，但还是得到了荒谬的结果。

如果我们用传统的方法解出方程 $\frac{3x-30}{11-x}=\frac{3x-30}{7-x}$，就会发现 $x=10$。这也没有显示我们用零作过除数。

所以我们应该考虑以下等式：如果 $\frac{a}{b}=\frac{a}{c}$，在等式两边同时乘以 bc，则可以得到 $ac=ab$。两边同时除以 a，就得到 $b=c$，这是我们预期的结果。但如果 $a=0$，这一条就不成立了，因为这样我们就会用零作除数。

现在请回到让我们得到了荒谬结果的方程 $\frac{3x-30}{11-x}=\frac{3x-30}{7-x}$ 上面。我们发现 $x=10$。既然 $x=10$，则分子 $3x-30=0$，所以在这种情况下，分子相等不能说明分母相等。注意这一次的情况：作为除数的零隐藏得如此隐秘，最后还是让我们得出了可笑的结果。

用零作除数带来的其他惩罚

以同样巧妙的方法,我们也可以证明 +1 = -1。首先让我们看看下面的方程:

$$\frac{x+1}{p+q+1} = \frac{x-1}{p+q-1}。$$

方程两边同时减去 1,我们可以得到:

$$\frac{x+1}{p+q+1} - \frac{p+q+1}{p+q+1} = \frac{x-1}{p+q-1} - \frac{p+q-1}{p+q-1},$$

化简后原方程成为:

$$\frac{x+1-(p+q+1)}{p+q+1} = \frac{x-1-(p+q-1)}{p+q-1},$$

或

$$\frac{x-p-q}{p+q+1} = \frac{x-p-q}{p+q-1}。$$

因为分子是相等的,分母也必须相等,所以 $p+q+1 = p+q-1$,也就是 +1 = -1,又是一个荒谬的结果! 为什么会出现这种情况? 上面那个例子会给我们一点儿线索吗?

如果我们解原方程 $\frac{x+1}{p+q+1} = \frac{x-1}{p+q-1}$ 中的未知数 x,可以发现 $x = p+q$。

所以我们将面临与前一个例子相同的局面,即两个相等的分式的分子($x-p-q$)等于零。

原方程

$$\frac{x+1}{p+q+1} = \frac{x-1}{p+q-1}$$

并不像我们想象的那么具有普遍意义。这个方程只有当 $x = p + q$ 且 $p + q \neq \pm 1$ 的时候才有意义。

为了更好地理解这一结果,我们可以考察一个更简单些的版本:根据 $\dfrac{a}{b} = \dfrac{a}{b}$,我们不能直接认定 $\dfrac{a+c}{b+c} = \dfrac{a-c}{b-c}$。因为要后者成立,必须满足以下两个条件中的一个:

(1) $a = b$ 且 $(b+c)(b-c) \neq 0$,或者

(2) $c = 0$ 且 $b \neq 0$。

换言之,我们必须确定,分母不会是零。

96 在用零作除数误导我们之前就发现它

我们可以找到许多用零作除数的错误例子,它们都具有类似的规律。然而,用零作除数通常都伪装了起来,有些时候很难发现。有一些项把零隐藏得十分巧妙,让我们很容易忽略,特别是当你没有理由认为它会在那里的时候。让我们考虑下面的例子。

假设一个项 T_1 被另一个项 T_2 所除,其中 $T_2 = \sqrt{4 - 2\sqrt{3}} - \sqrt{3} + 1$;我们完全不会怀疑这其中会有什么问题。然而,正如我们很快就会看到的那样,如果我们用 T_2 作除数,它本质上就违反了我们现在很熟悉的"第十一条戒律"。事实上,T_2 等于零! 看看下面的代数运算,你会发现:T_2 等于零。

因为 $\sqrt{4 - 2\sqrt{3}} = \sqrt{3 - 2\sqrt{3} + 1} = \sqrt{(\sqrt{3})^2 - 2 \times 1 \times \sqrt{3} + 1^2} = \sqrt{(\sqrt{3} - 1)^2} = \sqrt{3} - 1$,所以,$T_2 = \sqrt{4 - 2\sqrt{3}} - \sqrt{3} + 1 = 0$。

等于零的除数有时甚至隐藏得更深,下面就是一个例子:

$$T_3 = \sqrt[3]{\sqrt{5}+2} + \sqrt[3]{\sqrt{5}-2} - \sqrt{5}。$$

人们或许会想,我们要怎样才能证明 $T_3 = 0$。这个提示应该能够帮助你证明 $T_3 = 0$。请注意,$\sqrt[3]{\sqrt{5}+2} = \dfrac{\sqrt{5}+1}{2}$,而 $\sqrt[3]{\sqrt{5}-2} = \dfrac{\sqrt{5}-1}{2}$,而 $\dfrac{\sqrt{5}+1}{2} + \dfrac{\sqrt{5}-1}{2} = \sqrt{5}$。

用零作除数:这一广为人知的错误所导致的荒谬结果

在我们开始这一例子之前,先来看看代数的一个基本原理。在 $b \neq d$ 且 $d \neq 0$ 的情况下,考虑比例 $\dfrac{a}{b} = \dfrac{c}{d}$①。从这一比例出发,我们可以得到结论:$\dfrac{a-c}{b-d} = \dfrac{c}{d}$。为证明这一规则实际上是正确的,我们首先必须认识到,通过比例的交叉乘积可知,$ad = bc$。而上面第二个比例的交叉乘积给出了:$(a-c) \cdot d = (b-d) \cdot c$,也就是 $ad - cd = bc - dc$;在等式两边都加上 cd,我们得到 $ad = bc$。这与我们在第一个比例中得到的结果是一样的。现在我们已经建立了上述规则,可以把这一规则应用到下面的计算中去:

已知 x、y、z 和比例 $\dfrac{3y-4z}{3y-8z} = \dfrac{3x-z}{3x-5z}$,现在运用前面刚刚建立的规则,得到:

---

① 这里也应该排除 $b=0$ 的可能性,否则无法保证比例 $\dfrac{a}{b} = \dfrac{c}{d}$ 有意义。——译者注

$$\frac{3y-4z-(3x-z)}{3y-8z-(3x-5z)}=\frac{3x-z}{3x-5z}。$$

去括号,得到

$$\frac{3y-4z-3x+z}{3y-8z-3x+5z}=\frac{3x-z}{3x-5z},$$

化简后可得:

$$\frac{3y-3z-3x}{3y-3z-3x}=1=\frac{3x-z}{3x-5z}。$$

由此可知 $3x-5z=3x-z$,所以 $5=1$。

这中间必定出现了某种错误,因为我们最后得出了荒谬的结果。

这里的错误更不易发觉。当 $x-y+z=0$ 时,方程 $\dfrac{3y-4z}{3y-8z}=$

$\dfrac{3x-z}{3x-5z}$ 成立。①

现在把 $x=y-z$ 代入方程,原方程变为:

$$\frac{3x-z}{3x-5z}=\frac{3(y-z)-z}{3(y-z)-5z}=\frac{3y-4z}{3y-8z}。$$

使用类似的代换,可以得到 $3y-3z-3x=3y-3z-3(y-z)=$ $3y-3z-3y+3z=0$,和 $3y-3z-3x=3y-8z+5z-3x=3y-8z-$ $(3x-5z)=0$。两个式子都等于零。因此分式

$$\frac{3y-4z-(3x-z)}{3y-8z-(3x-5z)}$$

的分母等于零。这个例子也用了零作除数,但隐藏得很深。数学家在他们的所有研究中都必须时刻警惕一些微妙的错误,这也是

---

① 原文没有给出 $x-y+z=0$ 满足原方程的由来。实际上,只要从原来的比例出发,应用比例中内项积等于外项积的原理,整理之后就可以得到这一关系。——译者注

其中的一个例子。

解读错误带来的荒谬结果

人们要求我们解以下联立方程组：

$$\begin{cases} a+b=1, & (1) \\ a+b=2。 & (2) \end{cases}$$

我们的第一反应是注意到，由于这些方程的左边是相等的，因此它们的右边也必须相等。因此我们发现 $1=2$。"证毕！"是这样的吗？

同样，我们也可以用让两个方程相减的办法来处理这一方程组，因为我们知道，等量相减，差相等。当我们用第二个方程减去第一个方程的时候，左边得到的是 0，而右边得到的是 1。因此，$0=1$。又一个荒谬的结果。

从这里再进一步：由这一方程组，我们也可以证明 $1=-1$。我们用第二个方程减去第一个方程，得到了 $0=1$。现在，如果用第一个方程减去第二个方程，就可以得到 $0=-1$。我们还可以让这种荒谬变得更加愚蠢一些。

因为 $0=1$，且 $0=-1$，所以接下去人们可以得出结论：$1=-1$，因为这两个数都与第三个数 0 相等。

这一系列荒谬的结论，都来源于这两个方程不存在公共解这一事实。如果我们画出这两个方程的图像，它们会是两条平行线，不存在交点，即不存在公共点。错误就在于，我们从一开始就试图求解这个方程组，而没有立即意识到，当代表这两个方程的两条直

98

线平行时,它们之间不存在共同的交点,因此方程组本身是无解的。

代数中的一些错误可以通过图像更为清楚地看出来,下面的例证可以说明这一点。考虑下面两个方程,$5x + y = -15$ 和 $x = -4 - \dfrac{y}{5}$。如果我们把第二个方程中 x 的值代入第一个方程,就可以得到 $5\left(-4 - \dfrac{y}{5}\right) + y = -15$。经化简,得到 $-20 - y + y = -15$,或者 $-20 = -15$。这里肯定有什么错误。但错误在哪里呢?如果我们用 5 同时乘第二个方程的两边,则有 $5x + y = -20$。如果画出这两个方程,就会发现,它们是两条平行线,因此没有交点;换句话说,它们没有公共解(见图 3.1)。所以,像上面那样试图求解这两个联立方程是没有意义的,显然会得到荒谬的结果!

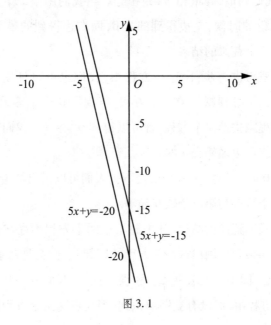

图 3.1

这一次,这两个方程之间的平行关系不像以上第一个例子那么明显。然而,为了避免这类荒谬结果,我们必须谨慎,不要犯这里所示的解读错误。

用这样的推理,我们也可以证明 $5 = 16$。要证明这一等式,我们首先推出下列方程: 99

$$(x+1)^2 - (x+2)(x+3) = (x+4)(x+5) - (x+6)^2。$$

运用乘法运算,得到:

$$x^2 + 2x + 1 - (x^2 + 5x + 6) = x^2 + 9x + 20 - (x^2 + 12x + 36)。$$

合并同类项,得到: $-3x - 5 = -3x - 16$。 100

在方程两边同时加上 $3x$,即得 $-5 = -16$。

最后,乘以 -1,我们就得到了前面所说的荒谬结果:$5 = 16$。有时候,一个给定的方程中的数学错误不是很明显,但当你得到荒谬的结果时,就会注意到它与上面的情况有类似之处。那时你就应该问自己,错误出在哪里? 我们的乘法和加法都是正确的。错误出在原方程身上,这一点到了讨论结尾的时候才变得清楚起来。换言之,由于我们假定最后一个方程的解是存在的(仅仅是假定,实际上并不存在),结果我们发现了矛盾:$5 = 16$。由此矛盾,我们可以断定前面做出的一个假定或者一些推理一定是错误的。但这里的所有步骤都是正确的,除了方程有解这个假定之外。因此我们可以下结论:原方程本身无解。

代数错误导致方程组出现了奇怪的结果

我们从以下给定的联立方程组出发:

$$\begin{cases} \dfrac{x}{y} + \dfrac{y}{x} = 2, & (1) \\[3mm] x - y = 4。 & (2) \end{cases}$$

在方程(1)的左右两边同时乘以 xy,得到 $x^2 + y^2 = 2xy$,这一方程可以进一步变成 $x^2 - 2xy + y^2 = 0$。

整理方程,得到 $(x - y)^2 = 0$,由此得出 $x - y = 0$,或者用另一种形式写成 $x = y$。

如果我们把这个 y 值代入方程(2),就会得到 $0 = 4$ 的结果。那么错误在哪里呢?

从给定的方程组看,我们假定 x 与 y 都不等于零。但其实该方程组无解。如果我们画出这两个方程就会注意到,它们是两条平行线,没有交点,所以这两个方程不会有公共解(见图3.2)。

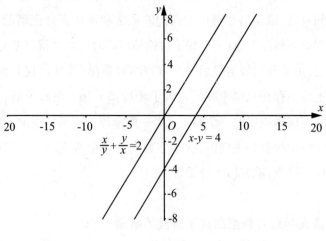

图 3.2

开平方根发生的错误导致了荒谬的结果

在这个例子中,请读者认真观察以下各步骤:

$$2 = 2,$$

$$3 - 1 = 6 - 4,$$

$$1 - 3 = 4 - 6,$$

$$1 - 3 + \frac{9}{4} = 4 - 6 + \frac{9}{4},$$

$$1 - 2 \times \frac{3}{2} + \frac{9}{4} = 4 - 4 \times \frac{3}{2} + \frac{9}{4},$$

$$\left(1 - \frac{3}{2}\right)^2 = \left(2 - \frac{3}{2}\right)^2,$$

$$1 - \frac{3}{2} = 2 - \frac{3}{2},$$

$$1 = 2 。$$

然而,错误出在哪里?

错误隐藏在我们对以下方程的两边开平方那一步上:

$$\left(1 - \frac{3}{2}\right)^2 = \left(2 - \frac{3}{2}\right)^2 。$$

而这一错误在 $1 - \frac{3}{2} = 2 - \frac{3}{2}$ 这一表达式中表现了出来。以上步骤忽略了开平方时需要考虑的负值。我们应该按如下方式得到绝对值:

$$\left(1 - \frac{3}{2}\right)^2 = \left(2 - \frac{3}{2}\right)^2 。$$

由此得到 $\left| -\frac{1}{2} \right| = \left| \frac{1}{2} \right|$。这一绝对值等式的结果当然是合

理又正确的：$\frac{1}{2} = \frac{1}{2}$。忽略应该有的开平方算法，会导致愚蠢的错误结果。这种情况不胜枚举。

例如，假定我们从 $-20 = -20$ 出发，并把这一等式写成 $16 - 36 = 25 - 45$ 的形式。然后在等式两边同时加上 $\frac{81}{4}$，则有 $16 - 36 + \frac{81}{4} = 25 - 45 + \frac{81}{4}$，这就相当于

$$\left(4 - \frac{9}{2}\right)^2 = \left(5 - \frac{9}{2}\right)^2。$$

现在，对等式两边同时开平方（尽管如上所述，这是错误的），得到 $4 - \frac{9}{2} = 5 - \frac{9}{2}$，于是得出了可笑的结果 $4 = 5$。

然而，如果我们考虑到平方根的结果应该用绝对值的形式表示，就会得到 $\left|4 - \frac{9}{2}\right| = \left|5 - \frac{9}{2}\right|$，这将得出合理的结果：$\frac{1}{2} = \frac{1}{2}$。

解方程时出现的微妙错误会造成失误

我们需要解方程 $3x - \sqrt{2x - 4} = 4x - 6$（此处 $x \in \mathbf{R}, x \geq 2$）。解这一方程的通常方法是孤立根数项，然后两边平方，如下所示：

$$\sqrt{2x - 4} = -(x - 6)。$$
$$2x - 4 = \left[-(x - 6)\right]^2 = (x - 6)^2。$$

103　化简，即得 $x^2 - 14x + 40 = 0$。这一方程有两个根：$x_1 = 10, x_2 = 4$。将这两个值代回原方程，我们发现只有 x_2 是原方程的解，而 x_1 不

是。为什么 x_1 不是一个有效的解呢？我们所犯的错误是在方程的两边开平方，这不是一个等价变换。换言之，从 $T_1 = T_2$，可得 $T_1^2 = T_2^2$。然而，反过来并非总是成立，这一点我们刚刚已经有所体会。在图 3.3 中，我们画出了原来的两个方程的图像，从中可以看出这两个方程的交点。

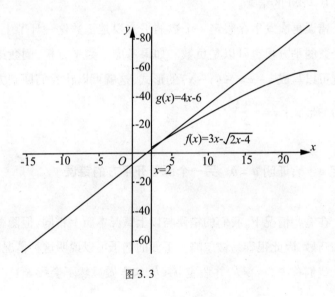

图 3.3

"证明" $0 = 100$：因开平方的一个错误而造成

首先我们令 $y = 100$，$z = 0$。假如有方程 $x = \dfrac{y+z}{2}$，则 $2x = y+z$。

以 $y-z$ 去乘方程两边，即有 $2x(y-z) = (y+z)(y-z)$。

进行方程中指定的乘法运算：$2xy - 2xz = y^2 - z^2$。

移项：$z^2 - 2xz = y^2 - 2xy$。

然后在方程两边同时加上 x^2：$z^2 - 2xz + x^2 = y^2 - 2xy + x^2$。

方程两边进行因式分解：$(z-x)^2 = (y-x)^2$。

对方程两边开平方，我们得到：$z - x = y - x$。

由此可得 $z = y$，而且，如果将 y 和 z 的原值代回方程，我们就有了 $0 = 100$ 的结果。

错误再次发生在假定一个数的平方根是正数这一环节上，而这个数的平方根也可以是负数。如果考虑负数平方根，倒数第二步就可以写成 $z - x = -(y-x)$ 的形式，这就可以让我们回到方程开始的形式：$x = \dfrac{y+z}{2}$。

假定 $a \neq b$，证明 $a = b$：另一个源于开平方的错误

在有些情况下，我们的错误与以上情况本质上雷同，但隐藏得更加巧妙，因此很容易被忽略。下面的例子可以说明这种情况。

我们首先令 $a \neq b$，并假定 $a < b$，这样做显然不会影响这一例子的普遍性。进一步令 $c = \dfrac{a+b}{2}$。这就意味着方程是 $a + b = 2c$。以 $a - b$ 去乘方程两边，我们得到 $a^2 - b^2 = 2ac - 2bc$。

然后，在方程两边加上 $b^2 - 2ac + c^2$，得到方程 $a^2 - 2ac + c^2 = b^2 - 2bc + c^2$。这个方程的两边都是完全平方式，因此可以写成 $(a - c)^2 = (b - c)^2$ 的形式。对方程的两边取平方根，可以得到 $\sqrt{(a-c)^2} = \sqrt{(b-c)^2}$，这让我们得到了 $a - c = b - c$，或者说 $a = b$。但我们开始时假定 $a \neq b$。我们肯定在什么地方犯了错误。在这

次代数运算中,我们的每一步似乎都是正确的。不过在最后一步,当我们对方程的两边取平方根的时候,由于疏忽而没有考虑平方根的负值。如果我们在对方程$(a-c)^2=(b-c)^2$的两边取平方根$\sqrt{(a-c)^2}=\sqrt{(b-c)^2}$的时候选择$a-c=-(b-c)$,就会得到$a-c=-b+c$,这样就与原方程$a+b=2c$一致了。

解方程时须谨慎,否则可能会出错

还有另外一个失误,它来自我们在解方程$1+\sqrt{x+2}=1-\sqrt{12-x}$的过程中发生的一个错误,这个错误隐藏得非常巧妙。

首先在这个方程的两边加上-1,然后对两边同时做平方运算,因此原方程变成$x+2=12-x$,从而得到方程的解:$x=5$。

如果把x的值代回原方程,则有$1+\sqrt{5+2}=1-\sqrt{12-5}$。然后在等式两边同时加上$-1$,接着让等式$\sqrt{5+2}=-\sqrt{12-5}$两边分别平方,我们得到$7=7$。这或许会让我们认为求得的$x$值是正确的。但事实并非如此!如果我们把原方程中的$x$用5代替,将会得到$1+\sqrt{7}=1-\sqrt{7}$,这当然是不对的。所以,$x=5$不是这个方程的解。

那么,我们在什么地方犯了错误呢?就是在对方程两边取平方根的时候。这时我们必须同时考虑正数值和负数值。我们违背了这一运算规则!

对方程两边取平方根,这并不是一个等价变换,记住这一点是个好习惯。这种变换产生的新方程有可能带有原方程所没有的"增根"。因此,不是每一个"平方后产生的方程"的解都是原方程的解。这是一个非常重要的规则,但常常表示得不明确。这也是会出错的地方。

现在让我们考虑方程 $x + 5 - \sqrt{x+5} = 6$。可以把这个方程写成 $x - 1 = \sqrt{x+5}$。两边取平方可得 $x^2 - 2x + 1 = x + 5$,简化后得 $x^2 - 3x - 4 = 0$。

解这一方程,可得 $x = 4$ 或 $x = -1$。经检验可知,$x = 4$ 确实是方程的一个解,但 $x = -1$ 并不是原方程的解。这是在代数课上经常发生的典型错误。人们在取平方根的过程中又一次没有考虑负值。

这种荒谬的结果还可以进一步发展,因为如果你想证明 $5 = 1$,就可以从 $5 = 1$ 的左右两边同时减去 3,得到 $2 = -2$。然后在两边取平方,于是得到 $4 = 4$,通过这种方法可以证明,5 一定等于 1!

106　在乘方问题上犯错会让你出错

设想有人以如下方法解方程 $\left(\dfrac{2}{3}\right)^x = \left(\dfrac{3}{2}\right)^3$:

从原方程 $\left(\dfrac{2}{3}\right)^x = \left(\dfrac{3}{2}\right)^3$ 开始,应用分式的乘法法则,得到 $\dfrac{2^x}{3^x} = \dfrac{3^3}{2^3}$。以公分母 $2^3 \times 3^x$ 乘以方程两边,得到 $2^3 \times 2^x = 3^3 \times 3^x$。

根据指数乘法法则,我们可以得到 $2^{3+x} = 3^{3+x}$。

如果两个相等的幂有同样的指数,我们可以得出结论,即它们的底数必然也相等,因此 $2 = 3$。这里有什么地方出错了。可能在什么地方呢? 最后一步是错误的! 正确的答案是 $x = -3$,这让方程的两边都等于1。

你或许想看看这一方程的图像是什么样子的，所以我们把两个函数 $f(x) = 2^{3+x}$ 和 $g(x) = 3^{3+x}$ 的图像画在图 3.4 中。

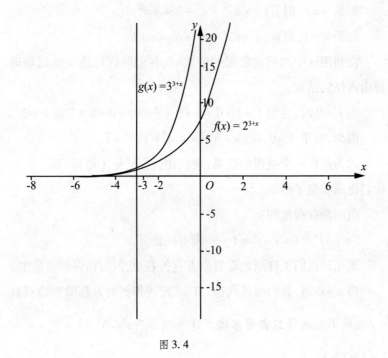

图 3.4

有关二项式定理的一个不易察觉的疏忽或错误

我们知道 $(a+b)^2 = a^2 + 2ab + b^2$。这一公式是对二项式定理的一个应用，后者提供了计算二项式的**任何**正整数 n 次方的公式。该公式如下：

$$(a+b)^n = a^n + na^{n-1}b + \frac{n(n-1)}{2!}a^{n-2}b^2 + \cdots$$
$$+ \frac{n(n-1)}{2!}a^2b^{n-2} + nab^{n-1} + b^n。$$

如果 $n=2$，则有 $(a+b)^2 = a^2 + 2ab + b^2$。

如果 $n=1$，则有 $(a+b)^1 = a^1 + b^1 = a+b$。

在利用这个二项式定理的公式时，我们同样可能受到误导而得出古怪的结论。

当 $n=0$ 时，可得 $1 = 1+0+0+0+\cdots+0+0+0+1$ 或 $1=2$。

因为，如果 $n=0$，则 $(a+b)^0 = 1, a^0 = 1, b^0 = 1$。

因为这样一个荒谬的结果，我们相信自己犯了错误，而实际上我们也确实犯了错误。

但问题在哪里呢？

$(a+b)^n = (a+b)^0 = 1$——没有问题。

现在让我们更仔细地看看原方程的右边，因为错误就在这里。

当 $n=0$ 时，我们通过代换二项式定理得到的方程的右边只有一项，而个是**两项或者更多项**。这一项是 $\frac{1}{0!}a^{0-0}b^0 = 1 \times a^0 \times b^0 = 1 \times 1 \times 1 = 1$。

我们也可以从帕斯卡三角形中看出这一点，这个三角形可以用来确定如下二项式展开各项的系数（如图 3.5 所示）：

$$(a+b)^0 = 1,$$
$$(a+b)^1 = 1a + 1b,$$
$$(a+b)^2 = 1a^2 + 2ab + 1b^2,$$
$$(a+b)^3 = 1a^3 + 3a^2b + 3ab^2 + 1b^3,$$

...

$$(a+b)^n = \frac{1}{0!}a^n + \frac{n}{1!}a^{n-1}b + \frac{n(n-1)}{2!}a^{n-2}b^2 + \cdots$$

$$+ \frac{n(n-1)}{2!}a^2b^{n-2} + \frac{n}{1!}ab^{n-1} + \frac{1}{0!}b^n。$$

①

1　2　1

1　3　3　1

1　4　6　4　1

· · ·

图 3.5

但要小心,如果 $a = b = 0$,你或许会遇到麻烦! 0^0 的值是什么? 这是一个现在还没有定义的表达式,许多计算器对这一输入没有反应,还有一些给出的输出是 1,因为"任何数值"的零次方都是 1。

正如我们一开始所说,二项式定理只当 n 取**正数**的时候才有效。注意当我们取 $n = 0$ 时出现的错误。这就是为什么我们要详细说明 n 的数值的原因——正是为了避免出现这类可笑的结果。

证明正数 p 小于零: 不等式中出现的错误

首先假定 p 与 q 都是正数,然后我们将证明 p 是负数。很明显,不等式 $2q - 1 < 2q$ 是个正确的陈述。现在我们用 $-p$ 同时乘以这个不等式的两边,得到 $-2pq + p < -2pq$。如果随后在不等式的

108

两边加上 $-2pq$，[①]则有 $p < 0$，也就是说，p 是一个负数。怎么会这样？一开始我们不是已经定义了 p 是正数吗？错误出在哪里？

我们违反了不等式的一条规则，即当**不等式的左右两边同时乘以或除以一个负数时，不等号必须改变方向**。

来看一个简单的例子：$2 < 3$。当我们用 -1 同时乘以不等式的两边时，左边得到 $2 \times (-1) = -2$，这一数值要大于右边的 $3 \times (-1) = -3$，或者简单地陈述为 $-2 > -3$。

在下面这个例子中，我们可以看到这一错误再次出现，但出现的方式却不那么明显。

证明任何正数都大于它自身

首先我们假定有两个正数 p 与 q，且 $p > q$。现在，以 q 同时乘以不等式的两边，得到 $pq > q^2$。让这个不等式的两边同时减去 p^2，我们得到 $pq - p^2 > q^2 - p^2$。将两边因式分解，得到 $p(q-p) > (q+p)(q-p)$。

两边同时除以 $(q-p)$，我们得到 $p > q + p$，也就是说 p 大于它自身。这是荒谬的！但错误出在哪里呢？因为 $p > q$，于是 $(q-p)$ 是负数。我们犯的错误是，当用一个负数项 $(q-p)$ 除不等式两边的时候没有改变不等号的方向。

这个例子的结构类似于"$1 = 2$？因为用零作除数而发生的错

---

① 此处原文是：If we then add $-2pq$ to both sides of this inequality。根据内容看应该是加上 $2pq$，或者减去 $-2pq$。——译者注

误"中的那个"证明",只是把在方程中用零作除数改成了在不等式里用负数项作除数。这一荒谬的结果还可以更进一步。让我们继续用原来的 $p > q$ 以及新发现的 $p > q + p$ 这两个不等式。先将两者相加,这样就有了 $2p > 2q + p$。再从两边同时减去 p,就可以得到 $p > 2q$。所以,如果 $p > q$,且 $p > q + p$,则我们可以得出 $p > 2q$ 的结论。类似的推理也让我们能够得出 $p > 4q$ 的结论。这一过程可以以同样的方式继续得出更荒谬的结果。

为了证明 $\dfrac{1}{8} > \dfrac{1}{4}$ 是个明显的错误,你可能必须回想一下什么是 $\lg x$。请记住,$y = \log_b x$ 与 $b^y = x$ 意思相同,即 y 是底数 b 应该进行乘方(本质上是指数)得到一个给定的数值 x 所需要的次数。当底数为 10 时,我们把它写成 $y = \log_{10} x = \lg x$。此外我们还知道对数的规则或者性质:$y \cdot \lg x = \lg x^y$。

我们从显然正确的 $3 > 2$ 开始,然后让不等式的两边同时乘以 $\lg \dfrac{1}{2}$,于是得到 $3 \cdot \lg \dfrac{1}{2} > 2 \cdot \lg \dfrac{1}{2}$,或者可以用以上的对数规则将其写成 $\lg\left(\dfrac{1}{2}\right)^3 > \lg\left(\dfrac{1}{2}\right)^2$。这个不等式让我们得出 $\left(\dfrac{1}{2}\right)^3 > \left(\dfrac{1}{2}\right)^2$,或者写成更常见的形式,即 $\dfrac{1}{8} > \dfrac{1}{4}$,这显然是荒谬的!

110

我们是在哪里犯下这个错误的呢?这是一个隐藏得非常巧妙的情况,要发现这一情况,我们需要注意到 $\lg \dfrac{1}{2}$ 是一个负数值,因此在用它乘以不等式两边的时候,不等号需要改变方向(即我们可以问自己:"10 的多少次方是 $\dfrac{1}{2}$?"答案肯定是一个负数)。

不等式两边同时乘以一个负数时不等号必须改变方向,必须承认,在违背这一规则的各种情况中,上述情况是比较难发现的。

既然已经说到了对数这一主题,就让我们看看下面的错误吧。

另一个在对数中发生的错误,导致 1 = −1

我们知道 $(-1)^2 = 1$,所以接下来,我们可以检查它们的对数,它们都应该相等:

因为 $\lg(-1)^2 = \lg 1$。所以 $2 \cdot \lg(-1) = \lg 1$。然而 $\lg 1 = 0$,因为任何数的零次幂都是 1。

所以,$2 \cdot \lg(-1)$ 也必须等于 0。因此有 $\lg(-1) = 0$。

既然我们现在证明了这两个数值都等于零,那就可以说,因为 $\lg(-1) = \lg 1$,所以一定会有 $-1 = 1$。但是,所有数字,无论正数或者负数,都有对数吗?错误就在这里!实数域内的负数没有对数。

对数计算中的一个常见错误

我们希望以如下方法解方程 $2^x = 128$:

首先,对方程两边取对数:$\lg 2^x = \lg 128$。运用对数规则,我们可以得到:$x \cdot \lg 2 = \lg 128$。然后方程两边都除以 $\lg 2$:

$$x = \frac{\lg 128}{\lg 2}。$$

因为商的对数是对数的差,我们得出了 $x = \lg 128 - \lg 2$,于是 $x \approx 2.107209969 - 0.3010299956 = 1.806179973$。

然而这并不是正确的答案,因为 $\dfrac{\lg 128}{\lg 2}$ 的正确答案是 7,而不是 $x \approx 1.806179973$。

那么错误在哪里呢? 当面对 $\dfrac{\lg 128}{\lg 2}$ 这一表达式的时候,我们没有权利进行对数之间的除法,因为原式并不等于 $\lg 128 - \lg 2$。

进行不等式计算时须多加小心,避免错误

考虑下面的不等式:

$$\left(\dfrac{1}{6}\right)^n \leqslant 0.01。$$

我们想要找到自然数 n 使不等式成立。我们可以首先在不等式的两边取对数:

$$\lg\left(\dfrac{1}{6}\right)^n \leqslant \lg 0.01。$$

随后可以得到 $n \cdot \lg \dfrac{1}{6} \leqslant \lg 0.01$。两边同时除以 $\lg \dfrac{1}{6}$,可得:

$$n \leqslant \dfrac{\lg 0.01}{\lg \dfrac{1}{6}} = \dfrac{\lg \dfrac{1}{100}}{\lg \dfrac{1}{6}} = \dfrac{\lg 1 - \lg 100}{\lg 1 - \lg 6} = \dfrac{0 - 2}{0 - \lg 6} = \dfrac{2}{\lg 6}$$

$$= 2.570194417 \cdots$$

这就是说,这个不等式的解是自然数 0、1 和 2。然而,如果我们把这些 n 值代到原来的不等式中,就会发现这是错误的。那么,什么地方出错了呢?

是的,以一种相当隐秘的方式,我们让不等式的两边同时除以了一个负数,这一过程要求不等号改变方向。

因为 $\lg\frac{1}{6}<0$,所以,当不等式两边同时除以 $\lg\frac{1}{6}$ 的时候,必须把不等号"$\leqslant$"改为"$\geqslant$"。因此,给定不等式的正确解是 $n\geqslant\frac{2}{\lg 6}=2.570194417\cdots$,于是,所有大于 2 的自然数都能让这一不等式成立。

112 错误地推广分配律:一个普遍但可以避免的错误

分配律是代数的一个基本性质。它的最佳的代数表达是 $a(b+c)=ab+ac$,或者 $(a+b)c=ac+bc$。我们也可以把这一公式表达为 $3(a+b)=3a+3b$。

我们还可以回想一下,尽管有乘法对加法的分配律,但反过来说,加法对于乘法的分配律却不存在,也就是说,$a+(b\cdot c)\neq(a+b)\cdot(a+c)$,或者 $(a\cdot b)+c\neq(a+c)\cdot(b+c)$。

人们在代数运算中犯的许多错误都是可以避免的。其中有一些是因为对分配律进行不正确的推广所造成的,例如:$(a+b)^2=a^2+b^2$,以及 $(a-b)^2=a^2-b^2$。

随后,这种错误又在我们考虑一般情况时有所扩大,即 $(a+b)^n=a^n+b^n$ 和 $(a-b)^n=a^n-b^n$。

当我们令 $n=\frac{1}{2}$ 时,又会发现进一步的错误:

$$\sqrt{a+b}=\sqrt{a}+\sqrt{b}\text{和}\sqrt{a-b}=\sqrt{a}-\sqrt{b};$$
$$\sqrt[n]{a+b}=\sqrt[n]{a}+\sqrt[n]{b}\text{和}\sqrt[n]{a-b}=\sqrt[n]{a}-\sqrt[n]{b}。$$

而且,在 $(a+b)^n = a^n + b^n$ 和 $(a-b)^n = a^n - b^n$ 中,当 $n = -1$ 时可得:

$(a+b)^{-1} = a^{-1} + b^{-1}$,可以将其写为 $\dfrac{1}{a+b} = \dfrac{1}{a} + \dfrac{1}{b}$,

以及 $(a-b)^{-1} = a^{-1} - b^{-1}$,可以将其写为 $\dfrac{1}{a-b} = \dfrac{1}{a} - \dfrac{1}{b}$。

当我们试图在对数中应用分配律时,也会发现下面的错误:

$\lg(a+b) = \lg a + \lg b$,以及 $\lg(a-b) = \lg a - \lg b$。

$\lg(a \cdot b) = \lg a \cdot \lg b$,以及 $\lg \dfrac{a}{b} = \dfrac{\lg a}{\lg b}$。

正确的分配律是:$\lg(a \cdot b) = \lg a + \lg b$,以及 $\lg \dfrac{a}{b} = \lg a - \lg b$。

我们也可以看到分配律在绝对值运算中的错误应用,如 $|a+b| = |a| + |b|$,以及 $|a-b| = |a| - |b|$。

应该也注意到,有些人把这种分配律的错误用法推广到了三角学中,由此出现 $\sin(\alpha+\beta) = \sin \alpha + \sin \beta$,以及 $\sin(\alpha-\beta) = \sin \alpha - \sin \beta$(此处 α 与 β 为实数);还有 $\cos(\alpha+\beta) = \cos \alpha + \cos \beta$,和 $\cos(\alpha-\beta) = \cos \alpha - \cos \beta$(此处 α 与 β 为实数)。

我们应该明白,在三角学中确实有正确的分配律运用,分配律的这种误用应该避免。

通过使用数字来代替变量,我们可以更加清楚地认识这些错误:

$(a+b)^2 = a^2 + b^2$,

$(2+1)^2 = 3^2 = 9$,但 $2^2 + 1^2 = 4 + 1 = 5$。

$(a-b)^2 = a^2 - b^2$,

113

$(2-1)^2 = 1^2 = 1$,但 $2^2 - 1^2 = 4 - 1 = 3$。

$(a+b)^n = a^n + b^n (n=3:)$,

$(2+1)^3 = 3^3 = 27$,但 $2^3 + 1^3 = 8 + 1 = 9$。

$(a-b)^n = a^n - b^n (n=3:)$,

$(2-1)^3 = 1^3 = 1$,但 $2^3 - 1^3 = 8 - 1 = 7$。

$\sqrt{a+b} = \sqrt{a} + \sqrt{b}$,

$\sqrt{16+9} = \sqrt{25} = 5$,但 $\sqrt{16} + \sqrt{9} = 4 + 3 = 7$。

$\sqrt[n]{a+b} = \sqrt[n]{a} + \sqrt[n]{b} (n=3:)$

$\sqrt[3]{27+8} = \sqrt[3]{35} \approx 3.2711$,但 $\sqrt[3]{27} + \sqrt[3]{8} = 3 + 2 = 5$。

$\sqrt[n]{a-b} = \sqrt[n]{a} - \sqrt[n]{b} (n=3:)$,

$\sqrt[3]{27-8} = \sqrt[3]{19} \approx 2.6684$,但 $\sqrt[3]{27} - \sqrt[3]{8} = 3 - 2 = 1$。

$\sqrt{a-b} = \sqrt{a} - \sqrt{b}$,

$\sqrt{25-9} = \sqrt{16} = 4$,但 $\sqrt{25} - \sqrt{9} = 5 - 3 = 2$。

$\dfrac{1}{a+b} = \dfrac{1}{a} + \dfrac{1}{b}$,

$\dfrac{1}{2+1} = \dfrac{1}{3}$,但 $\dfrac{1}{2} + \dfrac{1}{1} = \dfrac{3}{2}$。

$\dfrac{1}{a-b} = \dfrac{1}{a} - \dfrac{1}{b}$,

$\dfrac{1}{2-1} = 1$,但 $\dfrac{1}{2} - \dfrac{1}{1} = -\dfrac{1}{2}$。

114

$\lg(a+b) = \lg a + \lg b$,

$\ln(e+e) = \ln 2e = \ln 2 + \ln e = \ln 2 + 1 \approx 1.693147180$,但 $\ln e + \ln e = 1 + 1 = 2$。

$\lg(a-b) = \lg a - \lg b$,

$\ln(2e-e) = \ln e = 1$,但 $\ln 2e - \ln e = \ln 2 + \ln e - \ln e = \ln 2 \approx$

0.693147180。

$$|a+b| = |a| + |b|,$$

$|3 + (-4)| = |-1| = 1,$ 但 $|3| + |(-4)| = 3 + 4 = 7$。

$$|a-b| = |a| - |b|,$$

$|3 - (-4)| = |7| = 7,$ 但 $|3| - |(-4)| = 3 - 4 = -1$。

$$\sin(\alpha + \beta) = \sin\alpha + \sin\beta,$$

$$\sin\left(\frac{\pi}{3} + \frac{\pi}{6}\right) = \sin\frac{\pi}{2} = 1, \text{但} \sin\frac{\pi}{3} + \sin\frac{\pi}{6} = \frac{\sqrt{3}}{2} = \frac{1}{2} = \frac{\sqrt{3}+1}{2}。$$

$$\sin(\alpha - \beta) = \sin\alpha - \sin\beta,$$

$$\sin\left(\frac{\pi}{3} - \frac{\pi}{6}\right) = \sin\frac{\pi}{6} = \frac{1}{2}, \text{但} \sin\frac{\pi}{3} - \sin\frac{\pi}{6} = \frac{\sqrt{3}}{2} - \frac{1}{2} = \frac{(\sqrt{3}-1)}{2}。$$

对无穷的错误理解导致的荒谬结果

对无穷的概念缺乏理解而造成的可笑的事情很多。例如,许多人很难理解为什么所有自然数的集合 $\{0,1,2,3,4,\cdots\}$ 与偶数的集合 $\{0,2,4,6,8,\cdots\}$(后者是前者去掉所有奇数后形成的)的元素个数一样多。这两个集合怎么可能一样大呢? 但比较集合大小的一种方法是让它们各自的元素一一对应。我们看到,对于自然数集合中的每一个元素来说,总有偶数集合中的一个元素与之对应,后者在数值上是前者的两倍;同样,对于偶数集合中的每一个元素来说,总有自然数集合中的一个元素与之对应,后者在数值上只是前者的二分之一。所以,这两个集合一定有"一样多的元素"。这或许与直觉相反,但却是真实的。这正是无穷概念中要考虑的一点。

115   我们也可能会误用无穷的概念,即错误地使用这一概念,这一点可以从下面这个例子中看出。

用对无穷的错误理解来证明 1 = 0

首先让我们看看这个级数:$S = 1 - 1 + 1 - 1 + 1 - 1 + \cdots$

我们可以把这一级数中的数字像下面这样分组:

$$S = (1 - 1) + (1 - 1) + (1 - 1) + (1 - 1) + \cdots$$
$$S = 0 + 0 + 0 + 0 + \cdots$$
$$S = 0。$$

我们也可以用下面的方式分组:

$$S = 1 - (1 - 1) - (1 - 1) - (1 - 1) - (1 - 1) - \cdots$$
$$S = 1 - 0 - 0 - 0 - 0 - \cdots$$
$$S = 1。$$

根据 S 的值的这两个结果,我们似乎应该得出 1 = 0 的结论,因为这两个数字都等于 S。发生这一错误的原因在于这个级数的收敛性。一个绝对收敛级数是一个当级数扩展到无穷多项时收敛到一个确定数值的级数,即使将级数中的所有加号改成减号,新建立的级数依然收敛。德国数学家波恩哈德・黎曼(Bernhard Reimann,1826—1866)于 1854 年证明,一个条件收敛级数(即非绝对收敛级数)的项进行重新安排后,它的极限几乎可以等于任何数字。显然每个收敛但不绝对收敛的级数都可以在重排后收敛到任何给定的实数。所以,我们通过重排一个条件收敛级数的项而得到了古怪的结果。

当我们用数字 n 代替上面的数字 1 时也可以显示这一悖论：$(n-n)-(n-n)-\cdots=0$，但 $n-(n-n)-(n-n)-\cdots=n$。

人们早就知道这一悖论，数学家伯纳德·波尔查诺（Bernard Bolzano，1781—1848）在他《无穷的悖论》一书中（莱比锡：迈纳与雷克拉姆出版社，1851；1975 年再版）第一次发表了这一悖论。我们要记住，当处理无穷级数的时候，无论它们是否收敛，在用括号的时候都必须非常谨慎。

在处理无穷级数时发生的错误导致 2 = 3

当我们对一个算术级数的每一项取倒数时，便建立了一个调和级数。考虑下面的调和级数，随着项数越来越多，它的值似乎在变大：

$$\frac{1}{1}+\frac{1}{2}+\frac{1}{3}+\frac{1}{4}+\frac{1}{5}+\frac{1}{6}+\frac{1}{7}+\frac{1}{8}+\frac{1}{9}+\frac{1}{10}+\cdots$$

我们称这样一个级数为发散级数。如果把这个级数以下面的方法加以分隔，

$$\frac{1}{1}+\frac{1}{2}+\left(\frac{1}{3}+\frac{1}{4}\right)+\left(\frac{1}{5}+\frac{1}{6}+\frac{1}{7}+\frac{1}{8}\right)+$$
$$\left(\frac{1}{9}+\frac{1}{10}+\frac{1}{11}+\frac{1}{12}+\frac{1}{13}+\frac{1}{14}+\frac{1}{15}+\frac{1}{16}\right)+\left(\frac{1}{17}+\cdots,\right.$$

就会注意到，在每一对括号中，各项的和都大于 $\frac{1}{2}$。

假如我们现在改变一部分符号，令其正负交替出现：

$$\frac{1}{1}-\frac{1}{2}+\frac{1}{3}-\frac{1}{4}+\frac{1}{5}-\frac{1}{6}+\frac{1}{7}-\frac{1}{8}+\frac{1}{9}-\frac{1}{10}\pm\cdots$$

116

要得到下面的级数 S 的值,我们应用交换律和结合律来像下面一样重排各项:

$$S = \frac{1}{1} - \frac{1}{2} - \frac{1}{4} + \frac{1}{3} - \frac{1}{6} - \frac{1}{8} + \frac{1}{5} - \frac{1}{10} - \frac{1}{12} \pm \cdots$$

$$= \left(1 - \frac{1}{2}\right) - \frac{1}{4} + \left(\frac{1}{3} - \frac{1}{6}\right) - \frac{1}{8} + \left(\frac{1}{5} - \frac{1}{10}\right) - \frac{1}{12} \pm \cdots$$

$$= \frac{1}{2} - \frac{1}{4} + \frac{1}{6} - \frac{1}{8} + \frac{1}{10} - \frac{1}{12} \pm \cdots$$

$$= \frac{1}{2} \times \left(\frac{1}{1} - \frac{1}{2} + \frac{1}{3} - \frac{1}{4} + \frac{1}{5} - \frac{1}{6} + \frac{1}{7} - \frac{1}{8} + \frac{1}{9} - \frac{1}{10} \pm \cdots\right)$$

$$= \frac{1}{2} \cdot S_\circ$$

117 这真是奇怪:我们现在得到了令人十分惊讶的结果,即 $S = \frac{1}{2} \cdot S$,这表明 $S = 0$。

这是非常值得注意的,因为如果用另一种方法分隔级数,使其有如下形式:

$$S = \frac{1}{1} - \frac{1}{2} + \frac{1}{3} - \frac{1}{4} + \frac{1}{5} - \frac{1}{6} + \frac{1}{7} - \frac{1}{8} + \frac{1}{9} - \frac{1}{10} \pm \cdots$$

$$= \left(1 - \frac{1}{2}\right) + \left(\frac{1}{3} - \frac{1}{4}\right) + \left(\frac{1}{5} - \frac{1}{6}\right) + \cdots,$$

那么就可以让每个括号内的表达式都大于零。这就导致了 $S > 0$ 这样一个矛盾的结果。

既然如此,错误在哪里呢? 好吧,正确的答案[1]是,$S = \ln 2$,即 2 的自然对数。[2]

如果像下面那样重新排列级数的各项,不必加上或者删去级

数的任何成员,我们还可以把情况进一步复杂化:

$$\frac{1}{1} + \frac{1}{3} - \frac{1}{2} + \frac{1}{5} + \frac{1}{7} - \frac{1}{4} + \frac{1}{9} + \frac{1}{11} - \frac{1}{6} \pm \cdots$$

在这种情况下,级数会取得极限值$\frac{3}{2} \cdot \ln 2$。这就表明$\ln 2 = \frac{3}{2} \cdot \ln 2$,也就是说$1 = \frac{3}{2}$,或者$2 = 3$。

这个对数级数出现不同的和的原因是,它并不是绝对收敛级数,而是一个条件收敛级数。

在处理级数时发生的错误证明 −1 是正数

还有其他与级数有关的错误值得一看。考虑下面的级数。

首先让我们看一下级数$S = 1 + 2 + 3 + 4 + 8 + 16 + 32 + 64 + \cdots$
当然,这个级数看上去似乎在告诉我们,S具有正值。

我们现在将两边同时乘以2,于是得到:

$$\begin{aligned}
2S &= 2 + 4 + 8 + 16 + 32 + 64 + 128 + \cdots \\
&= (-1 + 1) + 2 + 4 + 8 + 16 + 32 + 64 + 128 + \cdots \\
&= -1 + (1 + 2 + 4 + 8 + 16 + 32 + 64 + 128 + \cdots) \\
&= -1 + S,
\end{aligned}$$

也就是说$2S = S - 1$。所以$S = -1$。

我们从一个具有正数值的S开始,最后却通过滥用括号证明了S是负值。[3]

瑞士著名数学家雅各布·I. 伯努利在他那个时代就已经知道了这个悖论。

在处理级数时发生的错误证明 0 是正数

首先,我们把以下数值赋予 m 与 n:

$$m = \frac{1}{1} + \frac{1}{3} + \frac{1}{5} + \frac{1}{7} + \frac{1}{9} + \cdots$$

$$n = \frac{1}{2} + \frac{1}{4} + \frac{1}{6} + \frac{1}{8} + \frac{1}{10} + \cdots$$

$$2n = \frac{2}{2} + \frac{2}{4} + \frac{2}{6} + \frac{2}{8} + \frac{2}{10} + \cdots$$

$$= \frac{1}{1} + \frac{1}{2} + \frac{1}{3} + \frac{1}{4} + \frac{1}{5} + \frac{1}{6} + \frac{1}{7} + \frac{1}{8} + \frac{1}{9} + \frac{1}{10} + \cdots$$

所以,$2n = m + n$,于是 $m = n$,或者说 $0 = m - n$。

然而,如果我们让相对应的各项相减,就可以得到:

$$m - n = \left(\frac{1}{1} - \frac{1}{2} \right) + \left(\frac{1}{3} - \frac{1}{4} \right) + \left(\frac{1}{5} - \frac{1}{6} \right)$$

$$+ \left(\frac{1}{7} - \frac{1}{8} \right) + \left(\frac{1}{9} - \frac{1}{10} \right) + \cdots$$

因为每对括号里面包含的表达式都是正数,所以 $m - n$ 一定会是正数。然而考虑到上面的结果,我们现在就处于一种两难境地:零怎么会成为正数呢?错误出现在什么地方?你知道答案:这和我们以前的悖论是一样的。

在处理级数时发生的错误导致 $\infty = -1$

现在假定,让 $1 + 1 + 1 + 1 + 1 + \cdots$ 持续进行,直至无穷,然后把各项写成:$(-1 + 2) + (-2 + 3) + (-3 + 4) + (-4 + 5) + \cdots$,

那么,这个级数的和必然是无穷大(∞)。

然而,我们可以用另一种方法安排括号的内容,使其有如下 119
形式:

$$-1 + (2 + (-2)) + (3 + (-3)) + (4 + (-4)) + \cdots$$
$$= -1 + 0 + 0 + 0 + \cdots = -1。$$

这意味着 $-1 = \infty$ 吗? 错误在哪里?

直觉只在我们能够数出数时才会起作用。我们在这里面对的是无穷多的数字,所以直觉就可能误导我们。有趣的是,研究人员发现,在高等数学的某些分支中,使用这些"有缺陷的"无穷级数定义,并在假定它们是正确的情况下看看会发生什么事情,这种做法很有创造意义。安德鲁·怀尔斯在证明著名的"费马最后定理"时就使用了这一交替体系的性质!

在处理级数时的错误工作可能会导致 0 = 1

先来看看级数 $\frac{1}{1\times2} + \frac{1}{2\times3} + \frac{1}{3\times4} + \frac{1}{4\times5} + \cdots$,我们将证明,这一级数之和等于 1。请看我们现在是如何计算的:

$$\frac{1}{1\times2} + \frac{1}{2\times3} + \frac{1}{3\times4} + \frac{1}{4\times5} + \cdots = \frac{1}{2} + \frac{1}{6} + \frac{1}{12} + \frac{1}{20} + \cdots$$

$$= \left(\frac{1}{1} - \frac{1}{2}\right) + \left(\frac{1}{2} - \frac{1}{3}\right) + \left(\frac{1}{3} - \frac{1}{4}\right) + \left(\frac{1}{4} - \frac{1}{5}\right) + \cdots$$

$$= \frac{1}{1} + \left(-\frac{1}{2} + \frac{1}{2}\right) + \left(-\frac{1}{3} + \frac{1}{3}\right) + \left(-\frac{1}{4} + \frac{1}{4}\right) + \left(-\frac{1}{5} + \frac{1}{5}\right) + \cdots$$

因为每个括号内的表达式的值都是零,因此级数的和就是 1:

$$1 = \frac{1}{1 \times 2} + \frac{1}{2 \times 3} + \frac{1}{3 \times 4} + \frac{1}{4 \times 5} + \frac{1}{5 \times 6} + \frac{1}{6 \times 7} + \cdots$$

如果等式两边减去 $\frac{1}{2}$，则可以得到：

120

$$\frac{1}{2} = \frac{1}{2 \times 3} + \frac{1}{3 \times 4} + \frac{1}{4 \times 5} + \frac{1}{5 \times 6} + \frac{1}{6 \times 7} + \cdots$$

再从等式两边减去第一项 $\frac{1}{2 \times 3}$，可以得到：

$$\frac{1}{3} = \frac{1}{3 \times 4} + \frac{1}{4 \times 5} + \frac{1}{5 \times 6} + \frac{1}{6 \times 7} + \cdots$$

继续这一过程会得到：

$$\frac{1}{4} = \frac{1}{4 \times 5} + \frac{1}{5 \times 6} + \frac{1}{6 \times 7} + \cdots$$

现在把每个等式左边的项加起来，得到 $1 + \frac{1}{2} + \frac{1}{3} + \frac{1}{4} + \cdots$，而在右边我们得到的是下面的和式：

$$= \left(\frac{1}{1 \times 2} + \frac{1}{2 \times 3} + \frac{1}{3 \times 4} + \frac{1}{4 \times 5} + \frac{1}{5 \times 6} + \frac{1}{6 \times 7} + \cdots \right)$$

$$+ \left(\frac{1}{2 \times 3} + \frac{1}{3 \times 4} + \frac{1}{4 \times 5} + \frac{1}{5 \times 6} + \frac{1}{6 \times 7} + \cdots \right)$$

$$+ \left(\frac{1}{3 \times 4} + \frac{1}{4 \times 5} + \frac{1}{5 \times 6} + \frac{1}{6 \times 7} + \cdots \right)$$

$$+ \left(\frac{1}{4 \times 5} + \frac{1}{5 \times 6} + \frac{1}{6 \times 7} + \cdots \right) + \cdots$$

$$= \frac{1}{1 \times 2} + 2 \times \frac{1}{2 \times 3} + 3 \times \frac{1}{3 \times 4} + 4 \times \frac{1}{4 \times 5} + \cdots$$

$$= \frac{1}{2} + \frac{1}{3} + \frac{1}{4} + \cdots$$

然后,当我们令左边的和式等于上面得到的右边的和式时,就得到了:

$$1 + \frac{1}{2} + \frac{1}{3} + \frac{1}{4} + \cdots = \frac{1}{2} + \frac{1}{3} + \frac{1}{4} + \cdots$$

这事实上给了我们一个奇怪的结果: $1 = 0$。

我们再次追问:上面的计算错在哪里? 问题就在于发散级数与收敛级数之间的不同。

有关无穷的运算引起了困惑,并导致 $0 = \infty$

一位魔术师在一个箱子里放了一枚硬币。半个小时之后,他把硬币从箱子里拿出来,并向箱子里放进了第 2 枚、第 3 枚和第 4 枚硬币。四分之一小时后,他从箱子里拿出一枚硬币,但同时又放进了另外 3 枚硬币。八分之一小时后,魔术师再从箱子里拿出一枚硬币,并再次以 3 枚硬币替之。他持续这一过程,直至一小时的时间结束。在这一小时结束的时候,箱子里有多少枚硬币?

解法 1:

在以上过程中,每一步都有一枚硬币被拿出来并有 3 枚硬币被放进去,因此箱子里每次都会多出两枚硬币。所以,在 n 次之后,箱子里会有 $2n + 1$ 枚硬币。按照这种方法,该魔术师将在一小时内无数次重复这一过程。因此,箱子里应该有无穷多枚硬币。

解法 2:

哪枚硬币是箱子里面的最后一枚? 我们可以给放进箱子里的每枚硬币一个号码。假设箱子中的某枚硬币的号码是 n,而在这

一过程的第 n 步,这枚硬币将被魔术师从箱子里拿出去。这就暗示我们,放在箱子里的任何一枚硬币都会在某一时刻被移出箱子。由此可见,在一小时结束的时候,箱子里一枚硬币也没有。

这意味着 $0 = \infty$。错误出在什么地方? 让我们回想一下无穷级数的特殊性,并以此作为一个线索。[1]

在我们假定虚数(即对负数开平方所得到的数)能以同实数同样的方式被对待时,有些错误就出现了。下面这个例子将展示不正确地处理这些数字时会出现的错误。

122 **复数的错误运用导致 $-1 = +1$**

首先让我们取两个虚数 $\sqrt{-1}$ 的乘积,并应用我们所知道的有关实数的规则:

$$\sqrt{-1} \times \sqrt{-1} = \sqrt{(-1) \times (-1)} = \sqrt{+1} = 1。$$

这次我们将以如下方式计算这一乘积:

$$\sqrt{-1} \times \sqrt{-1} = (\sqrt{-1})^2 = -1。$$

以上由不同算法得到了两个不同的数值,所以,我们可以得出 $-1 = +1$ 的结论。

肯定有什么地方错了,因为很明显, -1 与 $+1$ 绝不相等。这次的错误与数学上的一个定义有关,这个定义正是人们为避免这种两难处境而想出来的,即当 a、b 为负数时,$\sqrt{a} \cdot \sqrt{b} = \sqrt{a \cdot b}$ 不成

---

① 此处疑有脱文,因为原文并没有解释魔术师/箱子/硬币数目这一问题,接着似乎突然就跳到了虚数这一问题上,这一点在前面的问题中找不到对应。——译者注

立。所以，$\sqrt{-1} \times \sqrt{-1} = \sqrt{(-1) \times (-1)}$ 是错误的！然而，$\sqrt{(-1) \times (-1)} = \sqrt{1}$ 却是正确的。

与此类似，如果我们把实数中有关商的规则 $\dfrac{\sqrt{a}}{\sqrt{b}} = \sqrt{\dfrac{a}{b}}$ 视为理所当然，并毫无顾忌地将其推广到 a、b 为负数的情况，类似的两难境地也会出现。

显然，表达式 $\sqrt{\dfrac{1}{-1}} = \sqrt{\dfrac{-1}{1}}$ 是正确的，因为等式两边都等于 $\sqrt{-1}$。现在看看如果我们接受以上推广，这个表达式会出现什么样的情况：$\sqrt{\dfrac{1}{-1}} = \sqrt{\dfrac{-1}{1}}$ 会变成 $\dfrac{\sqrt{1}}{\sqrt{-1}} = \dfrac{\sqrt{-1}}{1}$。

去掉分式形式（可以通过同时乘以公分母或者直接取交叉乘积），我们就得到了 $(\sqrt{1})^2 = (\sqrt{-1})^2$。这一等式实质上就是 $1 = -1$。我们又一次滥用了定义，而导致了错误的结果。要戳穿这种"证明"的假面具，并不需要具有太多复数的知识，只需要熟悉常见的操作规则就可以了。我们注意到，由来已久的运算规则有时会呈现其他特征，现在又到了这样的时候了。

一个难以捉摸的错误导致了荒谬的结果

我们将试图求解下面这个关于 x（是一个实数）的方程，请注意各步骤：

$$\frac{6}{x-3} - \frac{9}{x-2} = \frac{1}{x-4} - \frac{4}{x-1}。$$

首先,简化方程,用方程两边分母的最小公倍式分别乘各边:①

$$\frac{6(x-2)}{(x-2)(x-3)} - \frac{9(x-3)}{(x-2)(x-3)} = \frac{x-1}{(x-1)(x-4)} - \frac{4(x-4)}{(x-1)(x-4)} \text{。}$$

然后去括号,把方程两边的分式相加:

$$\frac{6x-12-9x+27}{x^2-3x-2x+6} = \frac{x-1-4x+16}{x^2-4x-x+4} \text{。}$$

合并同类项,可得:

$$\frac{-3x+15}{x^2-5x+6} = \frac{-3x+15}{x^2-5x+4} \text{。}$$

方程两边同时除以$(-3x+15)$:

$$\frac{1}{x^2-5x+6} = \frac{1}{x^2-5x+4} \text{。}$$

因为分子与分式都是相等的,我们令分母相等:$x^2-5x+6 = x^2-5x+4$。方程两边同时减去x^2-5x,我们得到了$6=4$。

由于有这么一个荒谬的结果,你会认为原来的方程无解。但这是不对的!这个方程的解是$x=5$,我们会证明当$x=5$时原方程两边都得到了同样的数值0,如下所示:

$$\frac{6}{5-3} - \frac{9}{5-2} = \frac{6}{2} - \frac{9}{3} = 3-3 = 0,$$

且

$$\frac{1}{5-4} - \frac{4}{5-1} = \frac{1}{1} - \frac{4}{4} = 1-1 = 0 \text{。}$$

我们注意到,x的值不能取1、2、3、4,因为这会使原方程的一

① 这与下面实际进行的过程并不一致。下面的过程是所谓"通分",原文的叙述似乎不妥。若照原文进行,则两边所乘的式子是不相等的,会导致新方程与原方程不等价,但原文进行的运算是正确的。——译者注

个分式出现用零作除数的问题。那么,错误出在哪里呢? 当我们
用 $-3x+15$ 去除方程两边的时候,没有考虑 $-3x+15=0$ 的可能
性。但这次,这个式子为我们提供了正确的答案:因为 $3x=15$,所
以 $x=5$。因此,我们又一次让人吃惊地用零作了除数。这真是我
们挥之不去的天谴!

一个令人困惑的方程,出现错误或疏漏简直顺理成章

我们试图求解关于实数 x 的方程:$3-\dfrac{2}{1+x}=\dfrac{3x+1}{2-x}$。

让方程左边的两项相加:$\dfrac{3(1+x)}{1+x}-\dfrac{2}{1+x}=\dfrac{3x+1}{1+x}$。

于是原方程成为:$\dfrac{3x+1}{1+x}=\dfrac{3x+1}{2-x}$。因为两个分子是相等的,
所以两个分母也必须相等,即 $1+x=2-x$。解 x,得到 $2x=1$,于是
$x=\dfrac{1}{2}$,它应该是方程的一个解。让我们核对一下,看情况是否如

此。将 $x=\dfrac{1}{2}$ 代入原方程,情况如下:

方程左边为:$3-\dfrac{2}{1+\dfrac{1}{2}}=3-\dfrac{2}{\dfrac{3}{2}}=3-\dfrac{4}{3}=\dfrac{5}{3}$。

方程右边为:$\dfrac{3\times\dfrac{1}{2}+1}{2-\dfrac{1}{2}}=\dfrac{\dfrac{5}{2}}{\dfrac{3}{2}}=\dfrac{5}{3}$。看上去一切都没有问题。

但遗憾的是,这并不是方程唯一的解。

让我们用另一种方法解方程

$$3 - \frac{2}{1+x} = \frac{3x+1}{2-x}。$$

用 $(1+x)(2-x)$ 同时乘方程两边,则有 $3 \times (1+x)(2-x) - 2 \times (2-x) = (3x+1)(1+x)$。去括号后有 $-3x^2 + 3x + 6 - 4 + 2x = 3x^2 + 3x + x + 1$,化简后得到 $-3x^2 + 5x + 2 = 3x^2 + 4x + 1$。在方程两边同时加上 $3x^2 - 5x - 2$,则得:$0 = 6x^2 - x - 1$。方程两边同时除以 6,我们得到下列方程:

$$x^2 - \frac{1}{6}x - \frac{1}{6} = 0。$$

用人尽皆知的一元二次方程公式解这个方程,就得到了 x 的两个值。

$$x_{1,2} = \frac{1}{12} \pm \sqrt{\frac{1}{12^2} + \frac{1}{6}} = \frac{1}{12} \pm \sqrt{\frac{1}{144} + \frac{24}{144}} = \frac{1}{12} \pm \frac{5}{12},$$

如果分开写:

$$x_1 = \frac{1}{12} + \frac{5}{12} = \frac{1}{2},x_2 = \frac{1}{12} - \frac{5}{12} = -\frac{1}{3}。 [①]$$

$x = -\frac{1}{3}$ 是该方程的第二个解(还有一个解是原来得出的 $x_1 = \frac{1}{2}$)。

我们应该核对一下,看第二个解是不是一个正确的解。

将第二个解 $x_2 = -\frac{1}{3}$ 代入原方程左边:

---

① 如果用这么繁杂的公式法解方程,读者可能会嘲笑作者。一个很简单的方法就是因式分解法:$0 = 6x^2 - x - 1$,分解因式之后得到 $(2x-1)(3x+1) = 0$。先后令两个因式等于零:$2x - 1 = 0,3x + 1 = 0$,分别解出 $x_1 = \frac{1}{2}$,$x_2 = -\frac{1}{3}$。——译者注

$$3 - \frac{2}{1 - \frac{1}{3}} = 3 - \frac{2}{\frac{2}{3}} = 3 - 3 = 0。$$

然后将第二个解 $x_2 = -\frac{1}{3}$ 代入原方程右边：

$$\frac{3 \times \left(-\frac{1}{3} \right) + 1}{2 + \frac{1}{3}} = \frac{0}{\frac{7}{3}} = 0。$$

所以，很清楚，第二个解也是正确的。这里的错误是只求出了一个方程的解，然后就此满足，没有考虑到还有一个正确的解。

另外一个类似情况也值得注意，这就是解以下方程中的 x（其中 $a, b \in \mathbf{R}$）：$\frac{a-x}{1-ax} = \frac{1-bx}{b-x}$。

请读者一步步观察，看什么地方可能会出错：

$$(a-x)(b-x) = (1-ax)(1-bx),$$
$$ab - ax - bx + x^2 = 1 - bx - ax + abx^2,$$
$$x^2 = 1 + abx^2 - ab,$$
$$x^2(1-ab) = 1 - ab。$$

如果 $1 - ab = 0$，则 x 的任何值都能满足方程。如果 $1 - ab \neq 0$，则 $x^2 = 1$。所以 $x = 1$ 或 $x = -1$ 这两个值都是方程的实际解，这一点，我们可以通过把这两个解代回原方程看出：

$$\frac{a+1}{1+a} = \frac{1+b}{b+1},$$

所以，$a \neq -1, b \neq -1$，这与

$$\frac{a-1}{1-a} = \frac{1-b}{b-1},$$

126

表明 $a \neq 1, b \neq 1$ 是同样的道理。但 $1 = ab$ 是什么意思呢？

当 a 与 b 互为倒数的时候，x 可以取任何数值。

当我们把 $b = \dfrac{1}{a}$ 代入原方程时，

$$\frac{a-x}{1-ax} = \frac{1 - \dfrac{x}{a}}{\dfrac{1}{a} - x} = \frac{a-x}{1-ax}。$$

我们看到两边是等同的。这就意味着，x 的任何值都是一个有效的解。而当 $x = \dfrac{1}{a}$ 时，分母等于零。

于是，整个结果是：

解 1：$a \neq -1, b \neq -1$，得到 $x = -1$。

解 2：$a \neq 1, b \neq 1$，得到 $x = 1$。

解 3：$ab = 1$，所有 x 的值都是方程的解，前提是 $|x| \neq 1, x \neq \dfrac{1}{a}, x \neq \dfrac{1}{b}$。

会得出错误解的方程

假设我们要求方程 $x^2 + 9y^2 = 0$ 的解 (x, y)，此处 x 与 y 都是实数。

请看以下各步：

$$x^2 + 9y^2 = 0。$$

方程两边同时减去 x^2：$9y^2 = -x^2$。

方程两边同时除以 9：$y^2 = -\dfrac{x^2}{9}$。

方程两边取平方根：$y = \pm\dfrac{x}{3}$。

这是一个错误，不是方程的正确解。

因为 $x^2 \geqslant 0, 9y^2 \geqslant 0$，所以我们知道 $x^2 + 9y^2 \geqslant 0$。然而，已知方 127
程却是 $x^2 + 9y^2 = 0$。为此必须有 $x^2 = 0, 9y^2 = 0$，这就意味着与 $x = 0$ 一样，y 也等于 0，而不会是 $y = \pm\dfrac{x}{3}$。

[原方程没有实数解，但在复数域有解，即 $y = \dfrac{\mathrm{i}}{3}x$，或 $y = -\dfrac{\mathrm{i}}{3}x$。i 为虚数单位。][①]

求解不等式时须小心，否则会出错

我们从一对实数 a 与 b 开始。a 与 b 取哪些数值时才可以令以下不等式成立？

$$\frac{a}{b} + \frac{b}{a} > 2。$$

我们已经意识到，此处的 a 与 b 不能为零，否则上式中的分式将没有意义。

---

① 很奇怪原文为什么这么说。该方程在实数域有一组解，即 $x = 0, y = 0$。而且，原文
说要对 $-\dfrac{x^2}{9}$ 取平方根，然后不加解释地给出了平方根的值 $\pm\dfrac{x}{3}$，未理会式中的负
号。——译者注

首先,该式两边同时乘以 ab,得到 $a^2 + b^2 > 2ab$。然后两边同时加上 $-ab - b^2$,得到 $a^2 - ab > ab - b^2$。接着两边同时提取公因式,则得到 $a(a-b) > b(a-b)$。

最后一步是不等式两边同时除以 $(a-b)$,其结果为 $a > b$。

这一不等式的解似乎是 $a > b$。这是正确的答案吗?

很清楚,在用 $(a-b)$ 作除数的时候,我们已经意识到 $a \neq b$。如果 $a = b$,则必定会出现以下情况:

$$\frac{a}{a} + \frac{a}{a} = 1 + 1 = 2,$$

这有悖于原来给定的不等式。

所以让我们看看不等式 $\frac{a}{b} + \frac{b}{a} > 2$ 的替代解。

首先,该式两边同时乘以 ab,得到 $a^2 + b^2 > 2ab$。进而在两边同时加上 $-2ab$,则有 $a^2 - 2ab + b^2 > 0$。因式分解:$(a-b)^2 > 0$。对不等式两边取平方根,可得:$|a-b| > 0$。由此产生两种可能性:$|a-b| = a - b > 0$,从而得出 $a > b$;$|a-b| - -(a-b) = -a + b > 0$,得出 $a < 0$。

我们又一次发现,这一不等式的解是 $a \neq b$。

正确的解答如下:

（1） $a \neq b$,且 $a, b > 0$；

（2） $a \neq b$,且 $a, b < 0$。

换言之,当 a 与 b 带有不同的符号时,它们不满足原来的不等式。我们可以从图 3.6 中的图像看出这一点。

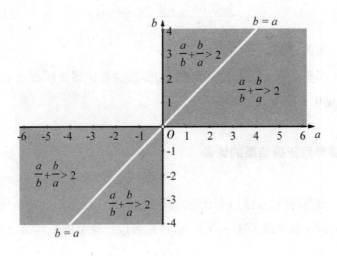

图 3.6

有关不等式的进一步错误

当对不等式的两边取倒数,或者两边同时乘以一个负数的时候,经常会发生一个错误。在这两种情况下,不等号必须改变方向,我们可以从下面的情况中看到这一点:

我们从 2 < 3 开始,两边同时取倒数或乘以负数,则不等号必须改变方向,即 $\frac{1}{2} > \frac{1}{3}$ 和 $-2 > -3$。

下面的例子与这一经常发生的错误有关。我们试图确定下面不等式中 n 的取值范围(n 是一个自然数或者实数)。

$$n \cdot \lg 0.1 < \lg 0.01。$$

不等式两边同时除以 $\lg 0.1$,则有

$$n < \frac{\lg 0.01}{\lg 0.1} = \frac{-2}{-1} = 2,\ \text{即}\ n < 2。$$

然而,逻辑告诉我们 $n > 2$。

回想一下 $\lg 0.1$ 的值是多少,你就会看出错误所在了。(是的,$\lg 0.1$ 是一个负数!)

能够导致正确结果的错误

有些时候,古怪与不合理的算法会让我们得到正确的结果,下面的例子就体现了这一点。(或许你可以把这个例子与第二章中化简分数的错误进行比较:$\frac{16}{64} = \frac{16\!\!\!/}{6\!\!\!/4} = \frac{1}{4}$。)请注意,你不能直接把一个数从根号里拿出来而保持原值不变,但这里会给出一些例子,这类错误导致了正确的值。

$$\sqrt{2\frac{2}{3}} = 2 \times \sqrt{\frac{2}{3}},\ \sqrt{3\frac{3}{8}} = 3 \times \sqrt{\frac{3}{8}},$$

$$\sqrt{4\frac{4}{15}} = 4 \times \sqrt{\frac{4}{15}},\ \sqrt{5\frac{5}{24}} = 5 \times \sqrt{\frac{5}{24}},$$

$$\sqrt{12\frac{12}{143}} = 12 \times \sqrt{\frac{12}{143}},$$

$$\sqrt[3]{2\frac{2}{7}} = 2 \times \sqrt[3]{\frac{2}{7}},\ \sqrt[3]{3\frac{3}{26}} = 3 \times \sqrt[3]{\frac{3}{26}},\ \text{如此等等。}$$

我们或许想要知道,在什么条件下可以运用这种方法。也就是说在什么时候 $\sqrt[n]{a+b} = a \cdot \sqrt[n]{b}$。如果我们对两边都取 n 次方,结果会是 $a + b = a^n \cdot b$。下面各步骤可以让我们弄清 a 与 b 之间的

130

关系:

$$b - ba^n = -a,$$

$$b(1 - a^n) = -a,$$

$$b = \frac{a}{a^n - 1}。$$

为了那些有志于学习的读者,我们对这一现象多做一番解释。普遍情况是这样的:

$$\sqrt[n]{a + \frac{a}{a^n - 1}} = a \cdot \sqrt[n]{\frac{a}{a^n - 1}},$$

而且我们可以用下面的步骤证明 $a > 1$ 的情况:

$$\sqrt[n]{a + \frac{a}{a^n - 1}} = \left(a + \frac{a}{a^n - 1} \right)^{\frac{1}{n}} = \left(\frac{a(a^n - 1)}{a^n - 1} + \frac{a}{a^n - 1} \right)^{\frac{1}{n}}$$

$$= \left(\frac{a(a^n - 1 + 1)}{a^n - 1} \right)^{\frac{1}{n}} = \left(\frac{a \cdot a^n}{a^n - 1} \right)^{\frac{1}{n}} = a \cdot \left(\frac{a}{a^n - 1} \right)^{\frac{1}{n}} = a \cdot \sqrt[n]{\frac{a}{a^n - 1}}。$$

然而,在进一步推广之前必须非常谨慎,那就是可能出现错误的时候。

既然在讨论古怪的根式化简这个主题,我们思考一下以下这个看上去正确的式子:

$$\sqrt{2^2 + \frac{4}{3}} = 2 \times \sqrt{\frac{4}{3}},$$

或者

$$\sqrt{3^2 + \frac{9}{8}} = 3 \times \sqrt{\frac{9}{8}}。$$

问题是:我们能否把这种方法推广到 $\sqrt{a^2 + b} = a \cdot \sqrt{b}$ 上面去?

很遗憾,这是不行的。不过,我们想知道,在什么情况下,这种

131

奇怪的平方根计算方法是可行的。

让我们考虑这种情况：$\sqrt{a^2+b}=a\cdot\sqrt{b}$。两边同时取平方，得到 $a^2+b=a^2\cdot b$。然后整理各项，$a^2=a^2\cdot b-b=b(a^2-1)$。然后解出 b，我们发现 $b=\dfrac{a^2}{a^2-1}$，这一等式告诉我们以上公式的适用范围。人们可以说，这是些"精彩的错误"，因为这些算题的计算过程是错误的，却得到了正确的答案。

另外一些能够导致正确结果的错误

正如我们已经从前面的例子中看到的那样，错误并不总是会带来荒谬的结果；我们也会犯一些导致正确答案的错误。我们不能宽容这些错误，但它们会带来一些乐趣。

我们从方程 $x-2=3$ 开始，这一方程相当于 $x=5$。现在，我们会故意犯一个错误，只在原方程的左边加上 12，于是得到了 $x+10=3$。然后让新方程的两边同时乘以 $x-5$，得到 $(x+10)(x-5)=3(x-5)$。接着从方程两边同时减去 $3(x-5)$，得到 $x^2+5x-50-(3x-15)=0$，或者它的简化形式 $x^2+2x-35=0$。分解因式，得 $(x+7)(x-5)=0$。让方程两边同时除以 $x+7$，结果为 $x-5=0$，或 $x=5$，这就是我们最初得到的 x 值。于是，尽管我们开始时犯了错误，仅仅在方程的一边加上了 12，我们还是得到了正确的结果。

如果我们不只在一边加上 12，而是像应该做的那样，在两边都加上 12，然后减去 $15(x-5)$，而不是 $3(x-5)$，就会得出 $(x-5)^2=0$，这同样会得到 $x=5$ 的结果。"错误的"解 $x=-7$ 将

随着除以 $x + 7$ 的过程而消失。

另一个能够导致正确答案的滑稽的错误,是错误地加上两个二项式而没有像应该做的那样进行乘法运算。

我们首先试图解下面关于 x 的方程:

$$(5 - 3x)(7 - 2x) = (11 - 6x)(3 - x)。$$

现在,在给定方程中进行加法运算而不是像方程式指定的那样用乘法。方程就变成了 $(5 - 3x) + (7 - 2x) = (11 - 6x) + (3 - x)$。我们可以正确地把括号去掉,合并同类项,得到的方程是 $12 - 5x = 14 - 7x$。解这个方程,得 $2x = 2$,即 $x = 1$,令人吃惊的是,这一结果是对的!

作为对照,让我们用正确的方法解原方程 $(5 - 3x)(7 - 2x) = (11 - 6x)(3 - x)$。通过乘法运算去括号,我们得到 $6x^2 - 31x + 35 = 6x^2 - 29x + 33$。这个方程有唯一的解,$x = 1$。[4] 下面是连续发生的两个相当愚蠢的错误导致正确答案的一个例子:$\sqrt{\dfrac{2.8}{70}} = \sqrt{0.4} = 0.2$。换句话说,第二个错误修正了第一个错误。

正确的开始及随后一系列愚蠢的错误,产生了正确的答案

我们试图解以下方程,找出 x 的值:

$$\frac{x - 7}{x + 7} + \frac{x + 10}{x + 3} = 2。$$

就像通常解这类方程时应该做的那样,我们在方程两边同时乘以 $(x + 7)(x + 3)$,从而得到:$(x - 7)(x + 3) + (x + 10)(x + 7)$

$=2(x+7)(x+3)$。但随后进行的抵消是错误的：

$$(x-7)\cdot(\cancel{x+3})+(x+10)\cdot(\cancel{x+7})=2(\cancel{x+7})\cdot(\cancel{x+3}),$$

$$x-7+x+7=2,$$

$$2x=2,$$

$$x=1。$$

133　　　　这个错误看上去很滑稽，但确实有人犯过这样的错误。

正确的运算方法遇到了错误的方程

当我们遇到这样一个方程 $\dfrac{1}{x+1}+\dfrac{x}{x+2}+\dfrac{1}{x+3}=1$ 时，第一步通常是在方程两边同时乘以各分式的分母的最小公倍数即 $(x+1)(x+2)(x+3)$。然而，我们现在要让方程中的每一个分式都乘以 1，①但让 1 采取以下形式：$\dfrac{(x+1)(x+2)(x+3)}{(x+1)(x+2)(x+3)}$。这一过程让原方程变成了

$$\frac{(x+2)(x+3)}{(x+1)(x+2)(x+3)}+\frac{x(x+1)(x+3)}{(x+1)(x+2)(x+3)}$$
$$+\frac{(x+1)(x+2)}{(x+1)(x+2)(x+3)}=1。$$

将方程中各分式的分子和分母进行乘法运算［注意：$(x+1)$ $(x+2)(x+3)=x^3+6x^2+11x+6$］，然后合并同类项，得到：

---

① 右边的"1"也乘以 1，但不是后面的复杂形式，而是真正的"1"，因此在相乘之后仍然为 1。——译者注

$$\frac{x^3 + 6x^2 + 11x + 8}{x^3 + 6x^2 + 11x + 6} = 1 \text{。}$$

随后我们得到了荒谬的结果,即

$$x^3 + 6x^2 + 11x + 8 = x^3 + 6x^2 + 11x + 6 \text{。}$$

换言之,也就是 $8 = 6$。

我们在什么地方做错了呢?我们肯定没有在任何地方用零作除数。实际上,这次的错误就在于:这个方程本身无解。$\frac{1}{x+1}$ $+ \frac{x}{x+2} + \frac{1}{x+3}$ 的值接近于 1,但永远不会等于 1。你可以通过图 3.7 的图像看到这一点。

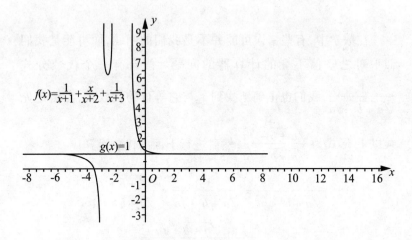

图 3.7

我们也可以看看如下情况。现在让我们考虑方程

$$\frac{1}{x+1} + \frac{x}{x+2} + \frac{1}{x+3} = 1,$$

134

并令 $y = x + 2$。[①] 于是我们得到

$$\frac{1}{y-1} + \frac{y-2}{y} + \frac{1}{y+1} = 1，或者 \frac{1}{y-1} + \frac{y}{y} - \frac{2}{y} + \frac{1}{y+1} = 1，$$

所以，

$$\frac{1}{y-1} - \frac{1}{y} - \frac{1}{y+1} - \frac{1}{y} = 0，$$

这便让我们得到了方程

$$\frac{1}{y(y-1)} = \frac{1}{y(y+1)}。$$

这是矛盾的。所以，原来给定的方程无解。

一个可以归罪于计算器的错误

在数学中，有些错误可能并不是我们的问题，而可能是我们似乎对之坚信不疑的计算器的问题。假设有一个代数分式 $\frac{1}{\sqrt{a+b}-\sqrt{a}}$，我们也正确地找到了与它等价的代数式，方法是先乘以 1，形式为 $\frac{\sqrt{a+b}+\sqrt{a}}{\sqrt{a+b}+\sqrt{a}}$；然后进行下面的代数运算：

$$\frac{1}{\sqrt{a+b}-\sqrt{a}} = \frac{1}{\sqrt{a+b}-\sqrt{a}} \cdot \frac{\sqrt{a+b}+\sqrt{a}}{\sqrt{a+b}+\sqrt{a}}$$

$$= \frac{\sqrt{a+b}+\sqrt{a}}{(\sqrt{a+b})^2 - (\sqrt{a})^2}$$

---

① 原文给出方程是 $\frac{x}{x+1} + \frac{x}{x+2} + \frac{x}{x+3} = 1$，这里根据实际内容进行了调整。——译者注

$$= \frac{\sqrt{a+b} + \sqrt{a}}{(a+b) - a}$$

$$= \frac{\sqrt{a+b} + \sqrt{a}}{b}。$$

现在让我们比较一下计算器计算以下这两个相等的代数表 135
达式的方式：

$$\frac{1}{\sqrt{a+b} - \sqrt{a}} \text{和} \frac{\sqrt{a+b} + \sqrt{a}}{b}。$$

给定的数值		$\dfrac{1}{\sqrt{a+b} - \sqrt{a}}$	$\dfrac{\sqrt{a+b} + \sqrt{a}}{b}$
$a = 1000$ $b = 0.001$	计算器给出的 8 位数结果	63291.139	63245.569
	用数学软件 Derive 6 得到的 20 位数结果	63245.569014751992618	63245.569014751934636
$a = 100$ $b = 0.01$	计算器给出的 8 位数结果	2000.4001	2000.05
	用数学软件 Derive 6 得到的 20 位数结果	2000.0499987500624968	2000.0499987500624960

注意其中的差别,或者说,注意计算器所犯的错误。准确地说,这些并不能算是数学错误。它们是四舍五入时出现的错误,会导致我们在数学工作中犯现代错误。

弄错了的关系

一个令人遗憾的错误,是人们错误地理解了比例的含义。这个普遍存在的错误可能在一位妇女回答有关她年龄的问题时看到。这位女士的推理是这样的:我与丈夫结婚的时候 20 岁,那时他 30 岁。现在他 60 岁了,也就是说,他的年龄是 30 岁的 2 倍,因此我想我 40 岁了,因为 20 的 2 倍是 40。

换句话说,这位女士是这样考虑问题的: $\frac{x}{20} = \frac{60}{30}$, $x = 20 \times 2 = 40$。

很遗憾,这是一个错误。这个问题不能用比例处理,因为它要求的只是一个恒定的差值。在这一例子中,这个差值是 10 年;所以,她的正确年龄应该是 60 - 10 = 50。

136　另一个荒谬的结论

在比例中,如果第一项大于第二项,则第三项必须大于第四项。所以,如果 $ad = bc$,则 $\frac{a}{b} = \frac{c}{d}$。因此,假定 $a > b$,则 $c > d$。

如果我们令 $a = d = 1$,且 $b = c = -1$,于是我们便满足了 $ad = bc$ 的条件,因为 $a > b$。随之就应该有 $c > d$,在这种情况下就意味

着 $-1 > 1$。这当然是不对的,但错在哪里?

错误就出在我们前面说的"$\dfrac{a}{b} = \dfrac{c}{d}$。假定 $a > b$,则 $c > d$"上面。这句话仅在各项都是正数的情况下才适用,而不是普遍适用。例如,假如 $\dfrac{a}{b} = \dfrac{c}{d}$,且 $a > b$,则我们可以以 $\dfrac{5}{4} = \dfrac{-10}{-8}$ 为例。这里 $5 > 4$,但 -10 并不大于 -8。所以,这里 $c < d$。

在等式相加时发生的误解所导致的错误

我们知道:等式两边分别相加,所得仍为等式。

让我们考虑下面这两个等式:

一只猫有四条腿   (1)

没有哪只猫(零只猫)有三条腿   (2)

如果这是我们的两个"等式",那么应该可以得出一只猫有七条腿的结论,因为我们让猫的数目与猫的数目相加($1 + 0 = 1$),腿的数目与腿的数目相加($4 + 3 = 7$)。这显然是个错误,这一点可以从结果的荒谬看出。这个错误发生的原因就是把"有"这个词错误地理解为"等于"。事实上,上面这两个陈述并不是等式,所以,不能按等式处理。

错误理解方程组导致的错误

假定我们需要解下面这个方程组:

$$\begin{cases} -x + 2y + z = -2, & (1) \\ x - y - z = 1, & (2) \\ x - 2y + z = -2, & (3) \\ x - y + z = 1. & (4) \end{cases}$$

要解这个方程组的一种方法,是像下面那样,先将前面两个相加,然后用第二个减第四个:

$$(1) + (2): y = -1. \tag{5}$$

$$(2) - (4): z = 0. \tag{6}$$

现在把方程(5)与(6)中的值代入方程(3),得到:

$$x = -4. \tag{7}$$

所以,这个方程组的解是 $x = -4, y = -1, z = 0$。

同一个方程组也可以用另一种方法来解,见下:

让方程(1)等于方程(3),因为这两个方程的左边都等于同一个数字(-2),于是我们得到了:

$$-x + 2y + z = x - 2y + z,$$

由此可得 $4y = 2x$,即 $x = 2y$。 $\tag{8}$

现在,将方程(8)代入(2),可得: $2y - y - z = 1$。化简后可得:

$$y - z = 1. \tag{9}$$

将方程(8)代入方程(4),可得: $2y - y + z = 1$,即 $y + z = 1$。 $\tag{10}$

方程(9) + 方程(10),可得: $2y = 2$,即 $y = 1$。 $\tag{11}$

方程(9) - 方程(10),可得: $-2z = 0$,所以 $z = 0$。 $\tag{12}$

将方程(11)与方程(12)代入方程(1),可得:

$$2 - x = -2, \text{即 } x = 4. \tag{13}$$

于是我们得到了另一组解: $x = 4, y = 1, z = 0$,这组解与我们前面得到的不同。

那么,错误出在哪里呢? 其实,两组解都是错误的。这个方程组是无解的。实际上,这些方程之间互相矛盾,因为它们给出的未知数的值是互相冲突的,例如 $z = 0$ 与 $z = -2$。

误解已知信息,这是一个普遍的错误

假如我们要买两支钢笔,一支是红色的,另一支是典型的黑色。如果红色钢笔的价格比黑色钢笔的价格高 1 美元,且它们的总价格是 1.1 美元,问两支钢笔各自的价格。大部分人会错误地回答:红钢笔 1 美元,黑钢笔 10 美分(或反过来)。

要看出我们在这种推理中犯了什么错误,就需要把情况用以下代数方法加以表达: $x + (x + 100) = 110$,此处我们设 x(美分)为黑钢笔的价格。解这个方程,我们发现 $x = 5$。

所以,红钢笔的价格是 1.05 美元,黑钢笔的价格是 0.05 美元。

没有检查答案是否合理就得出结论,这就为错误打开了方便之门。

这类错误也可以通过下面这个例子看出。

设想一个大桶,桶和桶中的水的总重量是 100 千克,其中 99%是水。一段时间后,桶里的水蒸发了一些,水的百分比下降到了98%。在水的重量减少后,现在这个大桶的总重量是多少?

一个典型的错误答案是:99% −98% =1%的水蒸发了,且 100千克的1% 是 1 千克。所以,现在这个大桶的总重量是 99 千克。很遗憾,这个答案是不正确的。但错误在哪里呢?

让我们看看下面这个表格：

	水含量(%)	水含量(千克)	蒸发了的水的含量(%)	蒸发了的水的含量(千克)
第一种情况	99	99	1	1(一个常数!)
第二种情况	98	???	2	1

139 从这个表格我们可以看出，在第二种情况下，1千克的水代表总重量的2%，所以作为100%的大桶的总重量一定是50千克，而剩下的水的重量一定是49千克。这个正确答案通常会让人感到不舒服，因为它与直觉不符。

只给出两种可能的答案中的一种，是错误吗？

考虑数列1，2，4，7。接下来必须出现什么数字才能让这一数列前后一致？这样的问题通常出现在智力测验中，而且，你会看到，如果提问者想要回答者给出某个特定答案，一个正确答案可能会被定为错误答案。

一种可能让数列持续的方式是：

1，2，4，7，11，16，22，29，37，46，56，67，79，92，106，…

在这里，每一次，两个连续元素之间的差都会比上一次多1。

我们可以把这一答案普遍化为一个公式，其中第 n 个元素为：

$a_n = \dfrac{n(n+1)}{2} + 1, n = 0,1,2,3,\cdots$，其中 n 是一个自然数。这一数列也可以表示对一张大饼切 n 刀所能切出的最多块数。

但还有另外一种方法继续这一数列,这让事情复杂起来了。在已经给出的 4 个数字之后的下一个数字还是 11,但两者的相似性到此为止。正如你可以从这一数列中看到的,我们现在给出了前面给定的 4 个数字的另一种可能的继续方式:

$$1,2,4,7,11,13,14,16,22,23,26,28,29,37,44,\cdots$$

这次你可以观察到,数列来自数字 n,这些 n 可以使 $16n+15$ 成为一个素数。这一点可以从下面的表格中看出,其中每一个这样的 n 都以粗体字标出。

n	$16n+15$	素数?		n	$16n+15$	素数?
0	15	—				
1	31	是		**16**	271	是
2	47	是		17	287	—
3	63	—		18	303	—
4	79	是		19	319	—
5	95	—		20	335	—
6	111	—		21	351	—
7	127	是		**22**	367	是
8	143	—		**23**	383	是
9	159	—		24	399	—
10	175	—		25	415	—
11	191	是		**26**	431	是
12	207	—		27	447	—
13	223	是		**28**	463	是
14	239	是		**29**	479	是
15	255	—		30	495	—

140　　　我们承认，这个解人们不容易想到，因为它确实有点儿转弯抹角，但它是一个正确的答案！

　　心理计量学家把这样一个数列用于智力测验，或许是一个错误，因为还存在其他可能的正确答案。其实还真的有其他正确的答案，有志于学习的读者不妨自己去试试。

错误地进行推广

　　赞美我们发现的下列等式吧，它们表达了以下数字的1、2、3、4、5、6、7次幂之间的关系：[①]

$$1^0 + 13^0 + 28^0 + 70^0 + 82^0 + 124^0 + 139^0 + 151^0 = 4^0 + 7^0 + 34^0 + 61^0 + 91^0 + 118^0 + 145^0 + 148^0;$$

$$1^1 + 13^1 + 28^1 + 70^1 + 82^1 + 124^1 + 139^1 + 151^1 = 4^1 + 7^1 + 34^1 + 61^1 + 91^1 + 118^1 + 145^1 + 148^1;$$

$$1^2 + 13^2 + 28^2 + 70^2 + 82^2 + 124^2 + 139^2 + 151^2 = 4^2 + 7^2 + 34^2 + 61^2 + 91^2 + 118^2 + 145^2 + 148^2;$$

$$1^3 + 13^3 + 28^3 + 70^3 + 82^3 + 124^3 + 139^3 + 151^3 = 4^3 + 7^3 + 34^3 + 61^3 + 91^3 + 118^3 + 145^3 + 148^3;$$

$$1^4 + 13^4 + 28^4 + 70^4 + 82^4 + 124^4 + 139^4 + 151^4 = 4^4 + 7^4 + 34^4 + 61^4 + 91^4 + 118^4 + 145^4 + 148^4;$$

$$1^5 + 13^5 + 28^5 + 70^5 + 82^5 + 124^5 + 139^5 + 151^5 = 4^5 + 7^5 + 34^5 +$$

---

① 这里应该加上 0，即"它们表达了以下数字的 0、1、2、3、4、5、6、7 次幂之间的关系"。——译者注

$61^5 + 91^5 + 118^5 + 145^5 + 148^5$；

$1^6 + 13^6 + 28^6 + 70^6 + 82^6 + 124^6 + 139^6 + 151^6 = 4^6 + 7^6 + 34^6 +$
$61^6 + 91^6 + 118^6 + 145^6 + 148^6$；

$1^7 + 13^7 + 28^7 + 70^7 + 82^7 + 124^7 + 139^7 + 151^7 = 4^7 + 7^7 + 34^7 +$
$61^7 + 91^7 + 118^7 + 145^7 + 148^7$。

从以上 7 个例子[①]中，人们可能很容易地得出下面的结论，即，141
自然数 n 服从以下规律：

$$1^n + 13^n + 28^n + 70^n + 82^n + 124^n + 139^n + 151^n$$
$$= 4^n + 7^n + 34^n + 61^n + 91^n + 118^n + 145^n + 148^n。$$

我们把这些数值罗列在下面的表格中：

n	各幂之和
0	8
1	608
2	70076
3	8953712
4	1199473412
5	165113501168
6	23123818467476
7	32764429220606352

我们可以预料，人们是会做出这种推广的。然而，这同时是一个精彩绝伦的错误。这个错误发生在 $n = 8$ 的时候，在我们走出下

---

① 原文给出的显然是 8 个例子，下面的表中给出的也是 8 个。——译者注

面第 9 步以前是不会表现出来的。

注意,下面我们得到的两个和不再相等:

$1^8 + 13^8 + 28^8 + 70^8 + 82^8 + 124^8 + 139^8 + 151^8 = 468150771944932292$。

然而,$4^8 + 7^8 + 34^8 + 61^8 + 91^8 + 118^8 + 145^8 + 148^8 = 468087218$ 970647492。事实上,这两个和之间的差是 $468150771944932292 -$ $468087218970647492 = 63552974284800$。

随着 n 增大,两个和之间的差值也在增大。当 $n = 20$ 时,这个差是 $3388331687715737094794416650060343026048000$。所以,要避免这样的错误,就必须在做出了肯定的证明之后,再进行归纳式的推广。

142　数学归纳法中经常出现的错误

一门好的中学代数课程会为学生介绍数学归纳法。这种方法常用来确定一种关系是不是在一切情况下都适用。人们首先证明这一关系对于情况 1、情况 2 等都适用。然后,假定这个关系适用于第 k 项,人们必须证明这一关系也适用于第 $(k + 1)$ 项,从而证明,这种关系适用于从第 1 项开始后的所有项。

为了说明在使用数学归纳法时常出现的一种错误,让我们考虑下面的情况:

我们想证明,n 取任一值时,以下关系都成立:$2^n > 2n + 1$。

因此,如果我们同意,对于 $n = k$(k 是自然数)来说,$2^k > 2k + 1$ 成立,则必须证明,这一命题对于 $n = k + 1$ 也是成立的。

我们知道,对于自然数 k($k > 0$)来说,$2^k \geqslant 2$ 是成立的。

现在,把这一不等式加到原来的不等式上,让 $2^k + 2^k >$ $2k + 1 + 2$;这一不等式可以重新表达为 $2^k \cdot 2 = 2^{(k+1)} > 2(k+1)$ $+ 1$,而根据数学归纳法,这便证明了这一关系。

然而,一定在什么地方发生了错误,因为对于 $n = 0, n = 1$ 和 $n = 2$ 来说,这一命题是错误的。只有当 $n = 3$ 或者更大的时候,这一关系方才成立。[5]

这个错误发生于证明之初。我们本应从 $n = 0, 1, 2$ 开始,但是我们直接从令 $n = k$ 开始。我们可以把这种错误看作一个"疏忽"!

过早下结论造成的错误

假设我们有一个圆,并在这个圆的圆周上打上一些点,然后把这些点连结起来。如果任意一个点上最多只有两条线相交,那么这个圆会被分成多少个部分?[6]

就在我们即将结束有关算术错误这一章[①]时,我们应该注意到,有时视为错误的东西实际上可能完全不是错误。不妨考虑下面数列,并问问下一个数应该是什么:$1, 2, 4, 8, 16$。绝大多数人会认为是32。是的,这是可以的。然而,当有人说下一个数是31(而不是人们期待的32)的时候,我们通常会听到人们说"错了"!

让你十分吃惊的是,这也可以是一个正确的答案,$1, 2, 4, 8,$ $16, 31$ 是一个合理的数列,而不是一个错误!

我们现在的任务,就是要证明这确实是一个合理的数列。如

①　这一章是有关代数错误的。——译者注

果可以用几何方法做到这一点会非常好,因为这会给出具有实在属性的证据。我们将在稍晚些时这样做,当前,让我们首先找出上述"稀奇的"数列的后续数字。

　　我们将建立一个差值表(即一份给出了一个数列内各项之间的差的表格),最先给出的是给定的数列直到 31 的各项,然后逐步求差,直到建立某种规律为止。表中所列截至第三差。[①]

原有数列	1		2		4		8		16		31
第一差		1		2		4		8		15	
第二差			1		2		4		7		
第三差				1		2		3			
第四差					1		1				

　　看到第四差出现了一系列常数,我们可以逆推这一过程,即将以上表格的次序上下颠倒,并多给出几项第三差,如 4 和 5。

第四差					1		1		1		1				
第三差				1		2		3		4		5			
第二差			1		2		4		7		11		16		
第一差		1		2		4		8		15		26		42	
原有数列	1		2		4		8		16		31		57		99

---

① 原文为 here to the third differences,但下表中列出了第四差。——译者注

表格中以粗体显示的数字是从第三差通过逆推得到的项。由此,原有数列的后面两项就应该是 57 和 99。我们必须延伸至第四差才能得到常数,因此,这个通项将是一个四次方的表达式。

对于一个给定的自然数 n 来说,这一数列的通项为:

$$\frac{n^4 - 6n^3 + 23n^2 - 18n + 24}{24}。$$

要进一步确信这一数列的合法性,即它不是由于错误地用"31"代替"32"造成的,我们将考虑帕斯卡三角形。这一三角形从顶层的 1 开始,第二层是 1、1,第三层则在两端设置 1,随后将第二层中的两个 1 相加(1 + 1 = 2)得到 2;第四层的建立方法同第三层,即在设置了两端的 1 之后,中间的两个 3 是由其上第三层的数字(分别在其左上方与右上方)相加而来,即 1 + 2 = 3 和 2 + 1 = 3。

$$1$$
$$1 \quad 1$$
$$1 \quad 2 \quad 1$$
$$1 \quad 3 \quad 3 \quad 1$$
$$1 \quad 4 \quad 6 \quad 4 \quad 1$$
$$1 \quad 5 \quad 10 \quad 10 \quad 5 \quad 1$$
$$1 \quad 6 \quad 15 \quad 20 \quad 15 \quad 6 \quad 1$$
$$1 \quad 7 \quad 21 \quad 35 \quad 35 \quad 21 \quad 7 \quad 1$$
$$1 \quad 8 \quad 28 \quad 56 \quad 70 \quad 56 \quad 28 \quad 8 \quad 1$$

在上面的帕斯卡三角形内画一条粗体直线,这条直线右侧各行数字相加之和为 1、2、4、8、16、31、57、99、163。又得到我们前面建立的数列。

一个几何解释能够进一步支持这一数列的合法性,并显示出数学内在的优美与一致性。为此,我们将做一份图表(见图 3.8),看看通过连接圆周上的点,一个圆可以被分成多少个区域。但这样做的前提是,不能有三条直线相交于一点,否则便会失去一个区域。

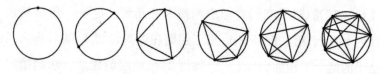

图 3.8

让我们集中关注 $n = 6$ 的情况。见图 3.9。

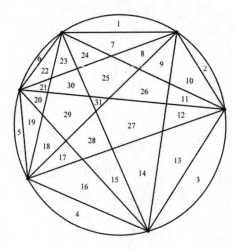

图 3.9

我们注意到,不存在圆被分隔成32个区域的情况。

在圆周上选取的点的数目	圆被分隔成的区域的数目
1	1
2	2
3	4
4	8
5	16
6	31
7	57
8	99

既然你看到了这个不一般的数列$(1,2,4,8,16,31,57,99,163,\cdots)$在不同情况下出现,你应该能够确信,采用数字"31"其实并不是一个错误(虽然看上去是个错误)。因此,就连错误也可能具有欺骗性,或者换句话说,有时候正确的东西也会被人错误地定性为错误!

第四章　几何中的错误

几何图形在描述事物的时候可能带有欺骗性。我们在很多方面看到这一点。例如，我们可能会受到视觉欺骗而犯错误。人们经常把几何说成是数学的可视部分。我们往往相信能够看到的事物。而且，几何图形还在确定几何性质和计划证明几何关系方面扮演着重要的角色。几何图形的重要性不应该受到轻视；然而，我们应该对它们进行仔细的分析，我们将在这一章中看到这一点。没有几何图形也可以进行几何证明，但画出几何图形会有很大的帮助；然而，图形也可能具有欺骗性。

在我们对一个几何图形进行视觉评价的时候就可能会犯错误。我们给出一些这样的视觉小把戏，因为它们有助于人们更好地鉴别视觉表象。首先我们将给出一些容易弄错的视觉评估，然后会展示逻辑错误是如何夹杂于其中的。因此，请跟我们一起探索这些违反直觉的性质吧，这些性质会让人犯一些精彩的错误！

视觉错误

首先让我们比较图4.1中的两截线段。右边的那截看上去要长一些。在图 4.2 中,下面的那条线段看上去也要长一些。但实际上,两幅图中的两截线段的长度是一样的。[1]

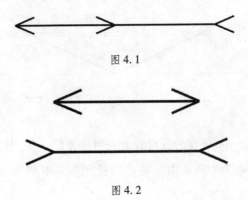

图 4.1

图 4.2

　　在图 4.3 中,带有竖线的线段看上去要比单纯的线段长一些。　148
在图 4.4 右半边的三条线段中,竖直的较细的那根棒看上去要比另外两根长一些,尽管把它们放到左边进行比较会发现它们的长度都是一样的。

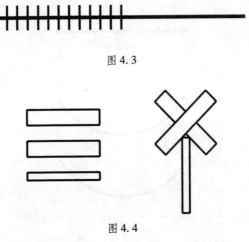

图 4.3

图 4.4

在图 4.5 中我们还可以看到其他视错觉。图中 AB 看上去要比 BC 长一些。但情况并非如此，$AB = BC$。

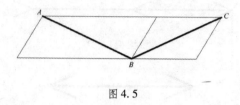

图 4.5

在图 4.6 中，竖直的线段看上去明显要长一些，但实际上并不是这样。图 4.7 中两条曲线各自的长度和曲率相当具有欺骗性。这两条曲线是全等的！

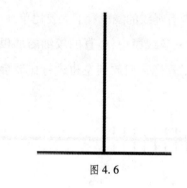

图 4.6

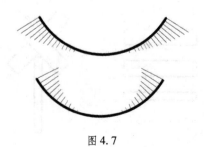

图 4.7

在图4.8中，位于两个半圆之间的正方形看上去比左边的那 149
个正方形要大一些，但它们却有着相同的尺寸。在图4.9中，较大
的黑色正方形内的正方形看上去要比右边的正方形小一些，但这
只不过是视错觉，因为它们大小相同。

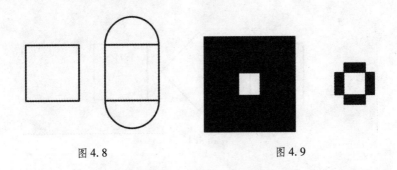

图4.8   图4.9

我们可以在图4.10中看到感官受骗的其他证据。在这张图
中，左边内切于正方形的较大的圆看上去似乎比右边正方形的外
接圆小一些。但这两个圆的大小是相等的！

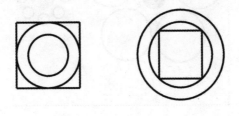

图4.10

图4.11、4.12和4.13说明了相对位置会影响几何图形的视 150
觉外观。图4.11中，中间那个正方形看上去是这组正方形中最大
的一个，但情况并非如此。图4.12中，与右边那个位于中心的黑

色圆相比,左边那个位于中心的黑色圆看上去要小一些,但它们是一样大的。在图4.13中,左图中间的扇形看上去比右图中间的扇形小。但在所有这些情况下,那些看上去大小不一的图形实际上都具有相同的尺寸!

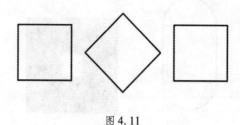

图 4.11

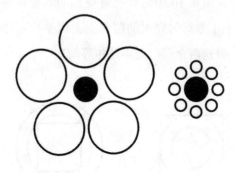

图 4.12

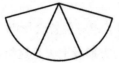

图 4.13

图 4.14 中,几个四分之三圆的放置方法给人一种视觉印象, 151
似乎在图中存在一个矩形,然而,事实上根本就不存在什么矩形。

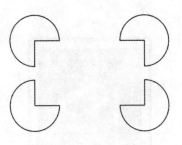

图 4.14

有些视错觉是人们有意制造的。我们不妨以图 4.15 中的彭罗斯三角形为例。看上去这是一个带有三个直角的三角形。英格兰数学家罗杰·彭罗斯(Roger Penrose,1931—　　)于 1958 年让这种三角形广为人知,但这种三角形却是此前由瑞典艺术家奥斯卡·路特斯瓦德(Oscar Reutersvärd,1915—2002)于 1934 年首创的。1982 年为纪念他的这一发明发行了纪念邮票(见图 4.16)。[2]

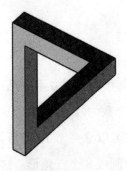

图 4.15

图 4.16

152   1981 年,为纪念在因斯布鲁克召开的第 10 届国际数学大会,奥地利共和国发行了一张绘有类似图形的纪念邮票,见图 4.17。

图 4.17

    几何世界中存在视错觉,也存在着让人上当的"证明";这些"证明"的问题不在于它们的推理,而在于它们与几何外观有关的假定。

153 **多边形错误**

    用下面的方法来确定凸多边形内角和的尝试并不罕见:把多边形分割成三角形,然后数出三角形的个数,并以 180 乘以这个数字即可得到所求的内角和。例如,我们可以拿一个 10 边形为例。如图 4.18 所示,这个 10 边形可以被分割成 8 个三角形。这就告诉我们,10 边形的内角和是 $8 \times 180° = 1440°$。

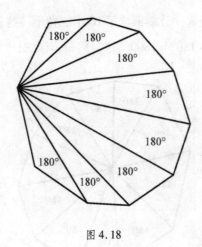

图 4.18

我们也可以按照图 4.19 的方式分割这个 10 边形。我们在图中画出了不相交的对角线,于是又一次得到了一种由 8 个三角形组成的分割方式,它也给出了正确的内角和:1440°。

另一种为确定内角和而对 10 边形进行分割的尝试可见于图 154

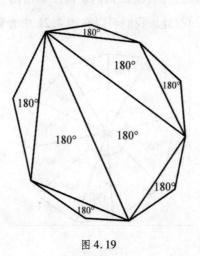

图 4.19

4.20。我们发现这一分割形成了 10 个三角形。这就是说,10 边形的内角和是 $10 \times 180° = 1800°$,这当然是错误的!

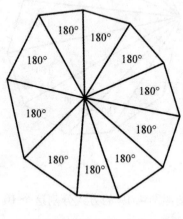

图 4.20

155　　　现在我们必须确定,实际的角度和是多少。第三种化 10 边形为多个三角形的尝试,错在我们还需要算出这些角的和中不属于 10 边形内角的部分。我们可以在图 4.21 中看到这些部分。可

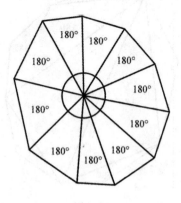

图 4.21

以看出,这些部分加起来是360°。因为,如果我们以所有三角形相交的那一点为圆心画一个圆,这个圆表明这些非内角部分之和为一个周角。这就告诉我们,有必要从不正确的内角和1800°中去掉360°,从而得到正确的内角和1440°。

令人困惑的多边形作图

现在我们要采取一种与以前略有不同的行动方针。我们将展示几种不同的正八边形作图方法。看上去它们都是正确的。然而,我们将让读者去判断,这中间的哪一种可以让我们得到一个真正的正多边形,哪些是错误的作图法,尽管它们看上去还都挺有道理的。

正八边形作图法1。如图4.22所示,首先作一个正方形,并确定正方形每一边的中点。然后,把这些中点连结起来,正方形的每一个顶点上都出现了一个等腰直角三角形。平分这些等腰直角三角形的每一个锐角,这些角平分线的交点确定了正八边形的其他

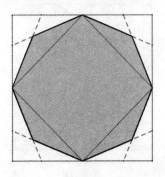

图 4.22

四个顶点。

156 　　　正八边形作图法 2。我们还是首先作一个正方形，然后把这个正方形每边的中点与其对边的端点相连结。如图 4.23 所示。

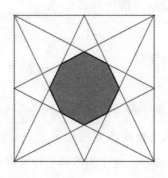

图 4.23

　　　正八边形作图法 3。首先在一个正方形中作四个全等的圆，每一个圆都与正方形的两条边和另外两个圆相切，如图 4.24 所示。然后我们把每个圆的圆心与正方形的顶点连结。这样就确定了一个正八边形。

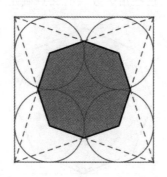

图 4.24

正八边形作图法 4。我们还是先从一个正方形开始。以正方 157
形的每个顶点为圆心、正方形对角线的二分之一长为半径作四分
之一圆。通过这些四分之一圆与正方形边相交的交点即可确定一
个正八边形（见图 4.25）。

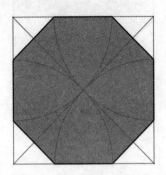

图 4.25

正八边形作图法 5。我们再次采取先从一个正方形开始的
策略，但这次以正方形顶点为圆心、以正方形边长为半径作圆。
在正方形的对角线与四分之一圆的交点处做上记号。通过这四
个点，分别作平行于正方形两条边的线段，它们分别与正方形的
另外两条边交于两点。这 8 个点即正八边形的顶点（见图 158
4.26）。

我们现在有了 5 种不同的正八边形作图法。但问题是：其中
哪些作图法作出的图形是正八边形，哪些又是错误的作图方法呢？
结果如下：

正八边形作图法 1：这是正八边形的正确作图法。

正八边形作图法 2：阿基米德知道这种作图法。用这种方法

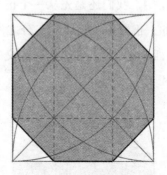

图 4.26

作出的八边形各边相等,但并非所有角都相等。所以,用这种方法作出的不是正八边形!

正八边形作图法 3:与方法 2 一样,这样作出的八边形具有相等的边长,但角度并不相等。所以,这个八边形不是正八边形。

正八边形作图法 4:通过这种方法可以作出正八边形,它是由艺术家兼几何学家奥古斯丁·希尔施富格尔(Augustin Hirschvogel,1503—1553)于 1543 年首次发现的。

正八边形作图法 5:通过这种方法可以作出正八边形,它是由金匠海因里希·兰登萨克(Heinrich Lautensack,1522—1590)于 1564 年首次发现的。

因此,方法 2 与 3 是错误的正八边形作图法。

我们为有志于学习的读者提供了每种作图法的细节。在下面的图 4.27 的表中,我们用符号 Φ 和 ψ 标注了每个图形的内角,用 b 标注了八边形的边长,用 a 标注了最初的正方形的边长,用 A_{Sq} 代表正方形的面积。

159

五种八边形的比较

（1）	（2）阿基米德法	（3）	（4）希尔施富格尔法	（5）兰登萨克法
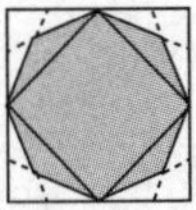		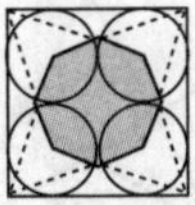		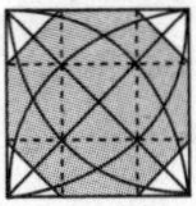
正确	等边不等角	等边不等角	正确	正确
$\Phi = \psi = 135°$	$\Phi \approx 126.9°$ $\Psi \approx 143.1°$	$\Phi \approx 126.9°$ $\Psi \approx 143.1°$	$\Phi = \psi = 135°$	$\Phi = \psi = 135°$
$b = \dfrac{a\sqrt{2-\sqrt{2}}}{2}$ $\approx 0.3827 \cdot a$	$b = \dfrac{a\sqrt{5}}{12}$ $\approx 0.1863 \cdot a$	$b = \dfrac{a\sqrt{10}}{12}$ $\approx 0.2635 \cdot a$	$b = a\sqrt{2} - 1)$ $\approx 0.4142 \cdot a$	$b = a(\sqrt{2} - 1)$ $\approx 0.4142 \cdot a$
$A = \dfrac{a^2}{2}\sqrt{2}$ $\approx 0.7071 \cdot A_{Sq}$	$A = \dfrac{a^2}{6}$ $\approx 0.1667 \cdot A_{Sq}$	$A = \dfrac{a^2}{3}$ $\approx 0.3333 \cdot A_{Sq}$	$A = 2a^2(\sqrt{2} - 1)$ $\approx 0.8284 \cdot A_{Sq}$	$A = 2(\sqrt{2} - 1)a^2$ $\approx 0.8284 \cdot A_{Sq}$

图 4.27

六边形的对角线：交点的错误计数

在确定一个凸六边形的对角线的交点数时，人们经常犯的一个错误，是把该六边形默认为正六边形；也就是说，是一个所有角和边都相等的六边形。但我们感兴趣的是**任意**六边形的对角线相交时产生的交点数。在图 4.28 中，我们可以数出正六边形的对角线相交的交点数。这样的交点有 13 个。

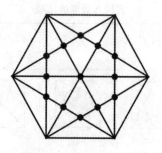

图 4.28

160　　　　然而,如果我们考虑的是一个如图 4. 29 所示的不规则六边形,就会发现,其对角线相交形成的点多出了 2 个。因此,对于一个一般六边形来说,对角线的交点有 15 个。在处理不规则六边形时把它当作正六边形对待,这样的错误会导致我们给出错误的答案。

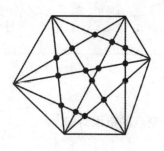

图 4. 29

对一个正五边形内的三角形的错误计数

数出一个画了对角线的正五边形内有多少个三角形,人们在完成这个任务的时候可能会得出错误的数字。要数出这些三角形的数目,我们必须认清不同种类的三角形及其不同的位置。或许你愿意试着数一下,在图 4.30 的正五边形中有多少个三角形。大部分人在计数的时候犯错误是因为没有设计一个系统的步骤。在这个例子中,有些三角形形状相同,因此造成了错误的计数。

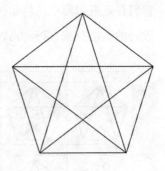

图 4.30

161

事实上,在正五边形中总共可以画出 35 个三角形。图 4.31 展示了前一幅图中要求发现并计数的三角形的类型。

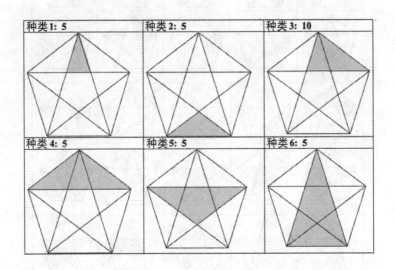

种类1: 5　　种类2: 5　　种类3: 10

种类4: 5　　种类5: 5　　种类6: 5

图 4.31

图 4.32 给出了所有这 35 个三角形的完整列表,同时画出了　162

它们在正五边形中的特定位置。值得特别注意的是在进行这种计数时的系统方式,这种方式应该能避免计数时通常会发生的错误。

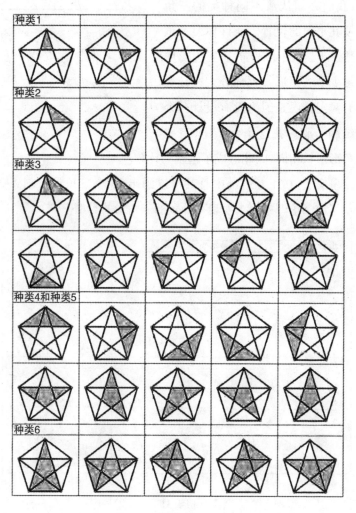

图 4.32

可以在这个正五边形中找到多少种不同的(即非全等的)三角形? 因为第 4 种与第 5 种是全等的,所以在正五边形中,非全等三角形只有 5 种不同的种类。

怎样让一个直角等于一个钝角?

163

这一几何错误向我们指出了在研究学习几何时应该注意的几个必须满足、不可忽视的性质。而且,这一错误还点出了一个很少被人认识到的概念:优角。下面就让我们一步一步地"证明",一个直角可以等于一个钝角(即一个大于 90°的角)。

我们从一个矩形 *ABCD* 开始,图中 *FA* = *BA*,*R* 是 *BC* 的中点,*N* 是 *CF* 的中点(见图 4.33)。我们现在将要"证明",直角 *CDA* 等于钝角 *FAD*。

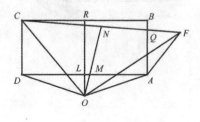

图 4.33

为建立这一证明,我们首先画 *RL* 垂直于 *CB*,*MN* 垂直于 *CF*,且这两条垂线相交于 *O* 点。如果 *RL* 与 *MN* 不相交,则说明它们互相平行,这要求 *CB* 与 *CF* 平行或者重合,但这是不可能的。为完成这一图形或者说完成我们的"证明",我们画出线段 *DO*、*CO*、*FO* 和 *AO*。

现在我们做好开始"证明"的准备了。因为 *RO* 是 *CB* 和 *AD*

的垂直平分线,因此我们知道 $DO = AO$。类似地,因为 NO 是 CF 的垂直平分线,所以 $CO = FO$。而且,因为 $FA = BA, BA = CD$,所以可以得出 $FA = CD$ 的结论。因此我们可以说 $\triangle CDO \cong \triangle FAO$(边边边),所以 $\angle ODC = \angle OAF$。下面,因为 $OD = OA$,则三角形 AOD 为等腰三角形,且其底角 ODA 与 OAD 相等。现在,$\angle ODC - \angle ODA = \angle OAF - \angle OAD$,或者说,$\angle CDA = \angle FAD$。这就是说,一个直角等于一个钝角。一定是出了什么错误!

164 很清楚,这个"证明"并没有出什么错误,但是,如果你用一把直尺和一把圆规作出正规的图形,就会发现它看上去应该与图 4.34 很相像。

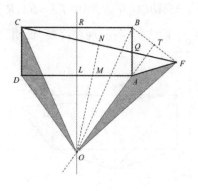

图 4.34

正如你看到的那样,这里的错误就出在一个人们通常没有考虑的优角上。在矩形 $ABCD$ 中,AD 的垂直平分线也将是 BC 的垂直平分线。所以,$OC = OB, OC = OF$,因此 $OB = OF$。因为 A 到 BF 的两个端点等距,O 到 BF 的两个端点也等距,因此线段 AO 必定是 BF 的垂直平分线。问题就出在这里,我们必须考虑角 BAO 的优角。

尽管三角形依然全等,但我们无法再进行特定角的相减了。因此,这一"证明"的问题就在于,它依赖于一个画得不准确的图形。

对每一个角都是直角的错误证明

我们从一个四边形 $ABCD$ 出发进行这一证明。在这个四边形中,$AB = CD$,直角 $\angle BAD = \delta$(见图 4.35)。我们让 $\angle ADC = \delta'$ 具有随机值,但接下来要证明它实际上是一个直角。通过证明这一点,我们将证明任何随机取值的角都是直角。

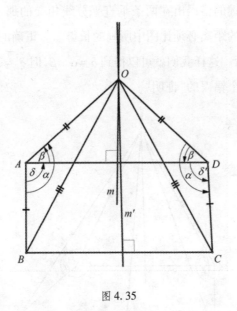

图 4.35

下面我们分别作出 AD 与 BC 的垂直平分线 m 和 m'。这两条垂直平分线相交于点 O。点 O 到点 A 与点 D 的距离相等,到点 B

165

与点 C 的距离相等。所以，$OA = OD$，$OB = OC$。下面，我们可以得出结论，即 $\triangle OAB \cong \triangle ODC$，因此 $\angle BAO = \angle ODC = \alpha$。

因为三角形 OAD 是等腰三角形，因此 $\angle DAO = \angle ODA = \beta$。

所以，$\delta = \angle BAD = \angle BAO - \angle DAO = \alpha - \beta$，而且 $\delta' = \angle ADC = \angle ODC - \angle ODA = \alpha - \beta$。

所以，$\delta = \delta'$。

然而这个结果是很傻的。一定在什么地方出了什么错。让我们重新看看原来的图形。

事实上，图 4.35 中的图形跟我们耍了个花招，人们故意把它画错了。关键的错误出在两条垂直平分线相交的那一点上，这一点与四边形的距离必须比图中所画的长得多。正确的图形应该如图 4.36 所示。这样我们就可以得到 $\delta = \alpha - \beta$，但 $\delta' = 360° - \alpha - \beta$。这将摧毁这个错误的"证明"。

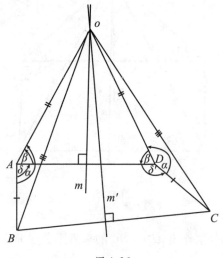

图 4.36

64 能等于 65 吗?

查尔斯·勒特威奇·道奇森(Charles Lutwidge Dodgson, 1832—1898)曾以刘易斯·卡罗尔为笔名写了一本《爱丽丝漫游奇境记》,这本书让我们现在要说的数学错误广为人知。在图 4.37 中,我们注意到,左边的正方形的面积是 $8 \times 8 = 64$,它被分割成了两个全等的梯形和两个全等的三角形。这四个图形以不同的方式重新组合之后,变成了一个面积为 $5 \times 13 = 65$ 的矩形。64 怎么会等于 65 呢? 其中必然有错。

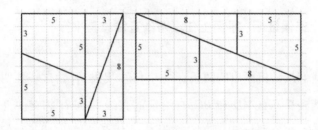

图 4.37

用正确的方法作出由正方形的四个部分组成的矩形,我们发现,图形中多出了一个平行四边形,如图 4.38 所示(我们有意夸大了这个平行四边形的尺寸)。

167

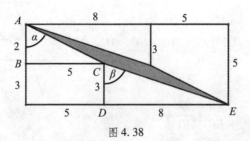

图 4.38

这个平行四边形(阴影部分)是从哪里来的呢?其根源在于图中 α 与 β 这两个角并不相等。然而,想要一眼就从原来的图形中看出这一点真的不容易!

或许说明这一点的最简单办法就是求助于我们熟悉的正切函数。在三角形 ABC 中,$\tan \alpha = \dfrac{5}{2} = 2.5$,而 $\tan \beta = \dfrac{8}{3} \approx 2.667$。要想让折线 ACE 成为一条直线,从而防止平行四边形的出现,α 与 β 这两个角就必须相等。但它们有着不同的正切值,所以当然不相等!这就让这个大家不易察觉的错误暴露无遗。[3]

另一个错误证明:平面上任意两条直线总是平行

我们从随机画出的两条直线 l_1 与 l_2 出发,开始这一证明。然后作两条平行线 AD 和 BC,与给定的直线 l_1 与 l_2 相交。再画出 $EF /\!\!/ AD$,并分别与 BD 和 AC 交于 G 与 H 点,这就完成了我们的证明所需的图形,见图 4.39。三角形 AEH 和三角形 ABC 相似,三角形 HCF 和三角形 ACD 也相似。所以,我们可以建立如下比例:$\dfrac{EH}{BC}$ $= \dfrac{AH}{AC}$,以及 $\dfrac{HF}{AD} = \dfrac{HC}{AC}$。

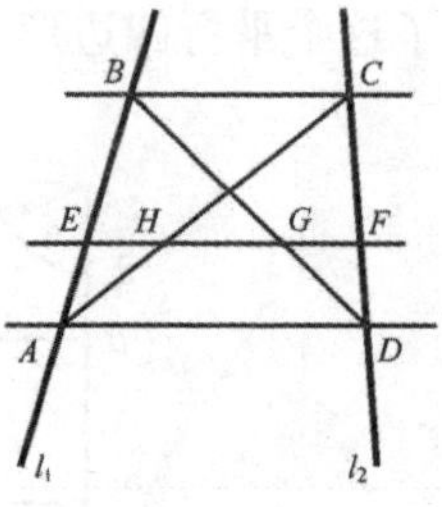

让两个比例相加,则有:

$$\frac{EH}{BC} + \frac{HF}{AD} = \frac{AH}{AC} + \frac{HC}{AC} = \frac{AH+HC}{AC} = \frac{AC}{AC} = 1,$$

这就相当于说

$$\frac{EH}{BC} + \frac{HF}{AD} = 1。$$

图 4.39

与此类似,我们可以在三角形 BGE 和 BDA 之间,以及三角形 BDC 与 GDF 之间建立相似的关系,于是可以得到如下结果:

$$\frac{EG}{AD} + \frac{GF}{BC} = 1。$$

因为上两个等式的左边都等于 1,于是可得

$$\frac{EH}{BC} + \frac{HF}{AD} = \frac{EG}{AD} + \frac{GF}{BC},$$

或者

$$\frac{HF}{AD} - \frac{EG}{AD} = \frac{GF}{BC} - \frac{EH}{BC}。$$

所以

$$\frac{HF - EG}{AD} = \frac{GF - EH}{BC}。$$

根据图形,我们发现 $HF - EG = (EF - EH) - (EF - GF) = GF - EH$。这就是说,这两个相等的分式的分子是相等的。由此可知,它们的分母也必定是相等的。所以,$AD = BC$。因为我们开始时就假定了 $AD /\!/ BC$,所以四边形 $ABCD$ 必定是个平行四边形。因而 $AB /\!/ CD$,也就是说 $l_1 /\!/ l_2$。

因此,我们似乎已经证明了,在同一平面上随机画出的两条直线是平行的。这显然是荒谬的,这个证明一定出现了错误。

让我们再看一下刚刚所做的。从图 4.39 你可以清楚地看出,$HF - EG = (HG + GF) - (EH + HG) = GF - EH$。

根据图中的平行关系,可以立即得出以下比例关系:$\dfrac{EH}{BC} = \dfrac{AE}{AB}$

$= \dfrac{AH}{AC} = \dfrac{DF}{DC} = \dfrac{GF}{BC}。$

因为 $BC \neq 0$，所以 $EH = GF$。由此，$GF - EH = 0$，因此 $HF - EG$ 也必定等于 0。

由先前的等式可知，$\dfrac{HF - EG}{AD} = \dfrac{GF - EH}{BC}$。通过代换，我们得到了以下关系：$\dfrac{0}{AD} = \dfrac{0}{BC}$。

从本质上说，这就是告诉我们，我们没有理由说 AD 与 BC 相等，因为无论 AD 和 BC 取何值，都可以让这一等式成立。这就解释了错误出现的原因。

"证明"一个不等边三角形是等腰三角形，或"证明"所有三角形都是等腰三角形：这是个错误吗？

人们在几何学中犯的错误（也可以叫谬误）往往来源于错误的图形，而这些错误的图形又是缺乏定义的结果。然而，如我们所知，一些古代几何学家就是在不存在图形的情况下讨论他们的几何发现或者几何关系的。例如，在欧儿里得的工作中，"中间性"这个概念是不被考虑的。在不考虑这个概念的时候，我们可以证明，任何一个三角形都是等腰三角形，也就是说，一个三条边都不相等的三角形中有两条边实际上是相等的。这话听起来有点儿奇怪，但我们可以给出"证明"，并让读者先尝试找出其中的错误，再揭晓答案。

我们先任意画出一个不等边三角形（即任何两条边长度都不相等的三角形），然后"证明"它是等腰三角形（即有两条边长度相等的三角形）。设想不等边三角形 ABC，我们在其中作角 C 的角平

分线和 AB 边的垂直平分线。这两条线交于一点 G。过点 G 作 AC 与 CB 的垂线,分别与 AC 和 CB 交于 D、F 两点。

对于各种不等边三角形,我们有四种可能性来满足以上描述。

在图 4.40 中,CG 与 GE 相交于三角形内一点 G。

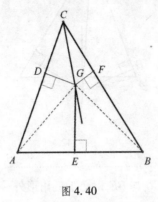

图 4.40

在图 4.41 中,CG 与 GE 相交于三角形的 AB 边上。(点 E 与点 G 重合。)

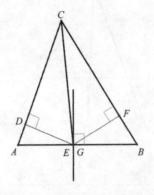

图 4.41

在图 4.42 中,CG 与 GE 相交于三角形外一点 G,但垂线 GD 和 171

GF 分别与 AC 和 CB 交于 D、F 两点。

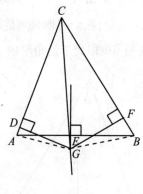

图 4.42

在图 4.43 中, CG 与 GE 相交于三角形外一点 G, 但垂线 GD 与 GF 分别与 CA 与 CB 的延长线在三角形外交于 D、F 两点。

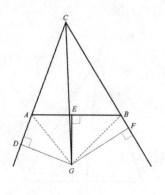

图 4.43

172   对于这类错误或者谬误的"证明", 我们可以利用以上图形中的任意一幅。请读者一步步观察我们的证明, 看是否可以不阅读后面的说明自己找出错误。我们从一个不等边三角形 ABC 开始。现在我们将"证明"$AC = BC$,也就是说,证明三角形 ABC 是等腰三角形。

因为我们作过一条角平分线,因此 $\angle ACG = \angle BCG$。我们也有两个直角,所以 $\angle CDG = \angle CFG$。因此可以得出结论,$\triangle CDG \cong \triangle CFG$(角角边)。所以,$DG = FG$,$CD = CF$。因为一条线段的垂直平分线($EG$)上的一点到这条线段的两端距离相等,因此 $AG = BG$。同样,$\angle ADG$ 和 $\angle BFG$ 也是直角。于是我们得出,$\triangle DAG \cong \triangle FBG$(斜边直角边)。所以,$DA = FB$。接着便有 $AC = BC$(在图 4.40、4.41 和 4.42 的情况下用加法,在图 4.43 的情况下用减法)。

到了现在,你可能会感到相当不安,你或许在想,我们到底是在什么地方发生了失误,以至于出现了这样的错误。你可能会质疑这些图会不会有问题。好吧,经过严格的作图,你会在图形中发现一个隐藏得很深的疏漏。我们现在将揭示这一错误,看看这样的错误怎样帮助我们更好、更准确地理解几何概念。

173

首先我们可以证明,G 点必定在三角形外。然后,当两条垂线与三角形的边相交时,其中一条与一条边的交点将在两个顶点之间,而另一条垂线则不会。

我们可以把这个错误归咎于欧几里得,因为他没有考虑到中间性这个概念。然而,这一特定错误的优美之处就在于它能证明中间性问题的必要性:正是中间性问题造成了这一错误。

让我们从考虑三角形 ABC 的外接圆开始(图 4.44)。角 ACB 的平分线必定会过弧 AB 的中点 M,因为角 ACM 和角 BCM 是全等的圆周角。AB 的垂直平分线必定会平分弧 AB,因此必定会过 M

点。因此,角 *ACB* 的平分线和 *AB* 的垂直平分线会在三角形的外接圆上相交,交点是三角形 *ABC* 外的 *M* 点(同时也是 *G* 点)。这就排除了我们使用图 4.40 与 4.41 的可能性。

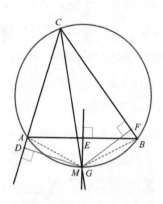

图 4.44

174

现在考虑内接四边形 *ACBG*。因为一个圆的内接四边形的对角互为补角,所以 $\angle CAG + \angle CBG = 180°$。如果 $\angle CAG$ 和 $\angle CBG$ 是直角,则 *CG* 将是一条直径,那么三角形 *ABC* 将会是一个等腰三角形。所以,由于三角形 *ABC* 是一个不等边三角形,因此 $\angle CAG$ 和 $\angle CBG$ 不会是直角。在这种情况下,其中的一个一定会是锐角,而另一个一定会是钝角。不妨假定 $\angle CBG$ 是锐角,$\angle CAG$ 是钝角。然后,在三角形 *CBG* 中,*CB* 上的高一定会在三角形内;而对于钝角三角形 *CAG* 来说,*AC* 上的高一定会在三角形外。两条垂线中有且只有一条垂线与三角形的边的交点会位于两个顶点之间,这一事实彻底粉碎了那份谬误的"证明"。这一证明取决于中间性的定义,欧几里得没有掌握这个概念。

"证明"所有三角形都是等腰三角形:又一个错误!

我们将给出对"每个三角形都是等腰三角形"的另一份证明。我们又一次必须从中寻找错误。

我们从三角形 ABC 开始,此处 $AB \neq AC$,但我们将"证明",$AB = AC$(见图 4.45)。我们需要一条辅助线,也就是 $\angle CAB$ 的平分线 AD,它将给出下面的关系[4]:

$$\frac{CD}{AC} = \frac{BD}{AB}。$$

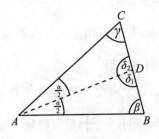

图 4.45

对于三角形 ACD 的外角,我们知道 $\delta_1 = \angle ADB = \angle ACD + \angle CAD = \gamma + \frac{\alpha}{2}$。我们可以对三角形 ABD 使用正弦定理,得到:

$$\frac{BD}{AB} = \frac{\sin \angle BAD}{\sin \angle ADB} = \frac{\sin \frac{1}{2} \angle BAC}{\sin\left(\angle ACD + \frac{1}{2} \angle BAC\right)} = \frac{\sin \frac{\alpha}{2}}{\sin\left(\gamma + \frac{\alpha}{2}\right)}。$$

以一种类似的方式,我们对三角形 ABD 应用外角的性质,从而得到 $\delta_2 = \angle ADC = \angle ABD + \angle BAD = \beta + \frac{\alpha}{2}$。我们再次应用正弦

175

定理,于是得到:

$$\frac{CD}{AC}=\frac{\sin\angle DAC}{\sin\angle ADC}=\frac{\sin\frac{1}{2}\angle BAC}{\sin\left(\angle ABC+\frac{1}{2}\angle BAC\right)}=\frac{\sin\frac{\alpha}{2}}{\sin\left(\beta+\frac{\alpha}{2}\right)}。$$

我们从通过角平分线设立的第一个关系,可以给出如下方程:

$$\frac{\sin\frac{\alpha}{2}}{\sin\left(\gamma+\frac{\alpha}{2}\right)}=\frac{\sin\frac{\alpha}{2}}{\sin\left(\beta+\frac{\alpha}{2}\right)}。$$

我们知道 $\sin\frac{\alpha}{2}\neq 0$。所以,$\sin\left(\gamma+\frac{\alpha}{2}\right)=\sin\left(\beta+\frac{\alpha}{2}\right)$,所以 $\gamma+\frac{\alpha}{2}=\beta+\frac{\alpha}{2}$。于是,我们得出 $\gamma=\beta$,或者说 $\angle ACD=\angle ABC$,所以三角形 ABC 是等腰三角形。

错误隐藏在正弦函数后面,乍看上去不很清楚。

从 $\sin\left(\gamma+\frac{\alpha}{2}\right)=\sin\left(\beta+\frac{\alpha}{2}\right)$,可以得到

$$\gamma+\frac{\alpha}{2}=(-1)^k\left(\beta+\frac{\alpha}{2}\right)+k\pi,$$

或

$$\gamma=(-1)^k\beta+\frac{\alpha\cdot\left[(-1)^k-1\right]}{2}+k\pi,$$

其中 k 可取一切整数值。

对一个三角形可以有两个直角的错误证明

下面这个几何错误能够让一个不知道底细的人感到十分不

安。我们将使用两个相交圆,它们的大小可以相等,也可以不同。如图 4.46 所示,我们将通过圆的两个交点之一画出两个圆的直径 *POA* 和 *PO'B*,然后连结这两条直径的另一端 *AB*。

在图 4.46 中,线段 *AB* 连结了两条直径 *AP* 与 *BP* 的端点,它 176 与圆 *O* 交于 *D* 点,与圆 *O'* 交于 *C* 点。我们发现,∠*ADP* 内接于半圆 *PNA*,∠*BCP* 内接于半圆 *PNB*,因此它们都是直角。然后我们便处于一种两难境地:三角形 *CPD* 有两个直角! 这是不可能的。所以,我们一定在什么地方出错了。

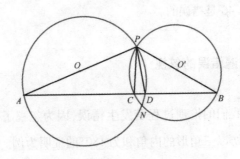

图 4.46

欧几里得的工作漏掉了中间性概念,正是这种状况让我们陷入了这一两难处境。在准确作图之后,我们就会发现,∠*CPD* 一定为零,因为一个三角形的内角和不可能大于 180°。这会让三角形 *CPD* 不存在。图 4.47 告诉我们,这种情况应该如何正确作图。

通过图 4.47,我们很容易就可以证明 △*POO'* ≌ △*NOO'*,然后可知 ∠*POO'* = ∠*NOO'*。因为 ∠*PON* = ∠*A* + ∠*ANO*,而且 ∠*ANO* = ∠*NOO'*(内错角),所以 ∠*POO'* = ∠*A*,因此 *AN*//*OO'*。同理可证, 177 在圆 *O'* 中有 *BN*//*OO'*。因为 *AN* 和 *BN* 这两条线段都与 *OO'* 平行,

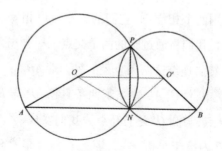

图 4.47

所以它们实际上一定是同一条线段 ANB。这就证明了图 4.47 是正确的,而图 4.46 是错误的。

对于一个普遍错误的忽视

有时候我们的推理过程会发生错误,因为忽视了不合理的假定。我们不妨以三角形的内角和为 $180°$ 的证明为例。

在图 4.48 中,我们可以看到一个三角形 ABC 和它的一边 AB 上的一点 D。如果令 x 为三角形 ACD 和三角形 DCB 各自的内角之和,则 $\angle 1 + \angle 2 + \angle 6 = x$,且 $\angle 3 + \angle 4 + \angle 5 = x$。

将两个等式相加,我们可以得到 $\angle 1 + \angle 2 + \angle 6 + \angle 3 + \angle 4$

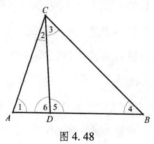

图 4.48

$+\angle 5=2x$。而 $\angle 1+\angle 2+\angle 3+\angle 4=x$，因为这是三角形 ABC 的各个内角之和。然而，因为 $\angle 5$ 与 $\angle 6$ 互为补角，所以它们的和是 $180°$。由此可知 $x+180°=2x$，因此 $x=180°$。错！在这个"证明"中有一个错误。在这个"证明"开始的时候，我们假定三角形 ACD 和三角形 DCB 的内角和各自都是 x，但我们无权假定所有三角形的内角和都是一样的。这一证明的结果是正确的，但这一证明并不完整，因此是错误的！

两条不相等的线段其实是相等的

　　让我们一步步做完下面这一"证明"，看看你能否找出错误所在。我们将提供一个线索：与前面的几何错误不同，这次的错误与图形无关。首先，如图 4.49 所示，已知任意三角形 ABC，线段 DE 平行于边 AB，并与 ABC 的另外两条边 AC 与 BC 分别交于 D、E 两点。

　　由此我们知道 $\triangle ABC \backsim \triangle DEC$。所以，$\dfrac{AB}{DE}=\dfrac{AC}{DC}$，或者说 AB ·

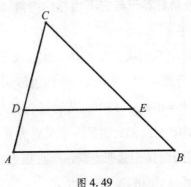

图 4.49

$DC = DE \cdot AC$。

现在我们将等式两边同乘以 $AB - DE$，可得 $AB^2 \cdot DC - AB \cdot DC \cdot DE = AB \cdot DE \cdot AC - DE^2 \cdot AC$。

接着在以上等式的两边同时加上 $AB \cdot DC \cdot DE$，并减去 $AB \cdot DE \cdot AC$，这样可得 $AB^2 \cdot DC - AB \cdot DE \cdot AC = AB \cdot DC \cdot DE - DE^2 \cdot AC$。

分别对等式两边的表达式提取公因式，则有 $AB(AB \cdot DC - DE \cdot AC) = DE(AB \cdot DC - DE \cdot AC)$。

现在令等式两边同时除以 $AB \cdot DC - DE \cdot AC$，则有 $AB = DE$。这是荒谬的，因为我们可以看出 $AB > DE$。图形中没有错误，那么错误在哪里呢？是的，我们用零作了除数：让我们回想一下这个禁忌除法！这是在我们令上面的等式两边同时除以 $AB \cdot DC - DE \cdot AC$ 的时候发生的，后者等于零，因为 $AB \cdot DC = DE \cdot AC$。我们必须认清，就像这次一样，在有些时候，代数上的错误会造成几何上的荒谬。

179 三角形的每个外角都等于与它不相邻的内角

如图 4.50 所示，我们从三角形 ABC 出发，希望证明角 δ = 角 α。

现在我们参考图 4.51，图中有一个四边形 $APQC$，作图时我们令 $\angle CAP + \angle CQP = \alpha + \varepsilon = 180°$。然后过三点 C、P 和 Q 作一个圆。我们称直线 AP 与圆相交的另一个交点为 B 点。画出 BC，我们作出了一个圆的内接四边形（即一个可以嵌在圆周上的四边形）$BPQC$，从中可知下面的等式是成立的：

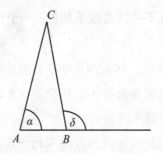

图 4. 50

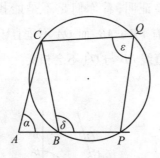

图 4. 51

$$\angle CQP + \angle CBP = \varepsilon + \delta = \angle BCQ + \angle BPQ = 180°。$$

然而,我们一开始作图时令 $\angle CAP + \angle CQP = \alpha + \varepsilon = 180°$,这样一来   180
我们可以下结论说 $\angle CAP = \angle CBP$,也就是说 $\alpha = \delta$。肯定有什么弄
错了。但错误在什么地方呢?

如果四边形 $APQC$ 具有令 $\angle CAP + \angle CQP = \alpha + \varepsilon = 180°$ 的性
质,而其中 3 个顶点 C、P、Q 在同一个圆上,则四边形 $APQC$ 也一
定是该圆的内接四边形,这就意味着,点 A 也一定在圆上。这也意
味着,A 与 B 这两点必定是同一个点。这样,三角形 ABC 不可能存
在。所以,错误现在终于露出了马脚。

一个平面上的两条不平行直线不相交：一个悖论

我们也可以"证明"，如果两条非平行直线中刚好有一条与第三条直线垂直，则这两条直线不会相交。这个悖论是普罗克洛斯（Ploclus，410—485）首先提出的。

这里肯定有错误，因为两条直线不相交只在一种情况下才可能出现，那就是它们相互平行，但这里不是这种情况。所以，请大家和我们一起检验证明，看你们是不是能找出这个错误。如图 4.52 所示，我们有 $PB \perp AB$，而 QA 不垂直于 AB。现在我们将"证明"，不平行的直线 PB 与 QA 不会相交。

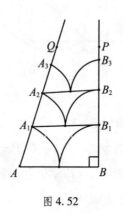

图 4.52

181

首先我们找出 AB 的中点，然后以 A 为圆心，以 $\frac{1}{2}AB$ 为半径画圆弧，与 AQ 交于 A_1 点；并以 B 为圆心，以 $\frac{1}{2}AB$ 长为半径画圆弧，与 BP 交于 B_1 点。在 AA_1 和 BB_1 段上的任何地方，AQ 与 PB 都不

会相交。如果它们确实在某处相交,比如说在 R 点相交,则会出现一个三角形 ARB,其中两条边的和 $AR + RB < AB$,而这是不可能的。我们现在考虑线段 A_1B_1,并重复上述过程,于是有 $A_1A_2 = B_1B_2 = \dfrac{1}{2}A_1B_1$。[1] 我们继续这一过程,平分 A_2B_2,并得到 $A_2A_3 = B_2B_3 = \dfrac{1}{2}A_2B_2$。我们无限继续这一过程,同时知道 A_n 永远不会与 B_n 重合,因为一旦它们重合,就会有一个直角三角形,其斜边 AA_n 将等于 BB_n,这显然是不可能的! 所以,在这一永无休止的过程中的任何一步,斜线都不会与垂直线相交。这当然是一派胡言! 但错误出在哪里呢?

如图 4.53 所示,让我们考虑直线 AQ 与 BP 相交的情况。与上面一样,沿 AQ 作出一系列线段 AA_1[2],A_1A_2,A_2A_3,$\cdots$,同样也沿 BP 作出一系列线段 BB_1,B_1B_2,B_2B_3,$\cdots$。我们知道,我们可以一直沿这两条直线标注这些线段,直至无穷。而且,带有同样下标的线段永远也不会相交。例如,我们知道,A_1A_2 和 B_1B_2 不会相交。但有不同下标的线段可以相交。例如,在图 4.53 中,A_3A_4 就与 B_1B_2 相交。前面的"证明"只是把我们的论据控制在了某些线段上,也就是说控制在那些下标相同的线段上,而它们确实不相交;但这并不意味着其他线段也不会相交。这一错误是建立在推理的有限形式上的。

182

———————

[1] 此处原文为 $A_2A_3 = B_2B_3 = \dfrac{1}{2}A_2B_2$,似有不妥,故按内容做了改动。——译者注

[2] 原文此处为 AB_1,似有不妥,故按内容做了改动。——译者注

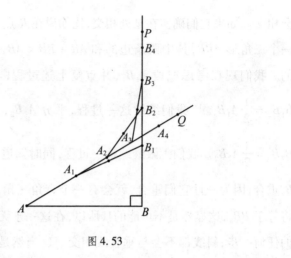

图 4. 53

从开始就犯下了错误

我们在这里面对的是基础几何中的一个简单问题。我们可以很容易地在典型教科书中找到这一问题：如图 4. 54 所示，我们有一个直角三角形，其斜边长度为 $c = 4$，一条直角边 $b = \sqrt{12}$。我们也知道 $\angle BAC = \alpha = 40°$。求另一条直角边 a 的长度。

我们可以很容易地得出第三个角的大小为 $\beta = 180° - \angle BAC - \angle BCA = 180° - \alpha - \gamma = 180° - 40° - 90° = 50°$。

根据 $\sin \alpha = \dfrac{BC}{AB} = \dfrac{a}{c}$，我们可以得到 $a = c \times \sin \alpha = 4 \times \sin 40° \approx 4 \times 0. 6428 = 2. 5712$。

到现在为止，似乎一切都没问题。现在，难题来了。我们也可以用下面的方式来解这个问题：

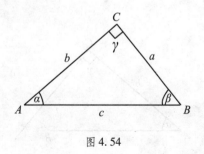

图 4.54

根据 $\tan \alpha = \dfrac{BC}{AC} = \dfrac{a}{b}$，可以得到 $a = b \times \tan \alpha = \sqrt{12} \times \tan 40°$

$\approx 3.4641 \times 0.8391 = 2.9067$。

为得出第三个角的大小，我们可以取 $\tan \beta = \dfrac{AC}{BC} = \dfrac{b}{a} \approx$

1.1918，据此 $\beta \approx 50.0001°$。

现在回过头去看看这两种解法，用它们得到的 β 的大小基本上是一样的。然而，我们得到的 a 值则不同，一个是 2.5712，另一个是 2.9067。为什么会这样？一定是在什么地方出了问题。但这两种解法都是没问题的。这里的毛病是，原题的陈述有错误。

如果我们尝试按照以下给定的条件来作出原题规定的三角形：$\alpha = \angle BAC = 40°$，$\gamma = \angle ACB = 90°$，$b = \sqrt{12}$，$c = 4$，我们将得到一个没有闭合的三角形，如图 4.55 所示。

实际上，符合原题条件的三角形是不存在的，因此，这里的错误发生在原题上，它给出了根本不存在的三角形的条件。我们在这里给出的是这样一个例子：人们毫不怀疑地接受了有问题的信息，因而犯错误。

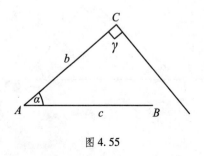

图 4.55

184 **在使用动态几何程序时也可能出现错误**

随着动态几何绘图程序的迅猛发展,人们往往会忽略久经考验的正确作图模式。例如,我们不妨看看对三角形 *ABC* 作内切圆的方法。回想一下,内切圆的圆心是三角形的三个角的平分线的交点。因此,作图的第一步是确定这个圆的圆心的位置。

如图 4.56 所示,我们可以看到,圆心的位置 *I* 点可以通过角平分线 t_a 与 t_b 的交点确定。一个普遍的错误可能会随之出现。举例来说,为了尽快完成任务而使用了某种计算机程序(例如"几何画板")的作图者将使用圆规器以 *I* 点为圆心画圆,并逐步将圆放大,直至圆周与三角形的某一边接触(即相切),这一过程可见于图 4.56。然而,只要最初的三角形稍有变形,我们就可以清楚地看出,这个作图方法是有问题的。我们可以从图 4.57 看出,内切圆与三角形各边的相切很不到位。

作内切圆的正确方式应该与我们用尺规作图时一样,即从圆心作三角形一边的垂线 *DI*(= *EI* = *FI*),然后以 *DI* 的长度为半径

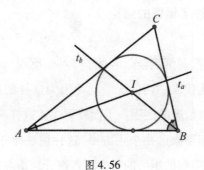

图 4.56

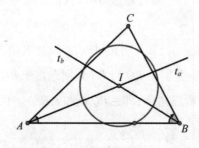

图 4.57

画出内切圆(见图 4.58)。换言之,如果人们试图偏离传统的尺规作图法而用动态几何作图软件走捷径,那么他们通常会犯错误。

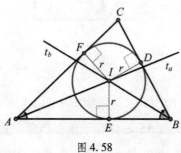

图 4.58

错误的图形导致了错误的结论

有些时候,我们可能会画出对于某些情况而言正确的图解,但这种图解却无法代表一切情况。就是因为这样的错误,导致我们无法完成对普遍情况的证明。下面就要讲述这样一个例子。正方形的一个内接矩形永远是个正方形,这种说法是正确的吗?请注意,只有当一个内部的矩形的每个顶点都分别落在外部矩形(正方形是矩形的特例)的一条特定边上时,我们才能称前者为后者的内接矩形。

如图 4.59 所示,已知正方形 *ABCD*,以及内接于这个正方形之内的矩形 *PRMN*。我们作 *PQ* 与 *RS* 分别垂直于 *BC* 边和 *DC* 边,由此形成了两个阴影三角形,即 △*PQM* 和 △*RSN*。因为矩形的对角

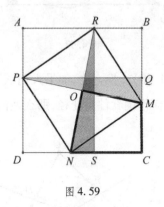

图 4.59

线相等,所以矩形 *PRMN* 的对角线 *PM* 和 *RN* 是相等的。我们也知道,垂直线段 *PQ* 和 *RS* 各自等于正方形的一边,所以它们也必然相等。由此可知,△*PQM* ≌ △*RSN*,于是 ∠*QMP* = ∠*SNR*。因为

$\angle OMC + \angle QMP = 180°$，因此 $\angle OMC + \angle SNR = 180°$。所以，在四边形 $NOMC$ 中，必定有 $\angle NOM + \angle NCM = 180°$。但是 $\angle NCM$ 是个直角，所以 $\angle NOM$ 也一定是个直角。所以，矩形 $PRMN$ 一定是个正方形，因为其对角线相互垂直。

那么错误在哪里呢？看一看图 4.60 就可以发现，在那里，正方形的一个内接矩形显然不是正方形。我们这样放置这个矩形，使 $AR = AP = CM = CN$，但使这些相等的线段不等于外正方形的边长的一半。我们可以看出，两个作为阴影区域的全等三角形的放置方向与图 4.59 是不同的。在图 4.59 中，$\angle OMC$ 和 $\angle ONC$ 是互补的；而现在，在图 4.60 中，这两个角相等，但不互补。于是，与前面不同，我们现在不能证明矩形 $PRMN$ 的对角线相互垂直。对于一些内接于正方形的矩形，我们可以证明它们是正方形，但并非在一切情况下都可以。所以，在原来的（一般）证明中存在一个错误。

186

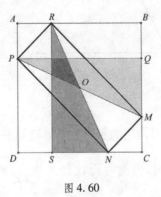

图 4.60

我们已经把这个对错误陈述的不当证明弄清楚了。通过这个证明，我们可以对这种情况给出两个真实的陈述（图 4.60）：

187

1. 如果一个矩形以下面这种方式内接于一个正方形,即这个矩形各边的其中一条不与正方形的任何一条对角线平行,则这个内接矩形是个正方形。

2. 如果一个各边不全部相等的矩形内接于一个正方形,则这个矩形的每条边必与正方形的两条对角线之一平行。

一个上底与下底的长度和为零的梯形!

这个证明中的错误是非常隐蔽的,或许要找出来有点儿难度,但我们还是应该让读者先考虑一番,然后再给出答案。我们由一个梯形 $ABCD$ 开始,并分别延长其上底与下底至 E、F 两点(见图4.61)。各线段的长度标于图内。

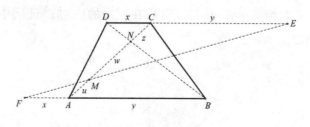

图 4.61

我们可以从梯形两底的平行关系得到如下一些相似三角形:

$\triangle CEM \backsim \triangle AFM$,由此可得比例关系 $\dfrac{AF}{CE} = \dfrac{AM}{CM}$,或 $\dfrac{x}{y} = \dfrac{u}{w+z}$;

以及

$\triangle ABN \backsim \triangle CDN$,由此可得到比例关系 $\dfrac{CD}{AB} = \dfrac{CN}{AN}$,或 $\dfrac{x}{y} = \dfrac{z}{u+w}$。

所以，$\dfrac{u}{w+z}=\dfrac{z}{u+w}$。对于比例，我们有一个方便的合法操作，它能让我们在分子与分子之间，以及分母与分母之间相减，例如：如果 $\dfrac{a}{b}=\dfrac{c}{d}$ 成立，则有 $\dfrac{a}{b}=\dfrac{a-c}{b-d}$ 成立。

我们现在可以把这一过程应用于以上比例中，于是

$$\frac{x}{y}=\frac{u-z}{(w+z)-(u+w)}=\frac{u-z}{z-u}$$

$$=\frac{-(z-u)}{z-u}=-1。$$

从而我们得到 $x=-y$ 的结论，或者说 $x+y=0$ 的结论。但梯形两底长度之和怎么能够为零呢？一定是什么地方出了错。现在就让我们回头看看，这个结论究竟是怎么得出来的吧。

现在让我们处理早些时候的两个等式：$\dfrac{x}{y}=\dfrac{u}{w+z}$ 和 $\dfrac{x}{y}=\dfrac{z}{u+w}$，用 x、y、w 来表示 u 和 z。对于第一个等式，我们可以得到：

$$yu=x(w+z)，$$

$$yu=xw+xz，$$

$$xz-yu=-xw。$$

对于第二个等式，我们可以得到：

$$yz=x(u+w)，$$

$$yz=xu+xw，$$

$$yz-xu=xw。$$

现在，通过让这两个新的等式相加，我们可以得到：$(xz-yu)+(yz-xu)=(xz+yz)-(yu+xu)=0$。然后整理各项，可以写出下

面的等式：$z(x+y)-u(x+y)=0$。提取公因式$(x+y)$，原等式变成了$(x+y)(z-u)=0$。

与平常一样，因式中有一个为零，就可以满足这一等式。在上面的"证明"中，我们忽略了$(z-u)$等于零的可能性，而只是假定$(x+y)$等于零。然而，正常的逻辑告诉我们，作为梯形两底长度之和，$(x+y)$很显然是不会为零的，所以$(z-u)$必定等于零。由此，上面的分式$\dfrac{-(z-u)}{z-u}$就变成了$\dfrac{0}{0}$，而这是没有意义的！

189 为风筝形作内切圆：落入了错误的陷阱[5]

风筝形是四边形的一种，其中两组相对的邻边相等；或者可以说，一个风筝形是由两个等腰三角形构成的，这两个等腰三角形共享一条底边，且没有其他部分重合。在图 4.62 中，四边形 *ABCD* 是一个风筝形。为确定这个四边形的内切圆的圆心 *I*，我们只需要连结对边的中点，两条连线的交点即内切圆的圆心。要作出这个圆，我们还需要确定半径的长度。为此，我们只要从圆心向一条边作垂线，圆心至垂足的距离即半径。我们在图 4.62 中选用的边是 *AB*，*IP* 为其垂线。

这一相当简洁的作图似乎对图 4.62 中所示的风筝形有效，但并非对所有风筝形都有效。然而，它对于同时也是菱形的风筝形（见图 4.63）也是有效的。当然，因为正方形也是菱形的特例，所以它对正方形也有效；此时，每条边的中点也是内切圆的切点。

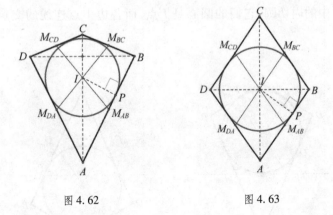

图 4.62　　　　　　　　　图 4.63

遗憾的是,这个对图 4.62 有效的简洁作图法有时却被认为对所有风筝形都有效。正如我们在图 4.64 和图 4.65 中看到的,事实并非如此。

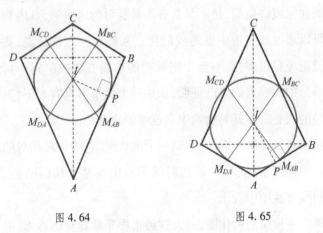

图 4.64　　　　　　　　　图 4.65

尽管如此,所有凸风筝形都有一个内切圆,也就是说,都有一个能与它的四条边相切的圆。要确定这一内切圆的圆心,我们需要作风筝形的每一个角的角平分线。我们将考虑图 4.66 和图

190

4.67 中的内切圆,它们的圆心是 I 点,而各边中点连线的交点是 I' 点。

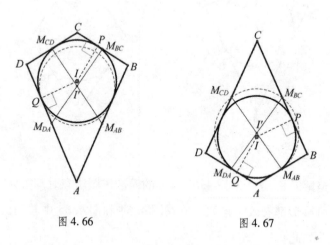

图 4.66   图 4.67

191　　现在你或许会想,是不是会有不是菱形的风筝形,其内切圆的圆心可以通过其对边中点连线的交点来确定? 也就是说,我们怎样才能避免犯错误,而不至于把最初的作图方法推广到一切形式的风筝形中去? 人们业已证明,如果一个风筝形具有如下特征,其内切圆的圆心就在其对边的中点连线的交点上。

我们可以在图 4.68 中看到一个风筝形,它的一对相对的顶点位于一个椭圆上,而另一对相对的顶点则在这个椭圆的焦点上。作图的线可在图中看出。

推广一种简洁的作图方法,这种错误非常具有诱惑力,但我们必须有足够的理由才能这样做。一旦找到了其限度所在,这样的错误推广就能让我们更全面地把握风筝形的性质,并看出风筝形与椭圆之间的关系。

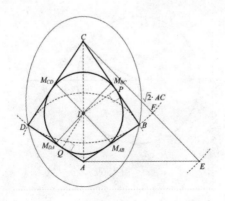

图 4.68

圆内任意一点也在这个圆上

192

　　现在让我们考虑这一矛盾的说法:圆内的任意一点也在这个圆上。这种说法听起来很可笑,但我们能为它提供一项"证明"。这里面一定有错误,否则我们在逻辑上无法自圆其说。

　　我们的"证明"从半径为 r 的圆 O 开始(见图 4.69)。然后我们令 A 为圆内除圆心外的任意一点,目标是"证明"点 A 实际上在圆上。

　　我们将这样进行证明作图:延长 OA,令 B 为这条延长线上的一点,其位置可使 $OA \cdot OB = OD^2 = r^2$。(显然 OB 的长度大于 r,因为 OA 比 r 短。)AB 的垂直平分线与圆交于 D、G 两点,而 R 是线段 AB 的中点。我们现在有 $OA = OR - RA$ 与 $OB = OR + RB = OR + RA$。

　　所以,$r^2 = OA \cdot OB = (OR - RA)(OR + RA)$,或者说,$r^2 = OR^2 - RA^2$。

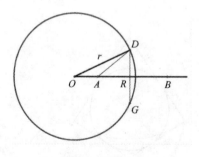

图 4.69

193   然而,对三角形 ORD 应用毕达哥拉斯定理,可得: $OR^2 = r^2 - DR^2$;对三角形 ADR 再次应用这一原理,可得: $RA^2 = AD^2 - DR^2$。所以,由于 $r^2 = OR^2 - RA^2$,我们有 $r^2 = (r^2 - DR^2) - (AD^2 - DR^2)$,该式可以化简为 $r^2 = r^2 - AD^2$。这就意味着 $AD^2 = 0$,即 A 点与 D 点重合,也就是说 A 点位于圆上。因此,我们已证明,在圆内的点 A 同时也在圆上。肯定在什么地方出错了!

    这一证明的谬误之处在于:我们在画辅助线的时候有两个条件:1)它是 AB 的垂直平分线,2)它也与圆相交。但实际上,AB 的垂直平分线上所有的点都在圆外,所以不可能与圆相交。

    让我们一步步地走完下面的代数过程:

$$r^2 = OA \cdot OB,$$

$$r^2 = OA(OA + AB),$$

$$r^2 = OA^2 + OA \cdot AB。\ (1)$$

    我们的"证明"假定 $OA + \dfrac{AB}{2} < r$。将不等式的两边同时乘以 2,可以得到 $2 \cdot OA + AB < 2r$。

    将不等式两边同时平方,我们得到:

$$4 \cdot OA^2 + 4 \cdot OA \cdot AB + AB^2 < 4r^2 \text{。 (2)}$$

用 4 乘以等式(1),我们得到 $4 \cdot r^2 = 4 \cdot OA^2 + 4 \cdot OA \cdot AB$。代入不等式(2),我们得到 $4r^2 + AB^2 < 4r^2$,即 $AB^2 < 0$,这当然是不可能的。

这里的错误提醒我们,如果我们想让某些点获得一些它们本来不可能获得的性质时,就必须格外小心。也就是说,在画辅助线的时候,我们必须留意,让它们只使用一个条件。

所有圆都有同样的周长?

有时候,实际的观察结果让人难以解释,甚至看上去是矛盾的。例如,我们知道,当一个圆沿一条直线滚动了一个完整的周期之后,它经过的整个路程的长度即是它的周长。在图 4.70 中,当较大的圆从 A 点运动到 B 点的时候,它经过的路程是长度 AB,该

194

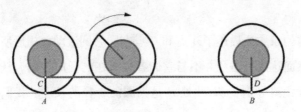

图 4.70

长度等于它的周长。当设想两个周长并不相等的同心圆滚动时,我们会想知道,在同样的时间内,较小的那个圆是怎样与大圆一样走过了与大圆周长相同的距离的呢?这一点可以从图 4.70 中看出,图中 AB 与 CD 相等。换言之,小圆与大圆的周长相等。这一

悖论可以追溯到亚里士多德。这怎么可能呢？什么地方错了？

在这一滚动过程中，如果我们观察这两个圆中每一个圆上的一个定点，就会注意到，点 A 和 C 走过的路径是摆线，见图 4.71。

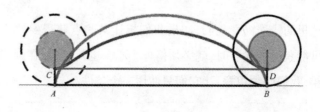

图 4.71

195 　　多转几圈之后，这种情况就更加清楚了，见图 4.72。

图 4.72

这两条曲线描述了 A 点和 C 点在同心圆滚动两周后所走的路径。然而这两条路径并不与它们各自所在的圆周等同。从 A 到 B 的直线距离等于 $2\pi R$，此处 R 是大圆的半径的长度。我们可以清楚地看出，在 A 点与 B 点之间的摆线的曲线长度大于大圆的周长。在这两个圆上的点的摆线的长度依赖于圆的周长。相当有趣的是，如果半径是一个整数，那么摆线的长度也会是一个整数。[6]

认为所有圆都有同样的协同动作，这一错误来源于人们假定两个圆在同时转动。我们面对的谬误实际上并不是几何上的而是力学上的。在同一时间内只有一个圆在转动。如果较大的圆在转动,则较小的圆只是在跟着它滑行。如果是较小的圆在转动,则较大的圆会或多或少有些向后滑行。这里的错误在于,人们没有意识到,车轮并不是一起转动的。当一个车轮转动的时候,另外一个车轮只是在随之滑行。因此,这个错误是力学上的。

转动的圆的进一步欺骗

首先,我们把两个相切的硬币放到桌上,并让两个硬币中的一个保持静止,另一个则无滑动地绕着第一个转动,直至它回到初始点,也就是说,让动圆的圆心到达它开始转动时的那一点为止(见图4.73)。

图 4.73

196   由于这两个硬币是完全一样的,现在的问题是,转动的硬币在刚好围绕固定硬币转动了一周之后,它自己转动了多少周? 对于这个问题的典型回答是一周。但这个回答是错误的。

那么,正确答案是什么呢? 我们将在动圆每绕固定圆转动四分之一周的时候观察运动圆的圆心 M_a,观察的结果可由图 4.74 至图 4.78 看出,图中 M_a 点沿着虚线显示的辅助圆 c_{aux} 运行。

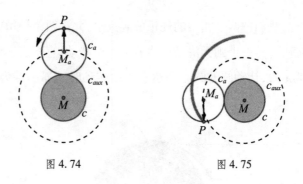

图 4.74　　　　　　　　　图 4.75

197   我们注意到,在图 4.76 中,运动的圆结束了一次转动,因为点 P 再次处于端点位置。随后,当转动的硬币到达它最初的位置时,它将完成两周旋转。这与直觉不符,是人们未曾预料到的,而直觉通常导致对原有问题的错误回答。顺便说一句,人们称 P 点所描绘的路径为外摆线。实际上,因为我们论及的两个圆大小相等,所以人们称这种带有尖头的特定外摆线为心脏线。

为了让大家对这种运动有着更为直观的感觉,我们将在从图 4.79 到图 4.87 的 9 幅图中,以每次增幅 90°的速率给出动圆的位置图形。或许你愿意尝试做一下这样的工作。你可以让一枚 1 美

198   分的硬币绕着另一个固定的同样的硬币转动,同时在转动过程中

不时记录下硬币上亚伯拉罕·林肯头像的位置,但要注意不让转动的硬币滑动。这将有助于清除开始时可能有的错误。

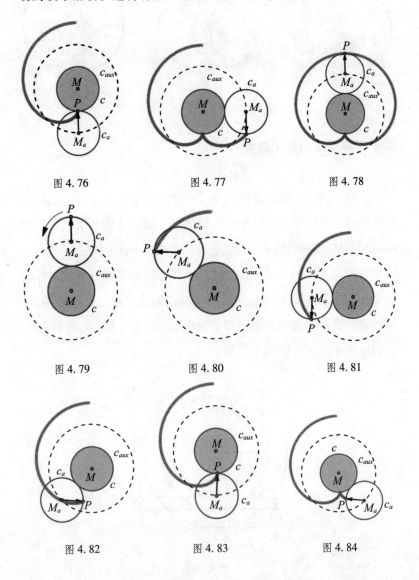

图 4.76　　　　　　图 4.77　　　　　　图 4.78

图 4.79　　　　　　图 4.80　　　　　　图 4.81

图 4.82　　　　　　图 4.83　　　　　　图 4.84

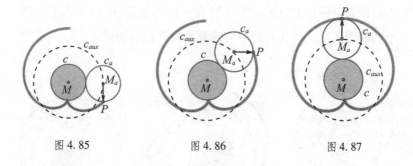

图 4.85　　　　　　　　图 4.86　　　　　　　　图 4.87

199　基于正确原理的普遍错误

几何学的一个基本概念是:两个相似形的面积比等于它们的对应线段的比率的平方。但如果我们把这一原理应用到下面的问题中,就会得到错误的结果。现在让我们考虑一下这个问题吧。

我们从两个同心圆开始。这两个同心圆的半径分别是 a 与 b,其中 $a > b$。我们的任务是在这两个圆之间找出第三个同心圆,使最外边的圆环的面积是里面那个较小的圆环的 2 倍(见图 4.88)。我们令所求的这个圆的半径为 x。

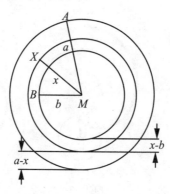

图 4.88

现在让我们应用上面提到的那个原理。两个相对应的部分可以是圆之间的距离,或者说是这两个圆环的宽。所以,最外边的那个圆环的宽是 $a-x$,最里边的那个环的宽是 $x-b$。然后我们得到了下面的比例:

$$\frac{(a-x)^2}{(x-b)^2} = \frac{2}{1}。\ (\ *\ )$$

解这个关于 x 的方程,我们有以下过程:

$$(a-x)^2 = 2 \cdot (x-b)^2,$$

$$a^2 - 2ax + x^2 = 2 \cdot (x^2 - 2bx + b^2) = 2x^2 - 4bx + 2b^2,$$

$$2x^2 - 4bx + 2b^2 - a^2 + 2ax - x^2 = 0,$$

$$x^2 + 2x(a-2b) - a^2 + 2b^2 = 0,$$

$$x = -a + 2b \pm \sqrt{(-a+2b)^2 + a^2 - 2b^2}$$

$$= -a + 2b \pm \sqrt{a^2 - 4ab + 4b^2 + a^2 - 2b^2}$$

$$= -a + 2b \pm \sqrt{2a^2 - 4ab + 2b^2}$$

$$= -a + 2b \pm \sqrt{2(a^2 - 2ab + b^2)}$$

$$= -a + 2b \pm (a-b)\sqrt{2}。$$

遗憾的是,x 的这两个值都是错误的! 所以,我们一定在什么地方犯了错误。

我们的错误就发生在第一步,即用"$*$"标注的那个比例式上面。

我们错误地用圆环的宽而不是圆的半径来处理单个的圆,我们需要将这些圆的面积相减才能得到圆环的面积。

如果我们令 A_a、A_b 和 A_x 代表半径分别为 a、b、x 的圆的面积,就可以建立要求的两个圆环的面积 A_{a-x} 和 A_{x-b} 的表达式了：

$$A_{a-x} = A_a - A_x = \pi \cdot a^2 - \pi \cdot x^2 = \pi \cdot (a^2 - x^2),$$

$$A_{x-b} = A_x - A_b = \pi \cdot x^2 - \pi \cdot b^2 = \pi \cdot (x^2 - b^2)。$$

由于 $A_{a-x} = 2 \cdot A_{x-b}$，我们得出 $\pi \cdot (a^2 - x^2) = 2\pi \cdot (x^2 - b^2)$，并从该式得出：

$$\frac{a^2 - x^2}{x^2 - b^2} = \frac{2}{1},$$

这与我们开始时"应用"相似原理得到的公式有着明显的差别。

现在我们正确地进行运算，即可得到：$a^2 - x^2 = 2x^2 - 2b^2$，所以 $x^2 = \dfrac{a^2 + 2b^2}{3}$，由此可以得出：$x = \sqrt{\dfrac{a^2 + 2b^2}{3}}$。我们舍去了负值解，因为我们现在处理的是线段的长度。

201　环绕赤道的绳子：我们的直觉错误

数学中的错误也可以是判断的错误，也就是说，人们之所以出错，是因为正确的答案与直觉有所不同。让我们考虑地球这一行星的情况，用一根绳子紧紧地把赤道缠起来。我们不妨假定地球为一个完美的球体，赤道长度刚好为 40000 千米。同时假定，沿着赤道，地球有着一个光滑的表面；我们做出这些假定，只是为了让下面的计算变得简单一些。

现在我们把这根绳子刚好放长 1 米。把这条现在放松了的绳子均匀地放置在地球表面的上方（见图 4.89）。现在的问题是：能不能把一只老鼠放在绳子下面？[7]我们不出意外地会给出错误的答案:很显然这是不可能的。

图 4.89

我们已经把赤道和赤道上方的绳子看成了两个完美的圆,而确定这两个圆之间的圆周相距多远的传统方法,是算出它们的半径之间的差别。我们令 r 为赤道的半径(周长 $= C$),并令 R 为绳子形成的圆的半径(周长 $= C + 1$),见图 4.90。

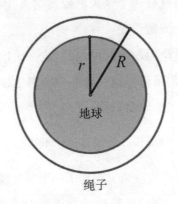

图 4.90

根据我们熟知的周长公式:

202

$$C = 2\pi r, \text{由此有 } r = \frac{C}{2\pi},$$

以及

$$C + 1 = 2\pi R, \text{由此有 } R = \frac{C+1}{2\pi}。$$

我们需要计算出这两个半径之间的差,根据以上公式,这一差值是:

$$R - r = \frac{C+1}{2\pi} - \frac{C}{2\pi} = \frac{1}{2\pi}。$$

分子中的"1"代表的是 1 米。所以,我们得到了:

$$R - r = \frac{1\,\text{m}}{2\pi} = \frac{100\,\text{cm}}{2\pi} \approx 15.9\,\text{cm} = 0.159 \text{ 米}。$$

哇!这个长度比一只老鼠爬过需要的空档 6.25 英寸还要多一点儿呢。

你一定很欣赏这样一个令人吃惊的结果,因为我们以前出于直觉的回答显然会导致错误。

在尝试回答这个问题的时候,我们或许采用了一个非常强有力的解题策略,人们可以把这一策略称为考虑极端情况。你应该意识到,上面的解与地球的半径 r 无关,因为最后得到的公式并不包括在计算中存在的周长。只要计算 $\frac{1}{2\pi}$ 即可。

在这里我们利用极端情况得到了一个非常精彩的解答。假设上面的内圆非常小,小到半径几乎为 0,这就意味着,实际上这个半径只不过是一个点。在这种情况下,我们要求的半径差实际上就是 $R - r = R - 0 = R$。所以,我们要求的就是大圆的半径,由此解决了问题。我们在大圆的周长问题上应用周长公式：

$$C+1=0+1=2\pi R，并由此得出 R=\frac{1}{2\pi}。$$

最初的错误答案让我们得到了两件漂亮的小宝贝。首先，它揭示了一个我们一开始完全没有想到的惊人结果；其次，它为我们提供了一个很好的解决问题的策略，在我们以后的工作中，它可以成为一个十分有用的模式。[8]

另一根环绕赤道的绳子：再次违背直觉！

直到现在为止，我们的绳子始终是同中心拉紧的，也就是说，绳子的每一点都受到了均匀的拉力。这次的情况将不再如此。这次对绳子的拉力将来自一个点，就好像地球悬挂在一个钩子上一样。

绳子的长度再次被延长了 1 米。但它这次受到的拉力不再是同中心的，而是来自一点，以便使绳子离开地球表面的程度达到最大，见图 4.91。

我们可以把这条绳子从地球表面"拉开"多远？

大部分人对前面有 15.9 厘米可让老鼠爬过感到震惊。这次这个从一点拉开绳子的问题的结果同样会让我们吃惊。该结果显然也是一个会让我们得到错误结论的悖论。

当绳子的所有其他部分紧贴着地球表面的时候，绳子多出赤道长度 1 米而造成的结果是，在来自一点的拉力的作用下，绳子的顶端高出地球表面的距离达 122 米。

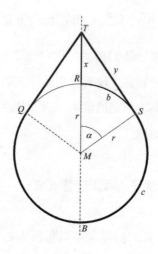

图 4.91

让我们看看为什么会发生这样的情况。这一次,答案显然与地球的大小有关,而且不能仅靠 π 解决问题,但请大家记住,π 还是重要的。这条比地球赤道的周长还要长 1 米的绳子受到的拉力来自地球外一点 T,绳子受到力的作用而绷紧,其所有部分都紧贴地球,只在到了它与地球的切点 S 与 Q 两点时才分离。我们试图算出 T 点到地球表面的距离。这就等同于,我们要算出 x 或者说 RT 的长度。需要记住的是,从 B 通过 S 至 T 的长度比地球周长的一半大 0.5 米,因此有 BS + ST = BSR + 0.5(米),我们将尝试算出 TR 的长度。

让我们回顾一下:绳子紧贴着弧 SBQ,直至 S 与 Q 点截止;S 分别与 Q 和 T 两点的连线是地球表面的两条切线。我们用 x 标注了绳子在地球表面上方的长度,并以 α 标注了相关的圆心角,α =

$\angle RMS = \angle RMQ$。

绳子的全长为 $2\pi r + 1$，因此我们可以得出以下关系：$y = b + 0.5$。

这等价于 $b = y - 0.5$（y 比 b 长 0.5 米，因为整条绳子延长了 1 米）。

我们将在三角形 MST 中以如下方式应用正切函数：$\tan \alpha = \dfrac{y}{r}$，所以 $y = r \cdot \tan \alpha$。

我们可以建立弧长与圆心角之间的比率关系，并得到如下表达形式：

$$\frac{b}{\alpha} = 2\pi \cdot \frac{r}{360°}，由此有 b = 2\pi \cdot r \cdot \frac{\alpha}{360°}。$$

此处 $c = 2\pi r$，由此可以计算地球的半径（假定赤道长度恰好为 40000000 米）：

$$r = \frac{c}{2\pi} = \frac{40000000}{2\pi} \approx 6366198（米）。$$

结合上面得到的等式，我们可以得到：

$$b = \frac{2\pi \cdot r \cdot \alpha}{360°} = y - 0.5 = r \cdot \tan \alpha - 0.5。$$

现在我们面临着一个两难处境，也就是说，利用传统方法，上面所得到的方程的解不是唯一的。我们将建立一个表格，把可能的解都罗列出来，以此确定哪一个解符合条件，即满足我们的方程。

我们把在前面计算所得的 r 值 $r = 6366198$ 米代入方程

$$\frac{2\pi \cdot r \cdot \alpha}{360°} = r \cdot \tan \alpha - 0.5。$$

α	$b = 2\pi \cdot r \cdot \dfrac{\alpha}{360°}$	$b = r \cdot \tan \alpha - 0.5$	两值之间的比较（即值中以**粗体**表示的数位）
30°	**3333333**.478	3675525.629	1
10°	**11**11111.159	1122531.971	2
5°	**55**5555.5796	556969.6547	2
1°	**1111**11.1159	111121.8994	4
0.3°	**33333**.33478	33333.13940	5
0.4°	**44444**.44637	44444.66844	5
0.35°	**38888**.89057	38888.87430	6
0.355°	**39444**.44615	39444.45091	6
更准确的：			
0.353°	**39222.22**392	39222.22019	7
0.354°	**39333.33**504	39333.33554	**8**
0.3545°	**39388.89**059	39388.89322	7
0.355°	**39444.44**615	39444.45091	6

206我们的各种试验表明，能让两个值最接近的数值出现在当 $\alpha \approx 0.354°$ 的时候。

对于这个 α 值，$y = r \cdot \tan \alpha \approx 6366198 \times 0.006178544171 \approx 39333.83554$（米），或者说大约 39334 米。

所以，这根绳子在它到达顶点的时候差不多有 40 千米长。但这条绳子高出地球表面多少呢？也就是说，x 的长度是多少？

对三角形 MST 应用毕达哥拉斯定理，可得 $MT^2 = r^2 + y^2$，即

$$MT^2 = 6366198^2 + 39334^2 = 40528476975204 + 1547163556$$
$$= 40530024138760。$$

所以，$MT \approx 6366319.512$ 米。

我们要求的是 x 的值：$x = MT - r \approx 121.512$（米），或者说大约 122 米。

这一结果很令人吃惊，因为我们凭直觉假定，对于 40000 千米的地球周长这样一个庞大数字来说，区区额外 1 米所造成的影响几乎是可以忽略不计的。但这种假定是错误的！球体越大，绳子从球体表面被拉开的距离就越远。

如果我们看看另一个极端情况，即把赤道的半径减少到零，就会得到 x 的最小值，也就是说，$x = 0.5$ 米。

一个出人意料的错误假定

有一个课题现在已经成了标准的中学几何课程的一部分，这就是变换，包括平移、旋转和反射。人们通常通过一条直线来给出反射的概念。然而，我们也可以在圆内反射一个图形。通常，一个图形经过反射变换之后，它仍然保持原来的形状不变。然而，当一个三角形通过一个圆来进行反射时，假定反射后的图像会保留三角形的图形，就有可能是错误的。让我们首先复习一下关于圆内的一点的反射。

人们也把这种反射叫作反演；它作用于原图形的各点，让它们同时从圆内向圆外的两个方向变换。设想有一个圆心在 M 点、半径为 r 的圆和该圆外的一点 P，如图 4.92 所示。为确定 P 点在圆内的反射，我们找出射线 MP 上的一点 P'，使得 $MP \cdot MP' = r^2$。

如果点 P 在圆上，则 P 的反射点是该点本身。如果 P 在圆

207

208

内,则我们先以 P 为垂足作 MP 的一条垂线,然后在这条垂线与圆相交的交点上作圆的切线,这两条切线的交点即反射点 P' 的位置。

　　另一方面,如果 P 点在圆外,则我们从 P 点向圆引两条切线,连结两个切点的弦与 MP 的交点即反射点 P'。见图 4.92。

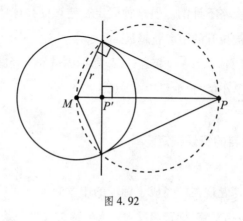

图 4.92

　　现在我们可以考虑原来的问题,即找出圆外的一个三角形在

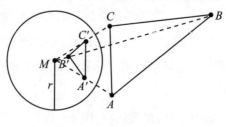

图 4.93

圆内的反射。在图 4.93 中,我们演示如何把三角形 ABC 的三个顶点分别反射为圆内的 A'、B' 和 C' 点。我们会觉得,现在要做的工作很简单,就是画出三角形 $A'B'C'$,并认为这个三角形就是原

来的三角形 ABC 的反射。但让我们感到十分吃惊的是,这个结论是错误的。

如果我们现在对三角形 ABC 的三条边的中点 M_a、M_b 和 M_c 进行反射变换,将分别得到 M'_a、M'_b 和 M'_c 三个点。我们注意到它们并不在三角形 $A'B'C'$ 上,如图 4.94 所示。原来的这种错误想法让我们渴望进一步研究这种变换。

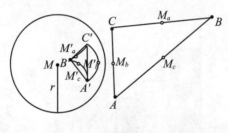

图 4.94

在通过圆心 M 反演(或反射)时,一条直线上的一些点将被反 209 射到包含 M 点的一个圆上。这就是说,线段 AB 反射变换的结果是包含 M 点的圆的一段圆弧 $A'B'$。

误导人的极限

我们切不可对极限的概念掉以轻心。这是一个非常复杂的概念,很容易遭到误解。有时候,围绕这个概念的一些问题是相当难以把握的。对这些问题的错误理解可以导致一些相当可笑的情况(或者说是很幽默的情况,这取决于你自己的观点)。下面两项说明可以很好地显示了这一点。不要对你将看到的结论感到过分不安;要记住,这只不过是娱乐而已。让我们首先分别考虑这两个问题,然后注意它们之间的关系。

人们可以很容易地从图 4.95 看出,以粗体表示的线段("台阶")的长度和是 $a + b$,因为垂直方向的粗体线段长度之和等于 OP 的长度,即 a;而水平方向的粗体线段长度之和等于 OQ 的长度,即 b。

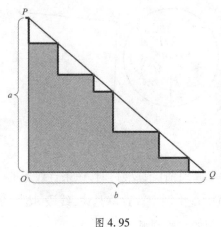

图 4.95

210　　　　以粗体画出的线段("台阶")的长度之和是 $a + b$,是由所有垂直方向的线段和水平方向的线段相加得到的。如果台阶的数目增加,其总和仍旧是 $a + b$。我们不断增加台阶的个数直至某个"极限",台阶的尺寸变得越来越小,直到它看上去就像一条直线。在图 4.95 中,这道台阶就会像直角三角形 POQ 的斜边 PQ 一样。这个时候就会出现一个悖谬:PQ 的长度是 $a + b$。但我们从毕达哥拉斯定理知道,$PQ = \sqrt{a^2 + b^2}$,而不等于 $a + b$。那么,什么地方出错了呢?

什么都没错!当这段台阶越来越接近直线段 PQ 的时候,它的长度,即以粗体显示的水平和垂直线段长度的和,并没有因此而趋近于 PQ 的长度,这一点与我们的直觉相反。这里并不存在矛盾,只是我们的直觉出现了失误而已。

另一种"解释"这种两难处境的方法是以下列方法进行论证。当"台阶"变小的时候,它们的数目增加了。在最极端的情况下,在进行了无数次的分割之后,我们可以把单个台阶在每个维度上的长度都视为零,这就导致了 $0 \cdot \infty$ 的形式,而这是没有意义的!事实上,无论台阶变得多么小,任一小直角三角形的两条相邻直角边长度之和,都不会等于同一三角形的斜边。这或许不那么容易看出来,但这是研究极限时会面对的危险之一。

说几句离题的话。当考虑自然数的集合 $\{1,2,3,4,\cdots\}$ 时,我们或许会认为它大于所有正偶数的集合 $\{2,4,6,8,\cdots\}$,因为所有正奇数都不在第二个集合内。然而,因为它们都是无穷集合,所以它们的大小是一样的!我们的推理如下:对于自然数集合中的每一个数字,在正偶数集合中总有一个数字与其对应,因此它们的大小是相等的。与直觉矛盾?是的,但这就是我们在考虑无穷的时候会发生的事情。

看起来是无穷在跟我们玩游戏。但问题是,当我们跟无穷打交道的时候,就不能再像过去讨论有限集合那样讨论集合的相等了。最开始的台阶问题上,也同样如此。我们可以画出有限个台阶,但是不能画出无穷个台阶。问题就在于此。

一个类似的情况也出现在下面的例子中。在图 4.96 中,一系

211

列较小的半圆从较大的半圆的直径的一端向另一端依次排列。

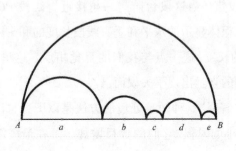

图 4.96

212   很容易证明,小半圆的弧长之和与大半圆的弧长相等。也就是说,小半圆的弧长之和为

$$\frac{\pi a}{2} + \frac{\pi b}{2} + \frac{\pi c}{2} + \frac{\pi d}{2} + \frac{\pi e}{2} = \frac{\pi}{2}(a + b + c + d + e) = \frac{\pi}{2} \cdot AB。$$

最后那个表达式正是大半圆的弧长。这似乎不是那么回事,但实际上却正是这么回事!事实上,当我们增加小半圆的数量(当然,这样做就让半圆变得更小了)时,它们的弧长之和"看上去"接近线段 AB 的长度,也就是说,$\frac{\pi}{2} \cdot AB = AB$。

把这种状况再往前推进一步:如果我们令 $AB = 1$,则会得出 $\pi = 2$,我们当然知道这是错的!

再一次,由小半圆组成的集合看上去的确接近直线段 AB 的长度。然而,这并不意味着,小半圆的弧长之**和**会接近**长度**的极限,即 AB 的长度。

这个"看上去明显的极限和"是荒谬的,因为,连结 A、B 两点的最短距离是直线段 AB 的长度,而不是半圆弧 AB,后者等于小半圆弧长之和。这是一个重要的概念,或许通过这样生动有趣的例子能对其进行最好的解释,这样就可以避免以后的误解。

哪种答案是错误的?

让我们看看图 4.97 中的图形,然后回答这一问题:下面这些 213 对这一图形的可能描述,哪一种是错误的?

图 4.97

1. 这是一个画出了对角线的正方形。

2. 这是一个以正方形为底的金字塔形的俯视图。

3. 这是一个正四面体的侧视图。

这些答案都没有错误,从图 4.98 至图 4.100 的 3 幅图中可以看出这一点。

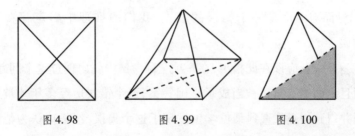

图 4.98　　　　图 4.99　　　　图 4.100

一个基于直觉的普遍错误：合并两个金字塔形

在图 4.101 和图 4.102 显示的金字塔形 *ABCD* 和 *EFGHI*
中，除了底面 *FGHI* 之外，其他所有的面都是等边三角形，且不
同三角形的各边也相等。如果我们把 *ABC* 面放到 *EFG* 面上，
令两个三角形的各顶点都重合，那么，所得到的新立体有多少
个面？

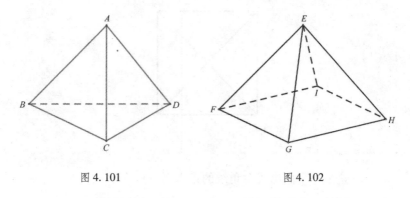

图 4.101　　　　　　　　　图 4.102

214　在尝试解决这个问题的时候，典型的思考方法是首先注意
到，当我们把两个金字塔形放到一起，令两个面完全重合的时
候，每个金字塔形都失去了一个面，于是新立体的面的数量应该
是从总面数中减去 2。所以，人们预期的答案是有 4 + 5 − 2 = 7
（个）面。但这是一个错误的答案，我们的推理中必定存在着
错误。

有一点应该在此指出，在一项全国考试中就出现过这个问题，
而且上面的答案还被当成了正确答案，这个错误历经多年才被发
现并得到纠正。[9]直到某位学生发现了这个失误，他坚持认为他的

答案正确，人们这才认识到了这一答案的错误。事实上，如果我们把这两个立体放到一起，并让其中两个等边三角形重合，其他的面就会合并形成两个菱形，这也意味着有四个等边三角形的面合并形成了两个菱形面，如图4.103所示。在新的立体中，三角形 *ACD* 和三角形 *EFI* 构成了一个菱形，三角形 *ABD* 和三角形 *EGH* 也构成了一个菱形。所以，由两个立体合并而成的新立体的正确面数是5个。

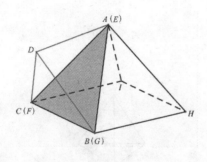

图 4.103

金字塔形 *EFGHI* 具有正方形底面 *FGHI* 和等边三角形侧面 *EFG*、*EGH*、*EHI* 和 *EFI*，它是一个正八面体的一半。让我们考虑另外一个四面体，它的棱长是前述四面体棱长的两倍。如果我们在这个立体的每条棱的中点处进行切割，去掉它的四个顶点，就可以得到一个正八面体。现在，我们从这个正八面体出发，把它分隔成两个以正方形为底面的金字塔形。这个五面体是由大四面体的一角和八面体中间部分的一半组成的，它证明了在我们的假设中存在的菱形实际上在一个平面上，而且没有沿着一条对角线发生弯曲（见图4.104和图4.105）。

215

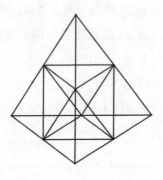

图 4. 104

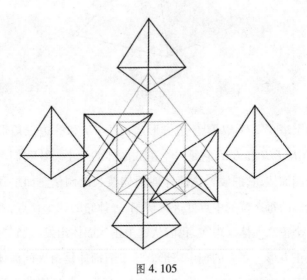

图 4. 105

一个学生的错误导致了正确的答案[10]

有人让一个学生用彩色纸覆盖一个敞开的盒子的内表面和外表面,这个盒子的尺寸是 $a=20\text{cm}, b=10\text{cm}, c=5\text{cm}$,长度 c 是盒子的高(图 4.106)。问题是,需要多少彩色纸才能覆盖所有这些矩形表面?

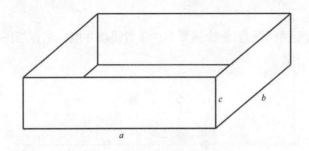

图 4.106

在事前没有进行仔细考虑的情况下,这位学生做出了如下计算:

$$A = a \times b \times c = 20 \times 10 \times 5 = 1000 (\text{cm}^2)。$$

但令人感到奇怪的是,这一答案在数值上是正确的! 随后进入我们脑海的问题就是:这个错误的过程是怎样导致正确答案的呢? 我们知道,正确的解法应该是如下过程:

$$A = 2(ab + 2ac + 2bc) = 2ab + 4ac + 4bc = 4c(a + b) + 2ab$$
$$= 4 \times 5(20 + 10) + 2 \times 20 \times 10 = 1000。$$

是的,我们确实获得了和那位学生相同的答案。但事情总是如此吗? 在什么情况下,以下等式成立?

$$a \cdot b \cdot c = 4c(a+b) + 2ab$$

217　　　人们已证明,存在着 56 组 $a \geqslant b$ 的 a、b、c 三整数组合能使上式成立,其中之一是 $a = b = c = 10\text{cm}$(这将形成一个敞开的正方体盒子),还有一组是 $a = 220\text{cm}, b = 5\text{cm}, c = 11\text{cm}$。

常见的几何把戏中的错误尝试

这里的问题是:至少需要多少条直线段才能一笔连结图4.107中的 6 个点?

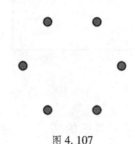

图 4.107

对这个问题的典型回答是 5 条线段,这也通常是图 4.108 中的 4 种画法之一。但用这些方法来连结这 6 个点,我们使用的线段数目最少吗?

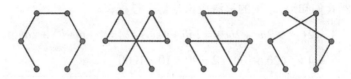

图 4.108

正如你所预期的那样,答案是否定的。用不着那么多条线段。

在这里,人们的心理误区是:他们认为,每条线段的端点都必
须是这些点中的一个。正如你从图4.109中看到的那样,我们可以
用4条线段连结这些点。

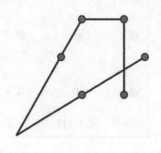

图 4.109

当线段的端点必须在给定点上这个限制不复存在之后,我
们甚至有一个更好的解法,即用3条线段连结这些点,如图
4.110所示。

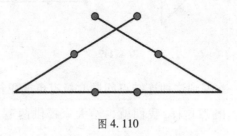

图 4.110

对于下个问题来说,我们早些时候的错误应该具有指导意义。

我们这次面对的问题,是如图4.111所示的9个点,要求我们
用一笔画出的4条线段把它们连结起来。

219   我们通过先前的错误学到了一些东西,所以应该能够得到如图 4.112 所示的正确答案。

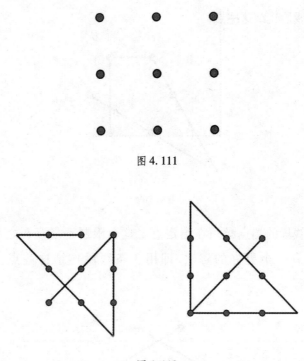

图 4.111

图 4.112

读者第一次遇到这种连结点问题时极有可能犯错误,但现在他们不会了。既然这样,我们就再给大家提供两道有挑战性的问题。

1. 考虑如图 4.113 所示的 12 个点,用一笔画出的最多 5 条线段将它们全部连结,并回到出发点。

220   本题题解见图 4.114。

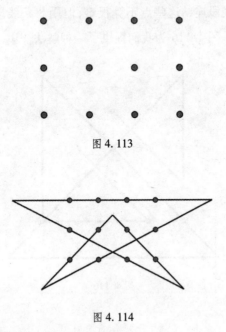

图 4.113

图 4.114

2. 考虑如图 4.115 所示的 25 个点，用一笔画出的最多 8 条线段将它们全部连结，并回到出发点。

图 4.115

221　　　　画 9 条线段连结这些点不算很难,但用 8 条线段就变得相当
有挑战性了。图 4. 116 为我们提供了一种解法。①

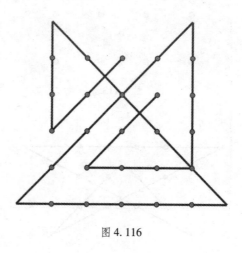

图 4. 116

222　**意料之中的错误答案**

有一个问题,大部分人——包括许多数学家在内——都会给
出错误的答案。如图 4. 117 所示,我们要处理的是这样三个图
形,其中一个是边长为 1 的正方形,一个是直径为 1 的圆,还有
一个是底与高的长度都是 1 的等腰三角形。是否存在一种立
体,如果从三种不同的方位观察,呈现的视图是以上三个图形?
典型的回答是不能,但这是错误的。你将看到,这样一个立体形
确实存在。

———————————

① 原文如此,但图 4. 116 的解法并未"回到出发点"。——译者注

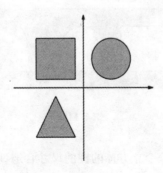

图 4.117

很显然,从三个不同方向观察一个立体,如果要看到正方形,那么这样一个立体是很容易找到的。当我们从三个不同方向观察一个棱长为 1 的正方体时,看到的都是正方形。当我们从不同方向观察一个直径为 1 的球体时,看到的都是如图 4.117 所示的圆。对于一个高为 1,底面直径为 1 的圆柱体,如果我们从不同的方向观察,有时会看到如图 4.117 所示的圆,有时会看到正方形。然而,要找到一个立体,让我们从不同方向观察它时看到以上三种不同的图形,这似乎是项不可能完成的任务,所以,人们通常给出的是我们上面指出的错误答案。

正如我们通常预期的那样,甚至数学老师也觉得,找到能够给出这三种不同视图的立体几乎是不可能的,因此他们也给出了错误的答案。

现在假定,我们把这三个图形画在硬纸板上剪下来,如图 4.118 所示。我们看看是否可以找到某些立体,它们刚好可以穿过硬纸板上留下的缺口。

223

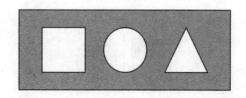

图 4.118

很显然,只要一个立方体的棱的尺寸合适,就可以通过硬纸板上的正方形缺口。一个直径为 1 的球体或者一个底面直径为 1 的圆柱体刚好可以通过圆形缺口。一个底面与切下的等腰三角形全等的棱柱也可以通过三角形缺口。

然而,我们要找的,必须是一个刚好能通过硬纸板上全部三个缺口的立体。用以下方式,我们或许可以作出一个符合条件的立体。这个方式就是:从一个棱长为单位 1 的正方体出发,先从中切出一个圆柱体来,见图 4.119,然后把所有不属于一个正棱锥的部分全部剔除。

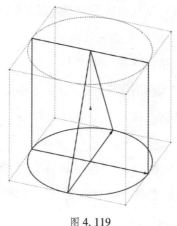

图 4.119

我们在图 4.120 中看到的是在这一立体的表面上的各条切 224
割线。

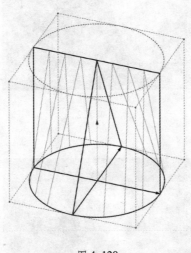

图 4.120

在从图 4.121 到图 4.124 中,我们看到的是最后成形的立体
的照片。

图 4.121

图 4. 122

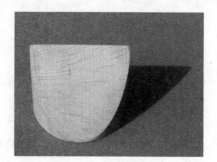

图 4. 123

图 4. 124

　　图 4.125、4.126 和 4.127 显示的是从三个方向观察这一符合 225
要求的立体时会得到的视图,它们给出了我们所要寻找的三个平
面视图。

图 4.125

图 4.126

图 4.127

正如你所看到的,在这里,观察一个立体图形的角度很重要,同时也可能具有欺骗性。

就这样,我们看到了形形色色的几何错误。这里面的很多错误都让我们对几何原理有了更深刻的理解。那些被人视为"悖论"的错误,也让我们看到了种种我们经常遇到但未加注意的误解。总而言之,通过在几何错误中的漫游,我们对几何学的理解和认识极大地加深了。

第五章 概率论和统计学中的错误

在日常生活中,我们可能经常会听到某人说起他"能够操纵统计"。这通常指的是,一个人强调统计学中有利于他观点的那部分,贬抑对他观点不利的部分。马克·吐温在他的《我的自传》(1906 年发表在《北美评论》上)中写了一段今天广为引用的话:"世界上有三种谎言,它们分别是谎言、该死的谎言和统计数字。"由此可见,人们对数学的这一分支的评价不高。在这一章中,我们将给大家看几个似乎支持这种说法的错误理念,因为这些理念的基础是错误的思维或者错误的计算。但不管怎么说,我们给出的错误首先会让人不安,但接着就会(至少我们希望如此)符合人们对真正的概率论和统计思维的理解。

一个会导致错误结论的问题: 男孩的姐妹比女孩的多吗?

我们倾向于用例子来说明道理。假定有一个家庭有两个孩子,一男一女。男孩有姐妹,女孩没有姐妹。在这个例子中,男孩的姐妹比女孩的多。现在让我们举出另一个家庭的例子,这个家庭有三个孩子,一男二女。男孩有两个姐妹,而每个女孩只有一个姐妹。这种推理可以让我们得出结论,即男孩的姐妹确实比女孩的多。然而,这种推理方法是错误的。

实际上,男孩和女孩有同样多的姐妹;为了看出正确的推理方法是怎样一步步导出这一结论的,让我们考虑一个有两个孩子的家庭。在这里,孩子的性别分布情况有三种可能性:两个男孩、两个女孩、一男一女。对最后一种情况我们需要考虑两次,因为这可能是一个男孩和一个女孩,或者是一个女孩和一个男孩:在这里前后次序是很重要的。换言之,这里有四种情况,每一种情况出现的概率都相同:男孩 - 男孩、男孩 - 女孩、女孩 - 男孩,以及女孩 - 女孩。在第一种两个男孩的情况下,男孩们都没有姐妹。在两个女孩没有男孩的情况下,我们又一次得出了男孩没有姐妹的结论。在一个男孩一个女孩的情况下,男孩有一个姐妹,乘以 2,因为需要考虑的情况有两种。所以,在有两个孩子的家庭中,男孩的姐妹有两个,女孩的姐妹有两个,后者来自两个女孩的家庭。所以,对于有两个孩子的家庭来说,男孩和女孩的姐妹数似乎是一样的。

再往前推进一步,我们可以考虑一个有三个孩子的家庭,并将各种情况总结在下面的表格中。

组合	组合数	男孩的姐妹数	女孩的姐妹数
男,男,男	1	0	0
男,男,女	3	2×1	0
男,女,女	3	2	2×1
女,女,女	1	0	3×2

在这些三个孩子的家庭中男孩的姐妹会有 12 个(见表格中的第二与第三行),女孩的姐妹也有 12 个(见表格中的第三和第四

行)。我们又一次得到了男孩和女孩的姐妹一样多这一结论。我们可以把这个结论推广到有 n 个孩子的家庭中,在这些家庭中,男孩和女孩所拥有的姐妹数都是 $n(n-1)2^{n-2}$ 个。

很明显,这个问题并不像它表面看上去那么简单,而且很容易就会让人犯错误。

组合学和概率论中的错误

229

我们在这里给出两个很容易引起一些出人意料的错误的问题。这两个问题使我们对这章中会出现的内容有所警觉。

问题I:将总数为 6 人的运动员分为两队进行比赛,每队选取 3 名队员,共有多少种不同的选法? 这是一个组合问题,让我们看看两种不同的解法,并看看读者能否在我们给出答案之前找出错误。

解法 1:

为从 6 个运动员中选出 3 人组成第一队,我们可以根据简单的组合规则直接得到:

$$C_6^3 = \binom{6}{3} = \frac{6 \times 5 \times 4}{1 \times 2 \times 3} = 20。$$

这就告诉我们,存在 20 种可能的不同组队方式。第二队在第一组选好之后直接由余下的 3 名队员组成。所以,答案就是,从 6 名运动员中选取 3 人的方法有 20 种。

解法 2:

如果用 A、B、C、D、E、F 代表这 6 名运动员,我们可以用下面的表格给出各个不同的团队。

第一队	第二队		第一队	第二队
A,B,C	D,E,F		A,C,E	B,D,F
A,B,D	C,E,F		A,C,F	B,D,E
A,B,E	C,D,F		A,D,E	B,C,F
A,B,F	C,D,E		A,D,F	B,C,E
A,C,D	B,E,F		A,E,F	B,C,D

230　　　这份表格告诉我们,可以组成 10 支不同的团队。这似乎是说,在第一种解法和第二种解法之间存在显著的不同。因此,在什么地方一定出现了错误。

事实证明解法 1 是错误的,因为它显示了在组合中非常重要的一种失误。当我们在解法 1 中说我们已经选定了 3 名队员、其余 3 名队员默认选中为另一队时,有一个事实我们没有考虑在内。这个事实就是,前面选中的那 3 名运动员中的每一个已经在整个 20 种变化中复制了一次。也就是说,如果 ABC 是一个团队,则 DEF 是第二个团队;然而,当选中了 DEF 时,另一个队默认为 ABC。因此,团队 ABC/DEF 在第一种解法的计算中出现了两次。所以,解法 2 是正确的。

问题 II:在生产 100 个电动开关的过程中,人们发现其中有 5 个不合格。但现在知道,这 100 个开关中已经有 3 个被卖了出去。卖出去的 3 个开关全都不合格的概率有多大?

解法 1:

从已知的 100 个开关中选取 3 个开关,使用组合法则算得:

$$C_{100}^3 = \binom{100}{3} = \frac{100 \times 99 \times 98}{1 \times 2 \times 3} = 161700,$$

也就是从 100 个开关中选取 3 个开关的选法总数。

而在 5 个不合格开关中选取 3 个的选法总数是：

$$C_5^3 = \binom{5}{3} = \frac{5 \times 4 \times 3}{1 \times 2 \times 3} = 10。$$

所以,卖出去的 3 个开关都不合格的概率是 $\frac{10}{161700} = \frac{1}{16170} \approx$ 0.00006。

解法 2：

231

首先令 $P(S)$ 代表选择合格开关的概率,用 $P(\bar{S})$ 代表选择不合格开关的概率。然后我们可以通过以下方法算出选择这两种开关的概率：

$$P(S) = \frac{95}{100} = \frac{19}{20} = 0.95, P(\bar{S}) = \frac{5}{100} = \frac{1}{20} = 0.05。$$

然后,连续选到 3 个不合格的开关的概率就是这 3 个概率的乘积：

$$P(\bar{S}) \times P(\bar{S}) \times P(\bar{S}) = \frac{1}{20} \times \frac{1}{20} \times \frac{1}{20} = \frac{1}{8000} = 0.000125。$$

现在我们有了两种不同的解法。很清楚,第二种解法是错误的。

分开来说,当说到选取第一个开关时,$P(S)$ 和 $P(\bar{S})$ 这两种概率的计算都是正确的。然而,如果我们卖掉的第一个开关是不合格的,那么剩下的开关就只有 99 个了,在它们中间有 4 个是不合格的。所以,第二个被卖掉的开关也不合格的概率就不是 $\frac{5}{100}$,而是$\frac{4}{99}$了。同理,第三个被卖掉的开关再一次不合格的概率是$\frac{3}{98}$。所以,在卖掉的开关中连续出现 3 个不合格品的概率是上述三个概率的乘积:

$$P(\overline{S_1}) \times P(\overline{S_2}) \times P(\overline{S_3}) = \frac{5}{100} \times \frac{4}{99} \times \frac{3}{98} = \frac{1}{16179} = 0.00006。$$

当我们把这个答案与解法 1 比较时,就可以清楚地看出解法 2 是错误的,这是人们在计算这类概率论问题时经常犯的一种错误。

在迷你版的九宫格游戏中的错误论证

在九宫格游戏中,人们在 3 乘 3 的格子内排列数字,目标是令任何 3×3 格子内的各行与各列都不出现重复的数字。在这个例子的简化模型中,我们将使用较小的格子,使用的数字也只是 1、2、3 和 4。

我们的任务是把数字 1—4 放到如图5.1所示的正方形格子内,让其中任何一行或一列中都不出现重复数字,而且在象限 *I*、*II*、*III* 和 *IV* 中的任何一个中也不出现重复的数字。我们在这里要回答问题的是:我们可以用多少种方式来完成这一任务?

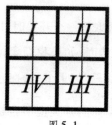

图 5.1

解法 1：

我们最先填充第一和第三象限的正方形（见图 5.2）。

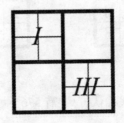

图 5.2

　　填充第一象限有 4! = 24（种）方式。填充第三象限的方式也有 4! = 24（种）。填充第一和第三象限是两个相互独立的行为，我们可以使用乘积法则，所以填充这两个象限共有 24 × 24 = 576（种）可能性。对于这 576 种方式中的每一种来说，填充另外两个象限要避免任何数字在任何行、列或者象限中重复出现。作为这种方法的一个例子，把图 5.3 视为 576 种方式中的一种，并看它是如何成为图 5.4 中的排列的。类似地，图 5.5 将进一步成为图 5.6。

1	2		
3	4		
		1	2
		3	4

图 5.3

1	2	4	3
3	4	2	1
4	3	1	2
2	1	3	4

图 5.4

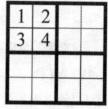

图 5.5　　　　　　　图 5.6

我们通过这种方式确认,总共有 576 种方式来完成这一游戏。

解法 2：

这个解题方法是首先以图 5.7 所示的方式完成数字 1—4 在第一象限中的填充。

在以第一象限的这种填充方式开始之后,我们考虑了其他象限的排列方式,得到如图 5.8 所示的其他象限的 12 种填充方式。

图 5.7

图 5.8

因为我们知道,在第一象限中填充数字的方式有 4! = 24 234
(种),所以可以用乘积法则来证明,在一个 4 乘 4 正方形中填充数字的方式有 24 × 12 = 288(种)。换言之,存在着 288 种可能的正方形,能让我们成功地完成这一游戏。

对于原来的问题,我们现在有两个答案。这两个答案中哪一个是正确的,哪一个又是错误的呢? 好吧,事实证明,解法 1 是错误的。在按照要求不使数目重复的情况下,我们根本无法填充余下的象限 *II* 和象限 *IV*。在图 5.9 中,我们无法完成 *IV*。我们在解法 1 中做出了一个错误的假定。

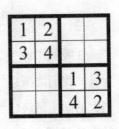

图 5.9

任何完成了一半的游戏或者有一种解法,或者根本就没有解法。在正确的解法 2 中给出的有效排列方式是错误的解法 1 的一半,通过这一点,我们可以看出上述说法的正确性。这些是我们为避免明显错误而必须加以考虑的地方。

著名的生日问题:一项直觉错误

我们在这里为大家展示一个最令人吃惊的数学结果。这是让外行领会概率论的"威力"的最好方法之一。除了提供乐趣以外,审视这一问题还会搅乱你的直觉,帮助你避免在预测方面犯错误。

让我们假定你进入了一间有 35 个人的房间。你认为,在这些人中至少有两个人的生日相同(只需要同月同日)的机会或者概率有多大?

235   人们凭直觉最初想到的,通常是两个人从 365 天(假定这一年不是闰年)中任选一天而得到同一天的可能性有多大。把这种想法翻译成数学的语言就是:从 365 中选 2 的概率是 $\frac{2}{365} = 0.005479 \approx \frac{1}{2}\%$。这个机会极小。这种想法对不对呢?

让我们考虑一个随机选择的生日组合:美国的前 35 位总统的生日。我们之所以选择这样一个人数,是因为它可以代表一个相当大的学生班级的大小。可能会让你大吃一惊的是,有两位总统的生日是同一天:第 11 任总统詹姆斯·K. 波尔克(James Knox Polk,出生于 1795 年 11 月 2 日,见图 5.10)和第 29 任总统沃伦·G. 哈丁(Warren Gamaliel Harding,出生于 1865 年 11 月 2 日,见图 5.11)。

图 5.10　詹姆斯·K. 波尔克　　　　图 5.11　　沃伦·G. 哈丁

得知下面一点后你可能会很吃惊:对于一个由 35 人组成的小

组来说,至少有两个人的生日是同一天的概率大于$\frac{8}{10}$,即大于80%。换言之,我们的直觉会把我们导向一个错误的结论。在说明如何得出这一概率之前,先让我们看看这种说法能不能经得起检验。

如果你有机会的话,也可以试试做个实验:你可以选10个抽样组,每组35人左右,来检验一下他们中有多少人有同样的生日。你会发现,在这10组中大约会有8组有重复的生日出现。而在人数为30的样品组中,有生日重复出现的组合概率则是$\frac{7}{10}$,或者说,在这10组中,有7组有重复的生日出现。这种不可思议的现象到底是怎么发生的? 这会是真的吗? 看起来,这种现象与我们的直觉完全相反。

当存在着365种可能的生日的情况下(实际上有366种可能的生日,但为说明的便利与简单明了的原因,我们不讨论生于2月29日这一天的情况),生日重复的概率为什么会如此高呢? 现在就让我们更为仔细地考虑情况,并一步步地完成论证,最后我们会确信,这些概率确实是真实的。现在让我们考虑一个有35名学生的班级。你认为,一名被选中的学生与他本人同天生日的概率有多大? 很显然,这是一个必然事件,或者说概率为1。

我们可以把这个概率写成$\frac{365}{365}$。

另一位学生的生日不与第一位学生的生日重合(即其生日与此不同)的概率是$\frac{365-1}{365}=\frac{364}{365}$。

第三位学生的生日不与前两位学生的生日重合(即其生日与此不同)的概率是 $\dfrac{365-2}{365}=\dfrac{363}{365}$。

所有35名学生的生日都不在同一天的概率将是以下这些概率的乘积:

$$p=\dfrac{365}{365}\times\dfrac{365-1}{365}\times\dfrac{363-2}{365}\times\cdots\times\dfrac{365-34}{365}。$$

由于这个班级里至少有两位学生的生日相同的概率(q),和所有35名学生的生日都不相同的概率(p),形成了一个必然事件(即除此之外再无其他可能性),那么,这两个概率之和为1,这就代表了必然。

所以 $p+q=1$,继之有 $q=1-p$。

在这种情况下,代入 p 值,我们可以得到:

$$q=1-\dfrac{365}{365}\times\dfrac{365-1}{365}\times\dfrac{363-2}{365}\times\cdots\times\dfrac{365-34}{365}$$

$$\approx 0.8143832388747152。$$

换言之,在一个随机选择的35人的样品组中,出现至少一次生日重合的概率略大于 $\dfrac{8}{10}$。考虑到可供选择的生日数是365,这是一个乍看上去相当出人意料的概率。有积极性的读者或许希望研究这一概率函数的性质。下面的表格提供了几个数值,可以作为某种指南。

请注意其趋近于必然事件的速度之快。当一个房间里有了大约60个学生之后,下面的表格告诉我们,两个学生有同样生日这一事件几乎已经是必然(99%)。

样品组中的人数	至少两人的生日 重合的概率	至少两人的生日 重合的概率(%)
10	0.1169481777110776	11.69%
15	0.2529013197636863	25.29%
20	0.411438383 5805799	41.14%
25	0.56869970396946 39	56.87%
30	0.7063162427192686	70.63%
35	0.8143832388747152	81.44%
40	0.891231809817949	89.12%
45	0.9409758994657749	94.10%
50	0.9703735795779884	97.04%
55	0.9862622888164461	98.63%
60	0.994122660865348	99.41%
65	0.9976831073124921	99.77%
70	0.9991595759651571	99.92%

如果我们对前35个总统的死亡日期进行同样的统计,就会发现,他们中有两位都死于3月8日(米勒德·菲尔莫尔死于1874年,威廉姆·H.塔夫脱死于1930年),还有3位总统死于7月4日(约翰·亚当斯与托马斯·杰弗逊于1826年,詹姆斯·门罗于1831年)。有些人对后面那个巧合进行了解释,认为某些死亡日期可能是人为的。

我们能够从上面的表格中看出,在一个由30人组成的样品组中,至少两人有同样生日的概率大约为70.63%。然而,如果我们把这一条件略加改动,变成当你走进一个有 30 个人的房间,里面有与你同样生日的人,我们可以确定这一概率大约是 7.9%。这要比前一种概率低得多,因为我们现在寻找的是一个特定的出生日期,而不是任意出生日期的吻合。

让我们看看如何计算后一种概率。我们将确定没有人生日与你相同的概率,然后用 1 减去这一概率。

$$p_{\text{无人生日与你相同}} = \left(\frac{364}{365}\right)^{30}。$$

于是,30 人中至少有一个人与你生日相同的概率就是:

$$q = 1 - p_{\text{无人生日与你相同}} = 1 - \left(\frac{364}{365}\right)^{30} \approx 0.079008598089550769。$$

或许更加令人吃惊的是,如果你随机选择了一个有 200 人的房间,这 200 人中有两人生于严格意义上的同一天(即不但月日相同,甚至连年也相同!)的概率竟然高达 50% 左右。

最重要的是,这一令人震惊的证明应该成为一种让人大开眼界的方式,它能让我们看清过分依赖直觉的不可取,从而帮助我们避免精彩的错误!

统计扑救点球成功率时面对的困境:避免一个错误!

某足球队的守门员在连续两场足球比赛中创造了下面的成绩:在第一场球中,他挡住了 5 次点球中的两次;而在第二场比赛中,他挡住了 3 次点球中的两次。人们要求计算他扑救点球的成功率。

我们将对这个问题提供三种解法,其中两种解法是错误的,只有一种是对的。

解法1:

我们可以综合他在两场比赛中的表现来看待这一问题。他在两场比赛中总共救出了8个点球中的4个。这就让我们得到下面的结果:

$$\frac{2}{5} \oplus \frac{2}{3} = \frac{2+2}{5+3} = \frac{4}{8} = 0.5。$$

解法2:

我们也可以考察他在两场比赛中每一场的成功率,然后将其相加,从而得到:

$$\frac{2}{5} + \frac{2}{3} = \frac{16}{15}(\approx 1.07)。$$

然而$\frac{16}{15} > 1$,这就说明,这位守门员扑救点球的成功率超过了100%。这显然是错误的,我们应该能够立刻认识到这一点。

解法3:

这一次我们将尝试令这两场比赛等价。我们可以令这两场比赛的点球罚射次数都变成分母5与3的最小公倍数15,同时成比例地增加扑救成功的数字。这就将告诉我们,在第一场比赛中,他救出了15个点球中的6个,而在第二场比赛中救出了15个点球中的10个。这样我们将得到:$\frac{6}{15} \oplus \frac{10}{15} = \frac{6+10}{15+15} = \frac{16}{30} = \frac{8}{15}(\approx 0.53)。$

239

我们现在面对的问题是确定哪种解题方法才是正确的。

解法 1 显然是正确的,而解法 2 无疑是错误的。解法 3 可以给我们一些信息,但解法 1 当然是取得这一问题的答案的最佳方法。

拼读 B-A-S-K-E-T-B-A-L-L 的正确道路

请看图 5.12 中各字母的分布。我们需要计算有多少条路可以让我们拼出 basketball 这个词。要求从最上面的字母 B 开始,并以最下面的字母 L 为结尾。

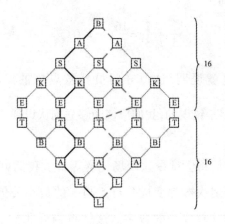

图 5.12

240　解法 1:

通过一系列系统的尝试,我们发现,能走的几条路是:从 B 开始,从上向下行进,则计有 2 条 BA,4 条 BAS,8 条 BASK 和 16 条

BASKE（见图 5.12）。如果我们从底部开始向上，从 L 向上行进，则可以发现 16 条 LLABT 路线，如图 5.12 所示。我们或许可以下结论，认为有 16 条自上而下通往中段的路径，还有 16 条自下而上的反向路径同样通往中段。因此我们有 16×16＝256 条完整的通道。

解法 2：

我们可以把每一个字母都视为一个端点位置，然后检查从 B 到那个特定字母的路有多少条。我们把这些路径的数目标注在图 5.13 中。

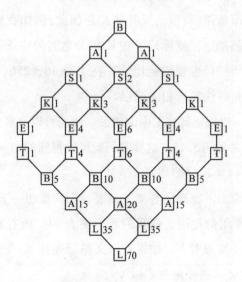

图 5.13

由于图形的对称性，确定这些数目是相当容易的。换言之，要确定到达某个字母的路径数，只要把它左上与右上的两个字母上的数字相加即可。例如，2＝1＋1,3＝1＋2,4＝1＋3,6＝3＋3 等。

以这种方式完成如图 5.13 所示的这一流程,我们就可以完成整个图表,并发现可以通过 70 条不同的途径得到 basketball 这个单词。

我们又一次面临相同的问题:这两个解法中哪一个是正确的,哪一个是错误的?

如果你说第一种解法是错误的,那么你答对了。在第一种解法中,我们仅仅通过一个假定就得出了结论;这个假定认为,从顶端向下的每一条 BASKE 的路径都可以与从底部上来的每一条 LLABT 的路径相对接。这个结论是不成立的。当然这一点在有些情况下也是可以做到的,例如我们在图 5.12 中用粗体线标注出来的那条路径;但情况并非总是如此,例如我们在图中以虚线画出的那条路径就标记了在 E 和 T 之间的一条不正确的连线。后面这类路径也被错误地计算在 $16 \times 16 = 256$(种)路径之内了。这就是解法 1 所犯的错误。

我们也可以修正解法 1 中的错误。我们可以分别处理这两组 5 个字母,做法见图 5.13。这样我们就可以得到 $1 \times 1 + 4 \times 4 + 6 \times 6 + 4 \times 4 + 1 \times 1 = 70$(种)路径。

解法 2 给出了正确的答案。只要我们稍微想一下,就会支持我们在这里使用的规则。让我们考虑图 5.14。所有通往 Z 的路径都只能经过 X 或者 Y。如果有 x 条路径通往 X,有 y 条路径通往 Y,则通往 Z 的路径便是 $z = x + y$。

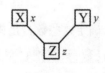

图 5.14

不精确的构想造成的错误

我们从一个内接于一个圆的等边三角形出发。如果我们随机选择圆的一条弦,那么这条弦的长度大于这个等边三角形的边长的概率有多大?（见图 5.15）这个问题是由法国数学家约瑟夫·伯特兰德（Joseph Bertrand,1822—1900）最先提出来的。他给出了三种可能的答案,看上去都是正确的,但得出的结果却不相同。

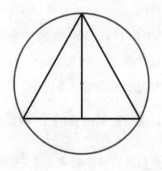

图 5.15

方法 1：

首先在圆上任意选取两个端点,然后连结这两点成为一条弦（图 5.16）。然后,以其中一个端点为顶点作圆的内接等边三角形,如图 5.17 所示。

如果我们原先画出的这条弦的另一个端点恰好位于这个等边三角形的对边所构成的圆弧上,①这条弦的长度便大于这个等边

①　"这个等边三角形的对边"似乎应该改为"第一个端点的对边",因为"等边三角形的对边"意义不明确。但此处仍按照原文译出,请读者自甄。——译者注

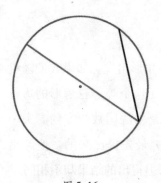

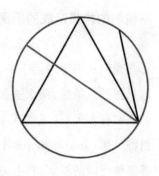

图 5.16　　　　　　　　　　　　　　图 5.17

三角形的一条边(见图 5.17)。另一方面,如果随机画出的这条弦的另一个端点位于这个等边三角形的一条邻边①所对的圆弧上,这条弦的长度就比等边三角形的一条边短。因为能够产生一条比较长的弦的圆弧的长度是圆的周长的 $\frac{1}{3}$,所以我们随机画出的弦的长度大于等边三角形的边长的概率等于 $\frac{1}{3}$。

方法 2:

为确定圆的任意一条弦大于还是小于圆的内接等边三角形的边,我们首先画出圆的一条直径 AB。然后在这条直径上选一点(C_1 或 C_2 或…),并过该点作一条垂直于直径 AB 的弦(见图 5.18)。接着画圆的一个内接等边三角形,使其一边垂直于这条直径。事实上,与直径 AB 垂直的等边三角形的那条边也等分半径 MA(见图 5.19)。所以,垂直于半径且在等边三角形之外的弦的

—————————

① 原文为 by the adjacent sides of the equilaterl triangle,意为"第一个端点的邻边",原因同前。——译者注

长度将小于等边三角形的一边,而垂直于半径且与等边三角形的其他两边相交的弦的长度将大于等边三角形的边。换言之,随机画出的弦位于半径中点两边的可能性各占一半。于是,随机画出的弦的长度大于等边三角形一边的概率是$\frac{1}{2}$。

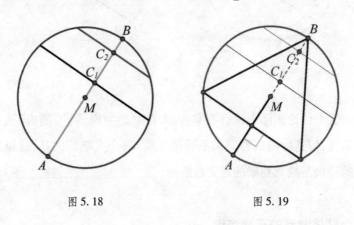

图 5.18　　　　　　　　图 5.19

方法 3:

245

我们先选择圆内任一点,并以选定的这个点为中点作一条弦(见图 5.20)。我们的下一步是在圆内画一个内接等边三角形,并在这个等边三角形内画一个内切圆(见图 5.21)。可以证明,这个内切圆的半径是外接圆半径的$\frac{1}{2}$。所以,内切圆的面积是等边三角形的外接圆面积的$\frac{1}{4}$。因此,如果选择的中点在内切圆内,则最初作的弦的长度大于等边三角形的一边。而这个点位于内切圆之内的概率是$\frac{1}{4}$。

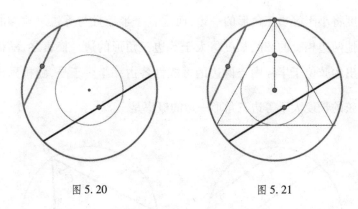

图 5.20   图 5.21

246　　　这个悖论实际上没有答案,因为在原题中说到了"随机"选择一条弦,但这种随机性定义不明确。所以,令人吃惊的是,这里出现的错误是缺乏精确的定义造成的。

一个赌博游戏的正确结论

两名赌徒正在玩一个游戏,在这个游戏中,他们有着相等的获胜机会。先赢五次的玩家即为胜利者。到了这个多局比赛的某一时刻,玩家 A 胜四局而玩家 B 胜三局。两位玩家同意此时结束比赛。原有的获胜彩头应该如何在这两个玩家之间分配呢? 让我们在这中间找找可能会发生的错误。

解法 1:

在这个解法中,我们考虑的将是,如果两位玩家进行了游戏未进行的部分,则他们各自有多大的概率获胜。比赛的获胜者可以是 A,BA 和 BB。在前面两种情况下,A 将成为获胜者;而在最后一种情况下，B 将成为获胜者。因此，他们获胜的可能性是 $2:1$。由此而来的结果是，A 应该拿走 $\frac{2}{3}$ 的彩头，而 B 应该拿走 $\frac{1}{3}$ 的彩头。

解法 2：

因为每个玩家赢得每局比赛的概率相同，所以获胜者彩头应该以当前胜局的比率分配，即 $4:3$。所以，应该把获胜者彩头分成 7 份，A 得到其中的 4 份，而 B 得到其中的 3 份。

解法 3：

为使 B 获胜，必须多进行两场比赛。这两场比赛的结果将有如下情况，可以据此确定获胜者：BB，BA，AB，AA。在第一种情况下 B 可以成为获胜者，而在其他所有情况下 A 都将获胜。我们看到的比率将是 $3:1$。所以，这笔彩头应该以如下方式分配：A 取其中的 $\frac{3}{4}$，B 取其中的 $\frac{1}{4}$。

你会注意到，我们用这三种解法得到了三种不同的答案。其中只有一个是正确的，但从直觉上看这三种解法都有道理。哪种解法才是正确的呢，哪些解法又是错误的呢？

如果我们计算解法 1 中三种情况的概率，可以发现：

$$P(A) = \frac{1}{2}, P(BA) = \frac{1}{2} \times \frac{1}{2} = \frac{1}{4}, P(BB) = \frac{1}{2} \times \frac{1}{2} = \frac{1}{4}。$$

可以看出，这三种情况出现的概率并不相等。更准确地说，出现 A 的概率是出现 BA 或者 BB 的概率的 2 倍。给每种可能性以合适的权重，我们得出，对于获胜者彩头的恰当分配应该是 $3:1$ 而不是 $2:1$。这同样也很好地解释了解法 3 的情况。也就是说，解法 3 中的情况 AB 与情况 AA 覆盖解法 1 中的情况 A。事实

上，AB 和 AA 这两种情况并不存在，因为在这两种情况下，A 都将
因为第一局的胜利赢满 5 局获胜，下一局比赛是没有必要的。
然而，我们把这两种虚构的情况包括在内，是为了表现出概率的
相等。

解法 2 是建立在一种错误的类比基础上的。诚然，每位玩家
在每场比赛中获胜的概率都是相等的，但不应该因此就根据未完
成的比赛来决定金钱的归属。

不假思索地开始计数会导致的错误

一种经常发生的情况是，我们面对的某个问题的条件看上去
如此简单，以至于我们迫不及待地要解决掉它，而不费心想一想应
该采取何种策略。与解题前先做一番谋划的做法相比，这种鲁莽
的解题方式经常导致不那么简洁的解法，而且更经常得到错误的
结果。下面有两个简单问题的例子，通过这两个例子，我们可以学
习避免通常的陷阱或者错误的技巧。而且，如果我们在动手解题
之前思索一番，甚至可以找到更为简单的解法。

问题 1：找出所有和等于 999 的素数对。

一种方法是先做出一份小于 999 的素数的清单，并在其中
尝试各种不同的组合，看它们的和是不是 999。这样做显然非常
乏味且耗时不少，而且，你永远无法确定是否考虑了所有可能的
素数对。

让我们使用某种逻辑推理来解决这一问题。为了让两个数字
（无论这些数字是不是素数）之和为一个奇数（数字 999），其中有

一个必须为偶数。由于所有素数中只有一个偶数，即2，所以，和是999的素数对只有一个，即2和997。这样一个简单的推理肯定避免了许多常见的错误。

下面第二个例子也说明，在解题前先计划一下或者进行有条理的思索是合理的。

问题2：我们称正读与反读都会得到同一个数字的数字如747或1991等为回文数。在1与1000之间（包括1和1000）有多少个回文数？

解决这一问题的传统方法是写下1到1000之间的所有数字，然后一个个地看下去，确定哪些数字是回文数。然而，不用说这是一项烦琐又非常消耗时间的任务，而且人们很容易就会漏掉几个，这就会得出错误的答案。

让我们看看能否找出一种规律，用更为直接的方式解决这一问题。考虑以下面的方式罗列的数字：

数字范围	回文数的个数	至此回文数的总个数
1—9	9	9
10—99	9	18
100—199	10	28
200—299	10	38
300—399	10	48

我们可以发现一项规律。在99之后，每组100个数字中都有10个回文数。因此，从100到1000，总共有9个由10个数字组成的回文数字组，或者说90个回文数，外加从1至99的18个（即

$9+9+9\times10=108$），在 1 与 1000 之间总共有 108 个回文数。

这个问题的另外一种解法要求以某种对解题有利的方式来组织数据。考虑所有的一位数数字，这些数字是自我回文的，共 9 个。二位数回文数同样有 9 个。三位数回文数有 9 个可能的"外层数字"和 10 个可能的"中间数字"，因此总共有 90 个。所以，在从 1 到 1000 的区域内（包括 1 和 1000）总共有 108 个回文数。在这里，我们的座右铭是：先想一想，然后再开始解题。用这样的方法才可以避免错误。

一个赌徒的错误

设想赌徒可能会面临的以下情况，它具有欺骗性，能误导人。（或许，你甚至会想和一个朋友一起模仿这个方法，看看你的直觉是否会笑到最后。）

你获得了一次机会，可以出场赌一把。赌博的规则很简单。有 100 张正面朝下的卡片。其中 55 张卡片上写着"赢"，45 张卡片上写着"输"。你得到了一笔 10000 美元的资金，但你必须对每次即将翻开的卡片押上一半的钱作为赌注。根据牌面上的内容，你或者输掉那笔钱，或者赢回与所押钱数相同的另一笔钱。赌局结束时所有卡片都翻开了，这时你手上还有多少钱？你的猜测很可能会错！

我们可以在这里应用与前面相同的原理。很显然，你赢的次数会比输的次数多 10 次，所以看上去，在赌博结束时你手上的钱应该多于 10000 美元。但明显的事情经常是错误的，而这就是一个很好的例子。现在就让我们试试看。比如说,第一张卡片你赢了,于是你现在有了 15000 美元。不过第二张卡片你输掉了,现在手上就只剩下 7500 美元了。如果你先输后赢,你手上的钱数依旧是 7500 美元。于是,每次赢一回输一回,你就会损失手里四分之一的钱。最后你手里剩下的钱将会是:

$$10000 \times \left(\frac{3}{4}\right)^{45} \times \left(\frac{3}{2}\right)^{10} \text{美元。}$$

四舍五入后,你手上的余额是 1.38 美元。吃惊吗?

我们也可以用如下方法考察这种情况:假定在某一阶段你手中有 D 美元。赢一次会让你的钱从 D 美元增加到 $\left(\frac{3}{2}\right)D$ 美元,但输一次会让它减少到 $\frac{D}{2}$ 美元。在赌了 100 次之后,你的钱会增加 55 次,减少 45 次。所以,我们可以得到

$$10000 \times \left(\frac{3}{2}\right)^{55} \times \left(\frac{1}{2}\right)^{45} \approx 1.37616\cdots \approx 1.38 \text{美元。}$$

蒙提·霍尔问题:有争议的著名错误

《让我们做个交易吧》是一个播放了很长时间的电视游戏节目,它的特色是设定了一个不确定的情景,即使头脑极为敏锐的人遇到这种情景也很容易做出错误的回答。这个游戏是这样进行的:从观众中随机选择一人,在这位观众走上台后,她面前会出现三扇门,如图 5.22。其中的一扇门后会有一辆汽车,如果她能选到这扇门,那辆汽车就是她的了。她最好别

250

选到另外两扇门,在这两扇门后面各有一头山羊。在游戏中只有一个伤脑筋的问题,就是在游戏参与者做出了选择之后,主持人蒙提·霍尔在打开她选择的门之前,会打开其中一扇未被选择的门,让参与者看到门后的山羊,然后他会问参与者是否想坚持她原来的选择,或者转而选择另外一扇未打开的门。在这一时刻,为了进一步增加悬念,其余的观众会高声呼喊"坚持"或者"转换",其呼喊频率听上去似乎相等。问题是,她该如何做呢?这是否会影响她获胜的概率?如果是这样,这里应该采取什么策略呢?即,哪种做法会提高她获胜的概率?大部分人都做出了错误的选择。他们认为这样做不会产生任何影响,因为他们相信,在这种情况下,猜中正确的门的概率是50%。

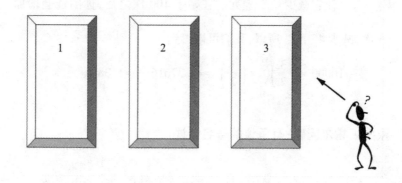

图 5.22

现在让我们一步一步地看看这个游戏。正确的答案会逐步变得越来越清楚。在这些门后有两头山羊和一辆汽车。参与者一定试图得到那辆汽车。现在不妨让我们假定她选择了第三扇门。

蒙提打开了她没有选择的一扇门,让她看到了门后的山羊,如图5.23所示。

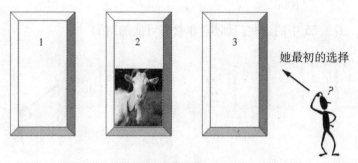

图 5.23

然后蒙提问:"你还想保持你第一次选择的 3 号门不变吗? 或 251
者你想转而选择另一扇还没有打开的门?"

为了帮助我们做出正确的决定,让我们考虑一个极端的情况:
假设会出现 1000 扇门(如图 5.24),而不是只有三扇门;而且其中
999 扇门后都是山羊,只有一扇门后是汽车。

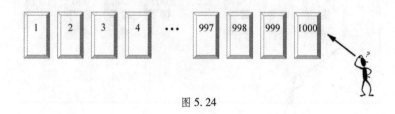

图 5.24

就让我们假定她选择了第 1000 号门好了。她选中正确的门 252
的概率有多大?

非常小,因为从 1000 扇门中选中正确的那扇的概率是 $\dfrac{1}{1000}$。

那辆汽车藏身于其余的某一扇门后的可能性有多大呢？

非常大：$\frac{999}{1000}$。

图5.25 中的这些门都是"非常有可能的"门！

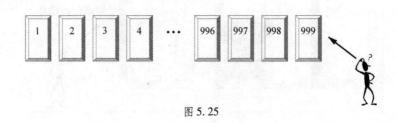

图5.25

随后，除了一扇门没有打开之外，蒙提·霍尔打开了所有的门。假定他打开的是从 2 号到 999 号的门，这些门后面全都是山羊。他只留下了 1 号门没有打开，如图5.26 所示。现在只剩下 1 号门是"非常有可能的"门了。

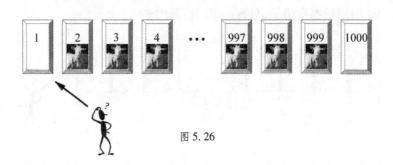

图5.26

253 现在我们已经做好回答问题的准备了。哪种选择更有正确的希望？

是选 1000 号门（"非常没有可能的"门），还是选 1 号门（"非常有可能的"门）？

答案现在很明显了。我们应该选择"非常有可能的"门,这就意味着,"转而另选"是参与者应该采取的更好的策略。

与我们尝试分析的三扇门的情况相比,这一极端情况让我们更容易看出应该采取的最佳策略。两种情况下的原则是一样的。

这个问题在学术界引起了许多争论,同时也是《纽约时报》和其他读者众多的媒体讨论的对象。约翰·蒂尔尼在 1991 年 7 月 21 日(星期日)的《纽约时报》上撰文写道:

> 或许这只不过是个幻象,但在那一瞬间,在数学家、《大观》杂志的读者以及电视游戏节目《让我们做个交易吧》的拥趸中间激起的那项热烈争论似乎已经尘埃落定了。自从去年 9 月玛丽莲·沃斯·莎凡特在《大观》杂志上发表了一项谜语以来,他们就开始了争论。正如《试问玛丽莲》专栏上每周提醒大家的那样,沃斯·莎凡特女士在《吉尼斯世界纪录大全》中被列为"世界上智商最高的人",但在她回答了一位读者提出的这个问题之后,这一殊荣并没有增加她的答案在读者中的影响力。

她给出了正确的答案,但许多数学家还在为此争论不休。

错误地预测掷硬币的正反面结果所造成的错误

下面这个可爱的小问题将告诉你,一些聪明的推理加上最基本的代数知识会怎样帮助你解决一个看上去"难得不可思议"的问题,而且没有错误!

考虑下面的问题:

你坐在一间黑屋子里的一张桌子旁边。桌子上有 12 个 1 美分硬币,其中 5 个正面向上、7 个反面向上。你知道这些硬币在什么地方,所以可以移动或者抛掷其中的任何一个,但因为房间里太暗,你不知道你摸到的那些硬币原来是正面向上还是反面向上的。你要把那些硬币分成两堆(你可以抛掷一些硬币,如果你想这么干的话),尽量让各堆硬币中正面向上的硬币数目相同,在房间的灯打开时来检验。

你的第一反应会是:"你肯定是在开玩笑! 谁能在看不见正反面的情况下完成这项任务?"这看上去就是在等着你犯错误。然而,在这里,我们将极为聪明但也极为简单地使用代数,这是解决这一难题的关键。

就让我们"直接切入正题"好了。下面就是你要做的事情。(或许你真的可以拿出 12 枚硬币来亲身体验一番。)把这些硬币分成两堆,分别是 5 枚和 7 枚。然后把较少的那堆硬币翻转一遍。现在在两堆硬币中,正面朝上的硬币数就应该是相等的了! 就这么简单! 你会认为这是魔术。怎么会这样? 好吧,现在就让代数帮助我们弄明白究竟发生了什么。

首先,把 12 枚硬币放在桌子上,其中 5 枚正面朝上,7 枚反面向上。然后随机选择 5 枚硬币作为一堆,7 枚作为另一堆。当你在黑屋子里分开硬币的时候,7 个硬币的那堆里将有 h 个正面向上。然后另外一堆,也就是 5 枚硬币的那一堆,会有 $5 - h$ 个正面朝上和 $5 - (5 - h)$ 枚反面朝上的。然后你把小堆中的所有硬币都翻转一遍,这就会让 $5-h$ 个正面朝上的变成了反面朝上的,而 $5-(5-h)$ 个反面朝上的变成了正面朝上的。现在每堆硬币中就都有 h 个正面朝上的了!

弄错了的测试结果

首先我们假定,在总数 1000 人中会有 1 个人患有某种特定疾病。这可以通过一项测试来加以确认:患有这种疾病的人在测试中一定会呈阳性。然而,这种测试并不完美,因为有些人在测试中呈阳性,但他们并没有患这种疾病。在 1000 人中,会有 10 个尽管没有患病,但在测试中还是呈阳性的人。我们需要确定,在那些结果呈阳性的被测者中有多大一部分人确实患有这种疾病。要小心,下面的解法中有一个是错误的。

解法 1:

我们知道,在一个 1000 人的总体中会有 10 人的检验结果呈阳性,虽然他们并未患这种疾病。我们也知道,在一个 1000 人的总体中会有 1 人患有这一疾病。所以,会有 11 人的检验结果呈阳性,而其中只有 1 人真正患有该疾病。因此,实际上患有该病的部分是 $\dfrac{1}{11}$。

解法 2:

为得出答案,我们考虑一个 100000 人的总体。在这个总体中,每 1000 人中有一个人患有这种疾病。因此,没有患这种疾病的人数就是 100000 − 100 = 99900。我们知道,在每 1000 人中会有

10 人在未患该病的情况下检验结果呈阳性,也就是说,$\frac{10}{1000} = \frac{1}{100}$ 或者说 1% 的健康人被错误地检验为患有此病。99900 的 1% 是 999(因为 $\frac{99900}{100} = 999$)。于是,总共有 100 + 999 = 1099 人对检验呈阳性反应。然而,其中只有 100 人真正患有此病。所以,在这一样本中,真正的患病部分是 $\frac{100}{1099}$。

我们又一次得到了两个不同的结果。哪一个是错误的?

是的,解法 2 是正确的。如果 1000 人接受了检验,其中会有 1 人患病,而其他 999 人没有患病。也就是说,在健康人中间,$\frac{10}{1000}$ $=\frac{1}{100}$ 的人将会出现假阳性。这一测试显示,在 999 个没有患病的人中,$\frac{999}{100} = 9.99$ 人会显示阳性结果。而如果我们把 9.99 视为 10,这就出错了。与 $\frac{1}{100}$ 相关的只是 999 人,而不是全部的 1000 人。

我们也可以用以下观点看待这一问题:在 1000 人中刚好有 1 个人患病。

测试结果实际上显示的是,共有 $1 + \frac{999}{100}$ 人的检验结果是阳性的。所以,我们要求的分数是:

$$\frac{1}{1 + \frac{999}{100}} = \frac{1}{\frac{1099}{100}} = \frac{100}{1099}。$$

我们可以根据这一点改正解法1,让它得到与解法2相同的结果。我们只需要使用一个100000人的总体来避免小数即可。

为条纹旗上色:一个常见的排列错误

我们在这里要提出的问题是,在有4种颜色可供选择的情况下,可以在带有6道水平条纹的旗帜上创造出多少种不同的彩色条纹旗? 附加条件是,相邻两个条纹的颜色必须不同。

解法1:

我们把旗帜上的6道条纹称为A、B、C、D、E、F。条纹A、C、E互不相邻,在颜色上不受限制,因此我们可以在4种颜色中任选颜色为它们涂色。这就意味着,可以为这些条纹涂色的颜色是4种。

A	4	
B		2
C	4	
D		2
E	4	
F		3

因为条纹B不可以与A和C有同样的颜色,所以它的颜色只有两种选择。这一点对于条纹D也适用。但条纹F可以选择除条纹E的颜色之外的任何颜色,因此可以在3种颜色中间选取。

我们将这一讨论结果显示在以上表格中。所以,可能的条纹安排数就是 $4 \times 2 \times 4 \times 2 \times 4 \times 3 = 768$(种)。所以,我们可以创造 768(种)不同的彩色条纹旗帜。看上去这是一个合理的解法。然而,我们还可以考虑另外一种解法。

257　　解法 2:

这种解法采取了一个不同的途径。条纹 A 可以用 4 种颜色中的任何一种。然后,条纹 B 可以用 3 种颜色中的任何一种,只要不和条纹 A 的颜色重复即可。对于随后的各个条纹,我们可以做出同样的讨论。使用乘法法则,我们可以得出以下算式: $4 \times 3 \times 3 \times 3 \times 3 \times 3 = 972$。因此,我们可以创造 972 种不同颜色的旗帜,如下表所示。

A	4	
B		3
C		3
D		3
E		3
F		3

我们又一次面临这种情况:我们有两种看上去合理的解决办法,它们让我们得到了两种不同的答案。这中间必有一个是错误的。

你可能已经想到了,解法 1 是错误的。尽管我们说 A、C、E 可以选任何颜色这一点是正确的,但我们的错误在于,下面的说法是完全错误的。条纹 B 拥有的选择可以多于原来所说的两种,这取决于条纹 A 与 C 的颜色。我们必须小心,不要被听起来有道理的错误解法误导。

通过避免使用错误的策略赢得竞赛

有一个由三名成员组成的团队,这三名游戏参与者站成一个圆形,头戴眼罩,所以什么都看不见。戴上眼罩后,有人给他们每人戴上一顶帽子。游戏主持人使用一枚公平硬币,以如下方式决定游戏者戴的是哪种颜色的帽子:如果硬币出现的是正面,游戏者会戴上灰色帽子,反之则戴白色帽子。当他们摘下眼罩的时候,每个游戏者都可以看到其他人戴的帽子,却看不到自己戴的帽子。一个游戏者可以尝试猜测自己头上的帽子的颜色,或者说"我弃权"。如果至少有一位游戏者猜中了自己头上的帽子的颜色,而且没有游戏者猜错,则该团队获胜。否则该团队即告失败。游戏者不可相互交谈。然而他们可以确定一项普通的策略来赢得这一游戏。你认为,下面哪一种策略(解法)能让团队获得最大的取胜机会?

解法1:

为了取胜,团队至少需要一个正确的猜测。猜测得越多,取胜的机会就越大。所以,他们应该采取让三个人都进行猜测的策略。

解法2:

为了取胜,就不能有任何一个人猜错颜色。一个团队猜测的次数越多,则有人猜错他头上帽子颜色的可能性就越大。但在没

258

有人张口猜测的情况下,也就不会出现正确的猜测。所以,最佳选择是,只让一个人猜测他自己的帽子的颜色。

解法3:

规则允许一个或两个或三个游戏者猜测自己的帽子的颜色。猜测的人越多,猜测正确的可能性就越大,但同时,有人猜错的机会也越大。另一方面,猜测的人越少,猜错的可能性就会降低,猜对的可能性也会同时降低。理想的解决办法就在两者之间。最佳策略是,不多不少,让两位游戏者猜测。

以上三种策略给了我们三种不同的结果。哪一种是正确的?

259

让我们以各种可能性来考虑这三位游戏者:我们分别称他们为 A、B、C。我们需要考虑 8 种可能性(见图 5.27)。

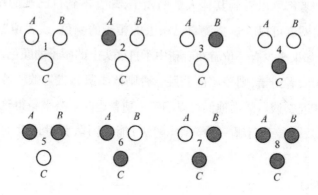

图 5.27

解法1:

假定 A 与 B 猜的是白色帽子,而 C 猜的是灰色帽子。在这种情况下,只有图 5.27 中的选择 4 可以取胜。所以,使用这种策略,

获胜的机会为 $\frac{1}{8}$（=12.5%）。

解法 2：

这次我们将假定 B 猜自己戴的是灰色帽子，其他游戏者 A 与 C 不猜测；换言之，A 与 C 直接弃权。团队将在 3、5、7 和 8 所示的情况下获胜，但在其他情况下他们会失利。因此，团队使用这种策略取胜的概率是 $\frac{4}{8}$（=50%）。

解法 3：

现在假定游戏者 B 猜自己戴的是白色帽子，C 猜测自己戴的是灰色帽子，而 A 直接弃权。在这种情况下，团队将在选择 4 与 6 出现时获胜，于是团队的胜率为 $\frac{2}{8}$（=25%）。

260

各个游戏者对帽子的颜色的选择方式是相互独立的事件。

解法 1 显示了最低的获胜概率，与此同时，解法 2 显示的获胜概率是最高的。所以，如果你选取解法 2 作为最佳解法，这似乎能让胜率最高。然而，还存在着获胜概率更高的解法。

现在就让我们考虑团队可以用以制胜的第四种策略。

就在游戏者摘下眼罩的时候，游戏者 A 与 B 记下了 C 头上的帽子的颜色。如果 C 头上的帽子是白色的，则游戏者 A 立即弃权，接着 B 也弃权；但若 C 头上的帽子是灰色的，两人也弃权，但 B 弃权在前。通过这种方式，他们可以让 C 知道自己头上的帽子的颜色。就这样，C 就能够给出他头上的帽子的正确颜色。应用这种策略，团队的胜率是百分之百，这显然是取胜的最佳策略。就这样，我们在开发出一种更富逻辑性的解法之前，又一次受到诱惑，几乎接受了一种听上去很有道理的策略。

避免在确定三骰子抛掷结果时犯错

同时抛掷三枚骰子。在两次抛掷中,第一次抛掷(以事件 A 记之)得到的总点数为 11,第二次抛掷(事件 B)得到的总点数为 12。我们要问的是:事件 A 与事件 B 的概率是否相等? 让我们考虑下面的解法,看哪种解法有错误,哪种解法是正确的。

解法 1:

分别罗列出能够产生和为 11 和 12 的所有抛掷方式,我们可以通过这种方式清楚地比较这两个事件。我们应该注意到,由于加法交换律的存在,骰子的顺序在这里并不重要。从下面的表格中我们可以看出,这两个和都可以由 6 种不同的方式获得。由此我们得出结论:掷出总点数为 11 的概率和掷出总点数为 12 的概率相同。

和为 11:	和为 12:
1 + 4 + 6	1 + 5 + 6
1 + 5 + 5	2 + 4 + 6
2 + 3 + 6	2 + 5 + 5
2 + 4 + 5	3 + 3 + 6
3 + 3 + 5	3 + 4 + 5
3 + 4 + 4	4 + 4 + 4

解法 2：

通过图 5.28 和图 5.29 我们可以知道，掷出以上两种点数的概率有多大。〔我们用 P(A) 表示得到事件 A 的概率。〕

$$P(A)=$$

$$\underset{1\ 4\ 6}{\tfrac{1}{6}\cdot\tfrac{1}{6}\cdot\tfrac{1}{6}}+\underset{1\ 5\ 5}{\tfrac{1}{6}\cdot\tfrac{1}{6}\cdot\tfrac{1}{6}}+\underset{1\ 6\ 4}{\tfrac{1}{6}\cdot\tfrac{1}{6}\cdot\tfrac{1}{6}}+\underset{2\ 3\ 6}{\tfrac{1}{6}\cdot\tfrac{1}{6}\cdot\tfrac{1}{6}}+\underset{2\ 4\ 5}{\tfrac{1}{6}\cdot\tfrac{1}{6}\cdot\tfrac{1}{6}}+\underset{2\ 5\ 4}{\tfrac{1}{6}\cdot\tfrac{1}{6}\cdot\tfrac{1}{6}}+\underset{2\ 6\ 3}{\tfrac{1}{6}\cdot\tfrac{1}{6}\cdot\tfrac{1}{6}}$$

$$+\underset{3\ 2\ 6}{\tfrac{1}{6}\cdot\tfrac{1}{6}\cdot\tfrac{1}{6}}+\underset{3\ 3\ 5}{\tfrac{1}{6}\cdot\tfrac{1}{6}\cdot\tfrac{1}{6}}+\underset{3\ 4\ 4}{\tfrac{1}{6}\cdot\tfrac{1}{6}\cdot\tfrac{1}{6}}+\underset{3\ 5\ 3}{\tfrac{1}{6}\cdot\tfrac{1}{6}\cdot\tfrac{1}{6}}+\underset{3\ 6\ 2}{\tfrac{1}{6}\cdot\tfrac{1}{6}\cdot\tfrac{1}{6}}+\underset{4\ 1\ 6}{\tfrac{1}{6}\cdot\tfrac{1}{6}\cdot\tfrac{1}{6}}+\underset{4\ 2\ 5}{\tfrac{1}{6}\cdot\tfrac{1}{6}\cdot\tfrac{1}{6}}$$

$$+\underset{4\ 3\ 4}{\tfrac{1}{6}\cdot\tfrac{1}{6}\cdot\tfrac{1}{6}}+\underset{4\ 4\ 3}{\tfrac{1}{6}\cdot\tfrac{1}{6}\cdot\tfrac{1}{6}}+\underset{4\ 5\ 2}{\tfrac{1}{6}\cdot\tfrac{1}{6}\cdot\tfrac{1}{6}}+\underset{4\ 6\ 1}{\tfrac{1}{6}\cdot\tfrac{1}{6}\cdot\tfrac{1}{6}}+\underset{5\ 1\ 5}{\tfrac{1}{6}\cdot\tfrac{1}{6}\cdot\tfrac{1}{6}}+\underset{5\ 2\ 4}{\tfrac{1}{6}\cdot\tfrac{1}{6}\cdot\tfrac{1}{6}}+\underset{5\ 3\ 3}{\tfrac{1}{6}\cdot\tfrac{1}{6}\cdot\tfrac{1}{6}}$$

$$+\underset{5\ 4\ 2}{\tfrac{1}{6}\cdot\tfrac{1}{6}\cdot\tfrac{1}{6}}+\underset{5\ 5\ 1}{\tfrac{1}{6}\cdot\tfrac{1}{6}\cdot\tfrac{1}{6}}+\underset{6\ 1\ 4}{\tfrac{1}{6}\cdot\tfrac{1}{6}\cdot\tfrac{1}{6}}+\underset{6\ 2\ 3}{\tfrac{1}{6}\cdot\tfrac{1}{6}\cdot\tfrac{1}{6}}+\underset{6\ 3\ 2}{\tfrac{1}{6}\cdot\tfrac{1}{6}\cdot\tfrac{1}{6}}+\underset{6\ 4\ 1}{\tfrac{1}{6}\cdot\tfrac{1}{6}\cdot\tfrac{1}{6}}=\tfrac{1}{8}=0.125$$

图 5.28

$$P(B)=$$

$$\underset{1\ 5\ 6}{\tfrac{1}{6}\cdot\tfrac{1}{6}\cdot\tfrac{1}{6}}+\underset{1\ 6\ 5}{\tfrac{1}{6}\cdot\tfrac{1}{6}\cdot\tfrac{1}{6}}+\underset{2\ 4\ 6}{\tfrac{1}{6}\cdot\tfrac{1}{6}\cdot\tfrac{1}{6}}+\underset{2\ 5\ 5}{\tfrac{1}{6}\cdot\tfrac{1}{6}\cdot\tfrac{1}{6}}+\underset{2\ 6\ 4}{\tfrac{1}{6}\cdot\tfrac{1}{6}\cdot\tfrac{1}{6}}+\underset{3\ 3\ 6}{\tfrac{1}{6}\cdot\tfrac{1}{6}\cdot\tfrac{1}{6}}+\underset{3\ 4\ 5}{\tfrac{1}{6}\cdot\tfrac{1}{6}\cdot\tfrac{1}{6}}$$

$$+\underset{3\ 5\ 4}{\tfrac{1}{6}\cdot\tfrac{1}{6}\cdot\tfrac{1}{6}}+\underset{3\ 6\ 3}{\tfrac{1}{6}\cdot\tfrac{1}{6}\cdot\tfrac{1}{6}}+\underset{4\ 2\ 6}{\tfrac{1}{6}\cdot\tfrac{1}{6}\cdot\tfrac{1}{6}}+\underset{4\ 3\ 5}{\tfrac{1}{6}\cdot\tfrac{1}{6}\cdot\tfrac{1}{6}}+\underset{4\ 4\ 4}{\tfrac{1}{6}\cdot\tfrac{1}{6}\cdot\tfrac{1}{6}}+\underset{4\ 5\ 3}{\tfrac{1}{6}\cdot\tfrac{1}{6}\cdot\tfrac{1}{6}}+\underset{4\ 6\ 2}{\tfrac{1}{6}\cdot\tfrac{1}{6}\cdot\tfrac{1}{6}}$$

$$+\underset{5\ 1\ 6}{\tfrac{1}{6}\cdot\tfrac{1}{6}\cdot\tfrac{1}{6}}+\underset{5\ 2\ 5}{\tfrac{1}{6}\cdot\tfrac{1}{6}\cdot\tfrac{1}{6}}+\underset{5\ 3\ 4}{\tfrac{1}{6}\cdot\tfrac{1}{6}\cdot\tfrac{1}{6}}+\underset{5\ 4\ 3}{\tfrac{1}{6}\cdot\tfrac{1}{6}\cdot\tfrac{1}{6}}+\underset{5\ 5\ 2}{\tfrac{1}{6}\cdot\tfrac{1}{6}\cdot\tfrac{1}{6}}+\underset{5\ 6\ 1}{\tfrac{1}{6}\cdot\tfrac{1}{6}\cdot\tfrac{1}{6}}+\underset{6\ 1\ 5}{\tfrac{1}{6}\cdot\tfrac{1}{6}\cdot\tfrac{1}{6}}$$

$$+\underset{6\ 2\ 4}{\tfrac{1}{6}\cdot\tfrac{1}{6}\cdot\tfrac{1}{6}}+\underset{6\ 3\ 3}{\tfrac{1}{6}\cdot\tfrac{1}{6}\cdot\tfrac{1}{6}}+\underset{6\ 4\ 2}{\tfrac{1}{6}\cdot\tfrac{1}{6}\cdot\tfrac{1}{6}}+\underset{6\ 5\ 1}{\tfrac{1}{6}\cdot\tfrac{1}{6}\cdot\tfrac{1}{6}}=\tfrac{25}{216}\approx0.116$$

图 5.29

262　　　这些概率可以用下面的表格加以总结：

和为 11：	和为 12：
1 + 4 + 6 得到了 6 次	1 + 5 + 6 得到了 6 次
1 + 5 + 5 得到了 3 次	2 + 4 + 6 得到了 6 次
2 + 3 + 6 得到了 6 次	2 + 5 + 5 得到了 3 次
2 + 4 + 5 得到了 6 次	3 + 3 + 6 得到了 3 次
3 + 3 + 5 得到了 3 次	3 + 4 + 5 得到了 6 次
3 + 4 + 4 得到了 3 次	4 + 4 + 4 得到了 1 次

　　和为 11 的情况总共有 27 次，而和为 12 的情况有 25 次。

　　通过比较这两种概率，我们知道，掷出和为 11 的概率与掷出和为 12 的概率几乎相等。

263　　　解法 3：

　　如果我们考虑抛掷三枚骰子所可能得到的点数之和，就会注意到作为和数的 11 和 12 在这个名单上的位置：

　　3;4;5;6;7;8;9;10; ‖ **11;12**;13;14;15;16;17;18。

　　在最大与最小的位置上的和数是 3 和 18，它们都只能由一种方式获得，即分别为 3 = 1 + 1 + 1 和 18 = 6 + 6 + 6。

　　获得和数 4 和 17 的可能性如下：4 = 1 + 1 + 2 = 1 + 2 + 1 = 2 + 1 + 1，以及 17 = 6 + 6 + 5 = 6 + 5 + 6 = 5 + 6 + 6。

　　总的来说，得到每种和数的方式的数量是从中间起两边对称的。这意味着得到和数 10 与得到和数 11 具有相等的概率。与此类似，得到以下和数的概率也相等：$P(9) = P(12)$，$P(4) = P(17)$。

这就说明,得到和数 11 的概率并不等于得到和数 12 的概率。

我们又一次面临着三种解法有着不同结果的困难处境,这三种解法似乎都有些道理。肯定在什么地方出了错,但是错在哪里呢?

解法 1 是有问题的。尽管得到和数 11 与 12 的 6 种可能性是正确的,但结论是完全错误的。得到每一种和数的可能性大小是很重要的,这一点我们可以通过图 5.30 中的情况看出。

| P("3+3+6")= | $\frac{1}{6} \cdot \frac{1}{6} \cdot \frac{1}{6} + \frac{1}{6} \cdot \frac{1}{6} \cdot \frac{1}{6} + \frac{1}{6} \cdot \frac{1}{6} \cdot \frac{1}{6} = \frac{3}{216}$
↑ ↑ ↑　↑ ↑ ↑　↑ ↑ ↑
3 3 6　3 6 3　6 3 3 |
| P("4+4+4")= | $\frac{1}{6} \cdot \frac{1}{6} \cdot \frac{1}{6} = \frac{1}{216}$
↑ ↑ ↑
4 4 4 |

图 5.30

其他获得三骰子点数和为 11 和 12 的概率可从下面的算式中看出,而且我们注意到,在某些情况下概率是相等的,但并非所有情况下都相等。

$$P(1+4+6) = P(1+5+6) = \frac{6}{216},$$

$$P(2+4+5) = P(3+4+5) = \frac{6}{216},$$

$$P(1+5+5) = P(2+5+5) = \frac{3}{216},$$

$$P(3+3+5) = P(3+3+6) = \frac{3}{216},$$

$$P(2+3+6) = P(2+4+6) = \frac{6}{216},$$

但是对于 $P(3+4+4)$ 和 $P(4+4+4)$ 来说，它们的概率是不相等的，因为 $\frac{3}{216} \neq \frac{1}{216}$。

按照上面六行中显示的情况看，其中前五对的概率是相等的，然而 $P(3+4+4) > P(4+4+4)$，这就意味着 $P(11) > P(12)$。

在解法 2 中也有一个问题，即用 $(1,6,5)$ 的结合而不是 $(1,6,4)$ 的结合来得到和数 11。而且下面的 $(2,6,3)$、$(3,5,3)$ 和 $(3,6,2)$ 都没有包括进去。所以，对于事件 A 来说，正确的概率 $P(A) = \frac{27}{216} = 0.125$。①

于是，因为 $0.1157\cdots \neq 0.125$，所以这两个概率是不相等的。解法 3 是正确的，因为 11 比 12 更接近数列的中点，由此可知，$P(11) > P(12)$。

265 为减少失败的可能性需避免的错误！

某种游戏机中装有无数个不透明的小球，该机器的制造商在每 5 个球中的一个中放了一张 5 美元的钞票，在其他小球中放了一张跟 5 美元钞票大小一样的白纸。如果某人一次随机选择 3 个小球，3 个小球里面都没有 5 美元钞票的概率 $P(E)$ 有多大？

---

① 此段令人有些困惑。从解法 2 的描述中看不到用 $(1,6,5)$ 的结合来得到和数 11 的现象，而且 $(2,6,3)$、$(3,5,3)$ 和 $(3,6,2)$ 似乎全都包括在内了。正确的概率 0.125 也显示在图 5.28 中。姑且按照原文译出。——译者注

解法 1：

首先，我们令 F 代表 5 美元钞票，令 X 代表白纸。所以 $P(F) = \frac{1}{5}$，而 $P(X) = \frac{4}{5}$。

选择 3 个小球，其中每个小球里面都没有 5 美元钞票的概率可以这样计算：

$$P(E) = \frac{4}{5} \times \frac{4}{5} \times \frac{4}{5} = 0.512。$$

$$X \quad X \quad X$$

解法 2：

我们将用 ● 代表装有 5 美元钞票的小球，用 ○ 代表装有白纸的小球。换言之，我们将对 ○○○○● 组成的组合进行一次取 3 个的操作。存在着 $\binom{5}{3} = \frac{5 \times 4 \times 3}{1 \times 2 \times 3} = 10$（种）选取 3 个小球的不同方式。如果我们仅仅考虑 4 个 ○ 球，则存在着 $\binom{4}{3} = \frac{4 \times 3 \times 2}{1 \times 2 \times 3} = 4$（种）不同的选择方式，这组 4 个小球就是我们原来选择的目标组。

根据概率的定义，得到 3 个里面没有 5 美元钞票的概率是

$$P(E) = \frac{4}{10} = 0.4。$$

我们再次发现，我们用两种不同的解法得到了两种不同的答案。所以，其中的一种肯定有错误。

解法 1 是正确的。因为球内的填充物是随机放入的，而且每 5 个球中就有一个里面有一张 5 美元钞票，所以很清楚的是，得到一个藏有 5 美元钞票的球的概率是 $\frac{1}{5}$。当然，与此同时，得到一张白

纸的概率是 $\dfrac{4}{5}$。

所以,解法 2 肯定是错误的。原因是,解法 2 的基础在于这样一种想法,即在我们选择的 5 个小球中,必有一个带有 5 美元的钞票。然后我们再从这 5 个小球中选择 3 个。

因为游戏机中有大量小球,所以当选小球的时候,成功与失败的概率分别是 $\dfrac{1}{5}$ 和 $\dfrac{4}{5}$。

然而,在我们刚好获得了 5 个小球的情况下,我们可以这样计算选取 3 个不含 5 美元小球的概率:

$$P(E) = \frac{4}{5} \times \frac{3}{4} \times \frac{2}{3} = 0.4。$$
$$X \quad X \quad X$$

为得到正确的电话号码要避免的一个错误

大卫忘记了一个电话号码的最后一位。他最多两次就能确定正确的末位号码的概率 $P(E)$ 有多大?

解法 1:

我们拨电话时能够使用的数字共有 10 个:0、1、2、3、4、5、6、7、8 和 9。这 10 个数字可以组成 $10 \times 10 = 100$(个)数字对,其中包括重复的数字对(可以称这种方法为"傻试")。我们假定,所有这些数字对出现的概率都是相等的。让我们考虑电话号码的最后一位是 1 的情况。我们可以发现,这一数字可以出现在下面 19 个数字对中:

在以下 10 种情况下,第一次尝试就成功了:10、11、12、13、14、15、16、17、18、19。

在下面 9 种情况下,第一次尝试未能成功,但第二次尝试成功了:01、21、31、41、51、61、71、81、91。

因此,拨打数字 1 最多两次即可成功的概率是 $\frac{19}{100}=0.19$。

解法 2:

267

我们知道,0、1、2、3、4、5、6、7、8、9 是我们在拨电话时能够使用的数字。我们可以用这些数字组成 $90=10\times9$(个)没有重复的数字对(可以称这种方法为"智试")。我们假定所有这些数字对出现的概率都是相等的。让我们考虑电话号码的最后一位是 1 的情况。然后我们可以知道,这一数字可以出现在下面 18 个数字对中:

在以下 9 种情况下,第一次尝试就成功了:10、12、13、14、15、16、17、18、19。

在下面 9 种情况下,第一次尝试未能成功,但第二次尝试成功了:01、21、31、41、51、61、71、81、91。

因此,拨打数字 1 最多两次即可成功的概率是 $\frac{18}{90}=0.2$。

解法 2 是正确的,尽管这两种解法所得的结果只差 1%。虽说这一差别很小,但解法 1 依然是错误的。

另外一个可以用来挑战自我的问题是:大卫不超过 3 次即可尝试成功的概率是多少? 现在我们应该可以清楚地看出,结果应该如下:

$$P(E) = \frac{1}{10} + \frac{9}{10} \times \frac{1}{9} + \frac{9}{10} \times \frac{8}{9} \times \frac{1}{8} = 0.3。$$

对婴儿性别做出的违反直觉的预测

一对父母有一个儿子,他们的第二个孩子就要出世了。第二胎是女孩的概率 $P(E)$ 有多大?(我们假定生男生女的概率相等。)

解法 1:

因为生男生女的概率相等,所以生女儿的概率为 $\frac{1}{2} = 0.5$。

268

解法 2:

这次我们考虑第二胎不是女儿的概率。我们令 B 代表生儿子,G 代表生女儿。

因此,生的孩子不是女儿的概率是 $P(\overline{G}) = \underset{B \quad B}{\frac{1}{2} \times \frac{1}{2}} = \frac{1}{4} = 0.25。$

所以,$P(G) = 1 - P(\overline{G}) = \frac{3}{4} = 0.75。$所以,生女儿的概率就是 $\frac{3}{4} = 0.75。$

解法 3:

我们令 G 代表生女儿,令 B 代表生儿子。所以我们有以下三种可能性:BB、BG 和 GB,每一种情况中都有一个男孩存在。因为在三种情况中的两种之中有女孩出现,因此他们生女孩的概率是 $\frac{2}{3} \approx 0.66667。$

解法 4：

对于这对父母来说，两个孩子的性别存在着三种可能性：两个男孩、两个女孩，或者一男一女。因为我们已经知道，他们已经有了一个男孩，所以我们可以排除两个女孩的情况。从尚存的两种情况看，只有一男一女的选择符合我们的条件。所以，我们要求的概率是 $\frac{1}{2} = 0.5$。

解法 5：

这次我们将分各种情况一个一个地处理。我们将简单地计算生一个儿子和一个女儿，以及生一个女儿和一个儿子的概率：

$$P(G) = \frac{1}{2} \times \frac{1}{2} + \frac{1}{2} \times \frac{1}{2} = \frac{1}{2} = 0.5。$$
$$\quad B \quad\ G \quad\ G \quad\ B$$

不出所料，我们有不同的解法，必须确定哪一种解法是正确的，并找出其他解法的错误。

解法 2 与 3 都使用了错误的论证，得到了错误的数字。解法 1 与 4 的论证是有道理的，计算所得的概率也是正确的。解法 5 的论证是错误的，但所得的概率是正确的。

有时候，由于我们的问题很简单，结果可以通过错误的论证得到所求概率的正确答案，而解法 5 就是这种情况的一个例子。这一解法实际上正确地解答了另外一个问题。那个问题就是：一对父母所生的两个孩子性别不同的概率有多大？这一问题和原问题之间的差别是，前者并没有假定第一个孩子已经是男孩，而这正是原问题中的情况。

269

结　论

　　希望你喜欢这次遍览各式数学错误的探索之旅。有些错误是十分好笑的;有些错误引导着著名数学家努力奋斗,进一步得出深刻的结果。但还有一些错误既让你欣赏到数学的威力与美感,也让你意识到,在有些时候,这些错误能导致意外的成功,拔地而起的大厦往往建筑在从错误向成功发展的基础之上或者过程中。

　　例如,我们知道,用零作除数是不可以的,这会导致荒谬的结果;然而我们发现,数学中出现的一些错误是人们在无意中用零作除数造成的。我们也看到了几何中的一些错误,它们有时看上去似乎是因为图画得不好而产生的,但实际上,我们可以把它们归因于缺乏精确性或者没有定义(例如"中间性"这个词)。

　　无论我们如何看待数学中的错误,我们都希望,在这次穿梭于各种错误与失误中的探险之后,你能对这一极为重要的学科有着更为准确的评价。因为,认识数学中的错误,不但能帮助你成为更好的数学家,而且有助于你成为更好的思想者。德国著名数学家卡尔·弗里德里希·高斯说数学是"科学的女王",我们希望这本书能够让读者真正地理解,正是那些经过改正的错误,才确保数学享有这项殊荣。

前　言

1. See Alfred S. Posamentier and Ingmar Lehmann, *Pi: A Biography of the World's Most Mysterious Number* (Amherst, NY: Prometheus Books, 2004), p. 70ff. 诺贝尔奖得主赫伯特·豪普特曼(Herbert Hauptman) 为该书写了后记。

第一章　著名数学家犯的引人注目的错误

1. 有关这一令人吃惊的比率的更多信息, 可参阅 Alfred S. Posamentier and Ingmar Lehmann, *The Glorious Golden Ratio* (Amherst, NY: Prometheus Books, 2012)。
2. 参见阿德里安·弗拉克在 *Arithmetica Logarithmica* 和 *Trigonometria artificialis* (Leipzig, 1794) 中做的对数表和三角函数表的增订版。
3. Lutz Führer, "Geniale Ideen und ein lehrreicher Fehler des berühmten Herrn Galilei," *Mathematica didactica* 28, no 1(2005): S. 58 – 78.
4. 在希腊文中, brachistos 等于"最短的", chronos 等于"时间"。
5. Alexandre Koyre, *Leonardo, Galilei, Pascal—Die Anfänge der neuzeitlichen Naturwissenschaft* (Frankfurt am Main: Fischer, 1998), p. 178.
6. Jacob Steiner, "Einige geometrische Sätze," *Journal reine angewandte Mathematik* 1(1826): 38 – 52; "Einige geometrische Betrachtungen," *Journal reine angewandte Mathematik* 1(1826): 161 – 84; and "Fortsetzung der geometrischen Betrachtungen," *Journal reine angewandte Mathematik* 1(1826): 252 – 88.

7. H. Lob and H. W. Richmond, "On the Solutions of Malfatti's Problem for a Triangle," *Proceedings London Mathematical Society* 2, no. 30 (1930): 287 - 301.

8. Michael Goldberg, "On the Original Malfatti Problem," *Mathematics Magazine* 40(1967): 241 - 47.

9. 马尔法蒂曲解了他自己的问题。Richard K. Guy, "The Lighthouse Theorem, Morley & Malfatti——A Budget of Paradoxes," *American Mathematics Monthly* 114, no. 2(2007): 97 - 141.

10. V. A. Zalgaller and G. A. Los, "The Solution of Malfatti's Problem," *Journal of Mathematical Sciences* 72, no. 4(1994): 3163 - 77.

11. M. Gardner, "Mathematical Games: Six Sensational Discoveries That Somehow or Another Have Escaped Public Attention," *Scientific American* 232 (April 1975): 127 - 31; M. Gardner, "Mathematical Games: On Tessellating the Plane with Convex Polygons," *Scientific American* 232(July 1975): 112 - 17.

12. Kenneth Appel and Wolfgang Haken, "The Solution of the Four - Color - Map Problem," *Scientific American* 237, no. 4(1977): 108 - 21.

13. Preda Mihăilescu, "Primary Cyclotomic Units and a Proof of Catalan's Conjecture," *Journal Reine Angewandte Mathematik* 572(2004): 167 - 95.

14. See Alfred S. Posamentier and Ingmar Lehmann, *The Fabulous Fibonacci Numbers*(Amherst, NY: Prometheus Books, 2007).

15. Tomás Oliveira e Silva, "Goldbach Conjecture Verification: Introduction," last updated November 22, 2012, http://www.ieeta.pt/~tos/goldbach.html(accessed April 15, 2013); Alfred S. Posamentier and Ingmar Lehmann, *Mathematical Amazements and Surprises: Fascinating Figures and Noteworthy Numbers*(Amherst, NY: Prometheus Books, 2009), p. 226, 附有诺贝尔奖得主赫伯特·豪普特曼为该书写的后记。

16. See Tomás Oliveira e Silva, "Computational Verification of the $3x + 1$ Conjecture," http://www.ieeta.pt/~tos/3x + 1.html. Also see Tomás Oliveira e Silva, "Maximum Excursion and Stopping Time Record - Holders for the $3x + 1$ Problem: Computational Results," *Mathematics of Computation* 68, no. 225 (1999):371 - 84.

17. Posamentier and Lehmann, *Mathematical Amazements and Surprises*, pp. 111 – 26.

18. Martin Aigner and Günter M. Ziegler, *Proofs from THE BOOK* (Berlin: Springer, 1998), pp. 7 – 12.

19. D. B. Gillies, "Three New Mersenne Primes and a Statistical Theory," *Mathematics Computing* 18 (1964): 93 – 97.

20. P. Ochem and M. Rao, "Odd Perfect Numbers Are Greater Than 10^{1500}," *Mathematics of Computation* (2011), http://www. lirmm. fr/ ~ ochem/opn/ opn. pdf.

21. Paulo Ribenboim, T*he Little Book of Bigger Primes* 2nd ed (New York: Springer, 2004).

22. See Posamentier and Lehmann, *Mathematical Amazements and Surprises*, p. 10.

23. A. de Polignac, "Six Propositions Arithmologiques d'Eduites de Crible d'Eratosthène," *Nouvelles Annales de Mathématiques* 8 (1849): 423 – 29.

24. R. Crocker, "On the Sum of a Prime and Two Powers of Two," *Pacific Journal of Mathematics* 36 (1971): 103 – 107.

25. L. J. Lander and T. R. Parkin, "Counterexample to Euler's Conjecture on Sums of Like Powers," *Bulletin of the American Mathematical Society* 72 (1966): 1079; and Leon J. Lander, Thomas R. Parkin, and John L. Selfridge, "A Survey of Equal Sums of Like Powers," *Mathematics of Computation* 21 (1967): 446 – 59.

26. Noam D. Elkies, "On $A^4 + B^4 + C^4 = D^4$," *Mathematics of Computation* 51 (1988):825 – 35.

27. Gaston Tarry, "Le Probléme de 36 Officiers," *Compte Rendu de l'Association Française pour l'Avancement de Science Naturel* 1 (Secrétariat de l'Association) (1900): 122 – 23.

28. H. F. Mac Neish, "Euler Squares," *Annals of Mathematics* 23 (1922): 221 – 27.

29. R. C. Bose and S. S. Shrikhande, "On the Falsity of Euler's Conjecture about the Nonexistence of Two Orthogonal Latin Squares of Order 4t + 2," *Proceed-*

275

ings of the National Academy of Science 45(1959): 734 – 37.

30. E. T. Parker, "Construction of Some Sets of Mutually Orthogonal Latin Squares," *Proceedings of the American Mathematical Society* 10 (1959): 946 – 49; and E. T. Parker, "Orthogonal Latin Squares," *Proceedings of the National Academy of Science* USA 45(1959): 859 – 62.

31. R. C. Bose, S. S. Shrikhande, and E. T. Parker, "Further Results on the Construction of Mutually Orthogonal Latin Squares and the Falsity of Euler's Conjecture," *Canadian Journal of Mathematics* 12(1960): 189 – 203.

32. V. I. Ivanov, "On Properties of the Coefficients of the Irreducible Equation for the Partition of the Circle," *Uspekhi Matematicheskikh Nauk* 9(1941): 313 – 17.

33. Hans Ohanian, *Einstein's Mistakes: The Human Failings of Genius*, 1st ed. (New York: W. W. Norton, 2008).

第二章 算术中的错误

1. See Mike Sutton, "Spinach, Iron, and Popeye: Ironic Lessons from Biochemistry and History on the Importance of Healthy Eating, Healthy Skepticism and Adequate Citation," *Internet Journal of Criminology*(2010): 1 – 34, http://www. internetjournalof criminology. com/Sutton _ Spinach _ Iron _ and _ Popeye _ March_2010. pdf.

2. C. Stanley Ogilvy and John T. Anderson, *Excursions in Number Theory* (New York: Oxford University Press, 1966), p. 86.

3. A. P. Darmoryad, *Mathematical Games and Pastimes* (New York: Macmillan, 1964), p. 35.

4. Raphael Robinson, "C. W. Trigg: E 69," *American Mathematical Monthly* 41, no. 5(1934): 332.

276 第三章 代数中的错误

1. 这一极限可通过泰勒级数: $\ln(1 + x) = \dfrac{x}{1} - \dfrac{x^2}{2} + \dfrac{x^3}{3} - \dfrac{x^4}{4} \pm \cdots$ 取得。

2. 自然对数是一个数字以 $e \approx 2.718$ 为底的幂的指数,而常用对数是一个数字以 10 为底的幂的指数。

3. 请与第一章提到的莱布尼茨的错误相比较。

4. "Gleanings Far and Near," *Mathematical Gazette* 33, no. 2(1949): 112.

5. A. G. Konforowitsch, *Logischen Katastrophen auf der Spur*(Leipzig: Fachbuch-verlag, 1997), p. 83.

6. Alfred S. Posamentier and Ingmar Lehmann, *The Fabulous Fibonacci Numbers* (Amherst, NY: Prometheus Books, 2007), pp. 78 – 81,附有诺贝尔奖得主赫伯特·豪普特曼为该书写的后记。

第四章　几何中的错误

1. 这些所谓的"缪勒 – 莱尔错觉"是由德国精神病学家弗朗茨·缪勒 – 莱尔 (1857—1916)在 1889 年提出的。

2. Swedish postage stamp: 25 Öre, Sverige, February 16, 1982.

3. 更多此类例子参见 Alfred S. Posamentier and Ingmar Lehmann, *The Fabulous Fibonacci Numbers*(Amherst, NY: Prometheus Books, 2007), pp. 140 – 43。诺贝尔奖得主赫伯特·豪普特曼为该书写了后记。

4. 三角形一个内角的平分线将该角的对边分割为两条与两条邻边成比例的线段。参见 Alfred S. Posamentier and Ingmar Lehmann, *The Secrets of Trian-gles*(Amherst, NY: Prometheus Books, 2012), p. 43。

5. Berthold Schuppar and Hans Humenberger, "Drachenvierecke mit einer beson-deren Eigenschaft," *Math. Naturwiss. Unterricht* 60, no. 3(2007): 140 – 45.

6. 周长等于 $2\pi r$ 。我们可以用高等数学证明,一个普通的滚轮的长度是 $8r$,此处 r 滚动了一周的圆的半径。

7. 显然,这个"古典"问题第一次发表是在"The Paradox Party. A Discussion of Some Queer Fallacies and Brain – Twisters" by Henry Ernest Dudeney. *Strand Magazine* 38, no. 228, ed. George Newnes(December 1909):670 – 76。

8. 更多例子以及对类似问题的讨论,参见 Alfred S. Posamentier and Ingmar Lehmann, *Pi: A Biography of the World's Most Mysterious Number*(Amherst, NY: Prometheus Books, 2004), pp. 222 – 43, 305 – 308。诺贝尔奖得主赫伯特·豪普特曼为该书写了后记。

9. David A. James, Ian Richards, David E. Kullman, and Lyman C. Peck, "News and Letters," *Mathematics Magazine* 54, no. 3(1981): 148 – 53; see also the March 31, 1981, issue of *Time*(p. 51) or the April 6, 1981, issue of *Newsweek* (p. 84). 也可参阅本书前言。

10. Gustav Fölsch, "Haben Schüler einen sechsten Sinn?" *Praxis der Mathematik* 26, no. 7(1984): 211 – 15.

参考书目

Ball, W. W. Rouse. *Mathematical Recreations and Essays*. New York: Macmillan, 1960.

Barbeau, Edward J. *Mathematical Fallacies, Flaws, and Flimflam*. Washington, DC: Mathematical Association of America, 2000.

Bunch, Bryan H. *Mathematical Fallacies and Paradoxes*. New York: Van Nostrand Reinhold, 1982.

Campbell, Stephen K. *Flaws and Fallacies in Statistical Thinking*. Englewood Cliffs, NJ: Prentice-Hall, 1974.

Darmoryad, A. P. *Mathematical Games and Pastimes*. New York: Macmillan, 1964.

Dubnov, Ya. S. *Mistakes in Geometric Proofs*. Boston: D. C. Heath, 1963.

Dudeney, H. E. *Amusements in Mathematics*. New York: Dover, 1970.

Furdek, Atilla, *Fehler-Beschwörer—Typische Fehler beim Lösen von Mathematikaufgaben*. Norderstedt: Books on Demand, 2002.

Gardner, Martin. *Fads and Fallacies: In the Name of Science*. New York: Dover, 1957.

———. *Perplexing Puzzles and Tantalizing Teasers*. New York: Dover, 1988.

Havil, Julian. *Impossible?—Surprising Solutions to Counterintuitive Conundrums*. Princeton, NJ: Princeton University, 2008.

———. *Nonplussed!—Mathematical Proof of Implausible Ideas*. Princeton, NJ: Princeton University, 2007.

James, Ioan. *Remarkable Mathematicians*. Cambridge: Cambridge University,

2002.

Jargocki, Christopher P. *Science Brain-Twisters, Paradoxes, and Fallacies.* New York: Charles Scribner, 1976.

Konforowitsch, Andrej G. *Logischen Katastrophen auf der Spur.* Leipzig: Fachbuchverlag, 1992.

Kracke, Helmut. *Mathe-musische Knobelisken.* Bonn: Dümmler, 1983.

Lietzmann, Walther. *Wo steckt der Fehler?* Leipzig: Teubner, 1953.

Madachy, Joseph. *Mathematics on Vacation.* New York: Charles Scribner, 1966.

Maxwell, E. A. *Fallacies in Mathematics.* London: Cambridge University Press, 1959.

Northrop, Eugene P. *Riddles in Mathematics.* Princeton, NJ: D. Van Nostrand, 1944.

O'Beirne, T. H. *Puzzles and Paradoxes.* New York: Oxford University, 1965.

Posamentier, Alfred S. *Advanced Euclidean Geometry.* Hoboken, NJ: Wiley, 2002.

———. *The Pythagorean Theorem: The Story of Its Power and Glory.* Afterword by Nobel laureate Herbert Hauptman. Amherst, NY: Prometheus Books, 2010.

Posamentier, Alfred S. and Ingmar Lehmann. *Mathematical Amazements and Surprises: Fascinating Figures and Noteworthy Numbers.* 后记为诺贝尔奖得主赫伯特·豪普特曼所写。Amherst, NY: Prometheus Books, 2009.

Schumer, Peter D. *Mathematical Journeys.* Hoboken, NJ: Wiley, 2004.

Scripta Mathematica 5(1938) through 12(1946).

White, William F. *A Scrapbook of Elementary Mathematics.* LaSalle, IL: Open Court, 1942.

Wurzel. *Zeitschrift für Mathematik*(Jena, Germany) 38(2004) through 46(2012).

索 引

(索引中页码为英文原书页码,即本书页边码)

0. *See* zero   0,见零

1

    $1 = 0$,$115 - 16$

    $1 = 2$,$63 - 65$,92,$97 - 100$,$108 - 9$

2

    $1 = 2$,$63 - 65$,92,$97 - 100$,$108 - 9$

    $2 = 3$,$116 - 17$

    $2^n - 1$ numbers, *See* prime numbers, Mersenne prime numbers $2^n - 1$ 数字,
    见素数,梅森素数

    square root of 2   2 的平方根,$82 - 83$

$3n + 1$ problem $3n + 1$ 问题,$40 - 41$

$4! = 24$ ways to fill in Sudoku game $4! = 24$ 种方法在九宫格游戏中填充,
  $231 - 34$

6

    multiple of between prime twins   素数对之间的倍数,$36 - 37$

    smallest perfect number   最小的完全数,45

7, appearance in calculation of π 在 π 的计算中出现的 7,32

23, multiples of   23 的倍数,17

28, multiples of   28 的倍数,17

31 as a Mersenne prime number   31 作为梅森素数,$66 - 67$

$64 = 65$ puzzle $64 = 65$ 之谜,$166 - 68$

999, finding all pairs of prime numbers with sum of   找出所有和为 999 的素数

对,248

= multiplied by = 　等式乘以等式,12 – 13

∞ . *See* infinity (∞)　∞ ,见无穷(∞)

π (pi). *See* pi (π), mistake in calculating $\sqrt{2}$　π(pi),见圆周率(π),在计算 $\sqrt{2}$ 时出现的错误,82 – 83

$(a + b)^2 = a^2 + 2ab + b^2$. *See* binomial theorem　$(a + b)^2 = a^2 + 2ab + b^2$,见二项式定理

$a > b$　$a > b$,92 – 93

$a \neq b$　$a \neq b$,127 – 28

absolutely convergent series　绝对收敛级数,115 – 16

acceleration times distance　加速度乘以距离,85 – 86

Adams, John (death date of)　约翰·亚当斯(去世日期),237

addition　加法

　　adding equations　等式加等式,136

　　adding fractions　分数相加,65

　　finding all pairs of prime numbers whose sum is 999　找出所有和为 999 的素数对,248

　　Leibniz's sum of series　莱布尼茨的级数和,27 – 29

　　multiplication, distributive over addition　乘法,对于加法的分配律,112

　　odd numbers as sum of power of 2 and a prime number (Polignac's conjecture)　作为 2 的幂与一个素数之和的奇数(波利尼亚克猜想),48 – 49

　　square of sum of digits　位数之和的平方,80 – 82

　　sum of angles in a triangle is 180° (mistaken proof)　三角形的内角和为 180°(错误的证明),177

　　sum of interior angles of a polygon　一个多边形的内角和,153 – 55

　　trapezoid whose length of bases have a sum of zero (mistaken proof)　上下底长度和为零的梯形(错误的证明),187 – 88

Adventures of Alice in Wonderland , The (Carroll)　《爱丽丝漫游奇境记》(卡罗尔著),166

Aigner, Martin　马丁·艾格纳,42

algebra, errors in 代数,在代数中所犯的错误,91 – 145

algorithms 算法

Hasse's algorithm 哈塞运算法则,40 – 41

mistakes leading to correct results 导致正确结果的错误,129 – 31

angles 角

every angle is a right angle (mistaken proof) 每个角都是直角(错误证明),164 – 65

every exterior angle of a triangle is equal to one of its remote interior angles (mistaken proof) 三角形的每个外角都等于它的一个不相邻的外角(错误证明),179 – 80

reflex angles 优角,164

right angle equal to an obtuse angle (mistaken proof) 直角等于一个钝角(错误证明),163 – 64

sum of angles in a triangle is 180° (mistaken proof) 三角形的内角和是180°(错误证明),177

sum of interior angles of a polygon (mistaken proof) 一个多边形的内角和(错误证明),153 – 55

triangle with two right angles (mistaken proof) 有两个直角的三角形(错误证明),175 – 77

apartment building, number of steps between floors 公寓建筑,楼层之间的台阶数,59 – 60

"apparent limit sum" "看上去明显的极限和",212

Appel, Kenneth 肯尼斯·阿佩尔,34 – 35

April Fool's joke 愚人节玩笑,34

Archimedes 阿基米德,27,29,32,158

arc-lengths of semicircles in larger semicircle 大半圆内的半圆弧长,211 – 12

area 面积

making area of parking spaces smaller 让停车位的面积变小,76 – 77

maximizing area of three tangent circles in a triangle (Malfatti's problem) 一个三角形的三个内切圆的最大面积(马尔法蒂问题),29 – 31

ratio of area of two similar figures equal to square of ratio of line segments 两

个相似形的面积比等于对应线段的长度比的平方,199 – 200

of square partitioned into two trapezoids and two right triangles　分隔为两个梯形和两个直角三角形的正方形面积,166 – 68

Aristotle　亚里士多德,15 – 16

arithmetic, errors in　算术中的错误,59 – 89

Arithmetica (Diophantus)　《算术》(丢番图著),20

Arithmetica logarithmica (Briggs)　《对数算术》(布里格斯著),19 – 20

arithmetic mean　算术平均数,87

"Ask Marilyn" column　《试问玛丽莲》专栏,253

Austrian postage stamp　奥地利邮票,152

average speed over a round-trip　一段往返旅途的平均速度,87 – 89

balls, selecting one with ＄5. 00 bill　选择一个装有 5 美元钞票的小球,265 – 66

basketball, path to spell　拼写 basketball 的途径,239 – 41

Bernoulli, Jacob　雅各布·伯努利,29

Bernoulli, Johann　约翰·伯努利,24

Bertrand, Joseph　约瑟夫·伯特兰德,242 – 43

betting games. *See* games　赌博游戏,见游戏

betweenness　中间性,13,170,174,176,271

binomials　二项式

adding instead of multiplying　相加而非相乘,132

Chebotaryov's conjecture on factoring of　切博塔廖夫有关因数分解的猜想,53 – 54

consisting of fractions that are multiplied　由相乘的分数组成的,65 – 66

ignoring fraction portions of binomials　忽略二项式的分数部分,77 – 79

binomial theorem　二项式定理,107 – 8

birth dates, probability of sharing　有共同生日的概率,234 – 38

Bolzano, Bernard　伯纳德·波尔查诺,115 – 16

book louse eating through pages　书虱咬穿书页,60 – 61

bookshop payment paradox　书店付款悖论,86 – 87

Bose，Raj Chandra 拉杰·钱德拉·博斯,52

boys having more sisters than girls 男孩的姐妹比女孩的多,227－28

Brachistochrone 最速降线,24

Brahe，Tycho 第谷·布拉赫,16

Briggs，Henry 亨利·布里格斯,19－20

Brillhart，John 约翰·布里尔哈特,47

Brouncker，William 威廉姆·布朗克,24

calculators，mistakes caused by 因计算器引起的错误,134－35

cancellations and reduction of a fraction 分数的抵消与化简,69

Cantor，Georg 格奥尔格·康托尔,39

card game，betting half of stake in win/lose 在胜/负卡片游戏中押上手中半数资金,249－50

Carroll，Lewis 刘易斯·卡罗尔,166

Catalan，Eugène，and Catalan conjecture 欧仁·卡塔兰,以及卡塔兰猜想,35－36

Cataldi，Pietro 彼得罗·卡塔尔迪,43

Catherine the Great 凯瑟琳大帝,51

Cauchy，Augustin Louis 奥古斯丁·路易·柯西,21

Cayley，Arthur 阿瑟·凯莱,30

Ceulen，Ludolph van 鲁道夫·范·科伊伦,32

"Chapters from My Autobiography"（Twain） 《我的自传》（马克·吐温著）,227

Chebotaryov，Nikolai Grigorievich 尼古拉·格里戈里耶维奇·切博塔廖夫,53－54

child，predicting sex of 预测婴儿的性别,267－69

chords，length of for circle with equilateral triangle inscribed 带有内接等边三角形的圆的弦的长度,242－46

circles 圆

　　arc-lengths of semicircles in larger semicircle 在大半圆内的半圆的弧长,211－12

concentric circles in ratio of are of two similar figures equal to square of ratio of line segments 同心圆运用两个相似形的面积比等于对应线段的长度比的平方原理,199 – 200

constructing an inscribed circle in a quadrilateral (mistaken proof) 在四边形内作内切圆(错误证明),189 – 91

constructing octagon using 利用圆作八边形,155 – 56

construction of inscribed in triangle (software mistake) 作三角形的内切圆(软件错误),184

determining number of regions when two lines cross 当两条线相交时确定圆的区域数,142,144 – 45

equilateral triangle inscribed in and chord length of the circle 圆的内接等边三角形与圆的弦长,242 – 46

intersecting circles and triangle with two right angles (mistaken proof) 相交圆与有两个直角的三角形(错误证明),175 – 77

point in the interior is also on the circle (mistaken proof) 圆内的一点也在圆上(错误证明),192 – 93

quarter circles used to construct octagon 利用四分之一圆作八边形,157 – 58

reflecting a point in a circle 反射于圆内一点,207 – 9

rolling circles 滚动圆

all circles having same circumference (mistaken proof) 所有圆都有相同的周长(错误证明),193 – 95

coin rotating around a fixed coin (mistaken proof) 绕一个固定硬币滚动的硬币(错误证明),195 – 98

square, circle, and triangle used to create a solid shape 用正方形、圆与三角形构建立体形,222 – 25

tangent circles in a triangle 三角形内的正切圆,29 – 31

circumferences 周长

all circles having same circumference (mistaken proof) 一切圆都有相同的周长(错误证明),193 – 95

rope around the equator (mistaken proof) 环绕赤道的绳子(错误证明),

201 – 7

Claudius Ptolemaeus of Alexandria (Ptolemy). *See* Ptolemy 亚历山大城的克劳迪亚斯·托勒密(托勒密),见托勒密

Clausen, Thomas 托马斯·克劳森,47

Clay, Landon T. 兰顿·T. 克雷,56

Clay Mathematics Institute 克雷数学研究所,56

Clebsch, Alfred 阿尔弗雷德·克莱布什,30

clock, time taking to strike hours 敲响整点钟声所需的时间,60

Cognitata Physica—Mathematica (Mersenne) 《伟大的物理学与数学》(梅森著),44

Coins 硬币

    coin rotating around a fixed coin (mistaken proof) 绕一个固定硬币滚动的硬币(错误证明),195 – 98

    stacking coins in a dark room 在黑屋子中摆放硬币成堆,253 – 54

Collatz, Lothar, and Collatz's conjecture 洛塔尔·考拉兹,以及考拉兹的猜想,40 – 41

Colors 颜色

    amount of colored paper lining inside and outside of a cube 在一个正方体内部和外部张贴彩色纸所需的彩色纸数量,216 – 17

    coloring a striped flag 为一面条纹旗上色,256 – 57

    four-color map problem 四色地图问题,33 – 35

    game to identify color of hat 确定帽子颜色的游戏,257 – 60

Columbus, Christopher 克里斯多夫·哥伦布,16 – 17

combinatorics, mistakes in 组合中的错误,229 – 30

complex numbers 复数

    applying to prove that $-1 = +1$ 应用复数证明 $-1 = +1$,122

    equation with solution for complex numbers but not real numbers 解是复数但非实数的方程,126 – 27

concentric circles, use of in ratio of area of two similar figures equal to square of ratio of line segments 同心圆,两个相似形的面积比等于对应线段的长度比的平方的应用,199 – 200

conclusions, jumping to　过早下结论,138 – 39

Condensing Arithmetic Operations　《简洁算术运算》,68

conditionally convergent series　条件收敛级数,115,117

congruent triangles　全等三角形,162

constants, constant difference　常数,常数差,135

convergent series　收敛级数

　　absolutely convergent series　绝对收敛级数,115 – 16,117

　　conditionally convergent series　条件收敛级数,115,117

　　difference between divergent and convergent series　发散级数与收敛级数之
　　　间的不同,120

conversion errors　换算错误,84 – 86

Copernicus, Nicolaus　尼古拉·哥白尼,16,55

counting, mistakes in　计数中的错误

　　book louse eating through pages　书虱咬穿书页,60 – 61

　　counting before thinking　计数前想一想,247 – 49

　　house numbers　门牌号码,59 – 60

　　See also numbering mistakes　亦见于数字错误

cubes (geometrical)　正方体(几何的)

　　lining inside and outside of with colored paper　用彩色纸张贴正方体的内
　　　部和外部,216 – 17

　　use of square, circle, and triangle to create a solid shape　用正方形、圆和
　　　三角形构建一个立体形,222 – 25

cubes (power of 3)　立方(三次方)

　　Catalan conjecture　卡塔兰猜想,35 – 36

　　cubes of sum of digits　位数之和的立方,80 – 82

cylinders, use of square, circle, and triangle to create a solid shape　圆柱体,用
　　正方形、圆和三角形构建一个立体形,222 – 25

Darmoryad, A. P.　A. P. 达莫莱阿德,74

Davies, Charles　查尔斯·戴维斯,52

decagon, partitioning of　十边形的分割,153 – 55

decimals 小数

decimal expansion of fractions 分数的小数展开式, 83 – 84

error in placing decimal point in iron content of spinach 在菠菜的含铁量上放错了小数点的位置, 62

mistake in 528th decimal place of π 在 π 的第 528 位小数上出现的错误, 11, 32, 33

repeating decimals 循环小数, 82

defective light switches, selling of 不合格的电灯开关的销售, 230 – 31

de Méré, Chevalier 舍瓦利耶·德·梅雷, 25 – 27

de Morgan, Augustus 奥古斯塔斯·德·摩根, 32 – 33

dice, determining result of tossing three 确定抛掷三个骰子的总点数, 260 – 64

dimensional mistakes 量纲错误, 84 – 86

Dirichlet, Peter Lejeune 彼得·勒热纳·狄利克雷, 21

discounts, taking successive 连续降价, 75 – 76

disease, testing for 检测是否患有疾病, 254 – 56

distance times acceleration 距离乘以加速度, 85 – 86

distributive property 分配律, 112 – 14

divergent series 发散级数, 116 – 17, 120

division by zero 用零作除数, 13, 271

$a > b$ $a > b$, 92 – 93

$1 = 2$ $1 = 2$, 63 – 65, 92, 108 – 9

$-3x + 15$ equation 方程 $-3x + 15$, 123 – 24

"eleventh commandment" "第十一条戒律", 63, 91

examples where camouflaged 隐蔽着用零作除数的例子, 94 – 97

and proportions 和比例, 96 – 97

and trying to prove all integers are equal 和试图证明所有整数都相等, 93 – 94

in two unequal lines are equal (mistaken proof) 两条不相等的线段相等 (错误证明), 178

zero divided by zero 零除以零, 63 – 64

Dodgson, Charles Lutwidge 查尔斯·勒特威奇·道奇森, 166

door, choosing correct　选择正确的门,250－53

Dudeney, Henry　亨利·杜德尼,52－53

Dudley, Underwood　安德伍德·达德利,79

dynamic geometry software, mistakes made using　使用动态几何作图软件造成的错误,184

Earth　地球

　　circumference of　地球的周长,16

　　rope around the equator (mistaken proof)　环绕赤道的绳子(错误证明),201－7

Einstein, Albert　阿尔伯特·爱因斯坦,57－58

Einstein's Mistakes (Ohanian)　《爱因斯坦的错误》(瓦尼安著),58

electric switches, selling of defective　不合格的电动开关的销售,230－31

"eleventh commandment." *See* division by zero　"第十一条戒律",见用零作除数

Elkies, Noam D.　诺姆·D. 埃尔基斯,50

equalities, avoiding accepting generalizations　等式,避免接受推广,140－141

equals　等式

　　equals multiplied by equals　等式乘以等式,12－13

　　misinterpretation of words have and *has* to mean equal　把"有"这个词错误地理解为"等于",136

equations　方程

　　adding equations　方程相加,136

　　finding two correct solutions for an equation　找出一个方程的两个正确解,124－26

　　mistakes caused by the calculator　计算器造成的错误,134－35

　　mistakes leading to correct results adding a number to only one side of equation　只在方程的一边加上一个数导致了正确的结果的错误,131

　　incorrectly adding rather than multiplying　不正确地加上而不是乘以,132

　　lining inside and outside of with colored paper　在正方体的内部和外部张贴彩色纸,216－17

mistaken cancellations 错误地抵消,132 – 33

 in predicting sex of a child 预测婴儿性别,268 – 69

weird radical reductions 古怪的根式化简,129 – 31

misunderstanding of 对方程的错误理解,137 – 38,138 – 39

with no solution 无解的方程,97 – 101,133 – 34,137 – 38

 because of imprecise formulation of problem 对问题的不精确构想而造成的无解,242 – 46

  no（non-zero）integer solutions 无（非零）整数解,20,21,50,126 – 27

  for real numbers 没有实数解,126 – 27

 simultaneous equations 方程组,100 – 101

equator, rope around（mistaken proof） 环绕赤道的绳子（错误证明）,201 – 7

equilateral triangles 等边三角形

 inscribed in a circle and chord length of the circle 圆的内接等边三角形和圆的弧长,242 – 46

 and pyramids 和金字塔形,213

 tangent circles in a triangle 三角形的内切圆,30

equivalence transformation 等价变换,105

Euclid 欧几里得,45

 and concept of betweenness 和中间性概念,13,169 – 70,174,176

Euler, Leonhard 莱昂哈德·欧拉,21,29

 and Catalan conjecture 和卡塔兰猜想,35

 on Cataldi's mistakes 有关卡塔尔迪的错误,43

 effort to solve n-body problem 解决 n 体问题的努力,55

 and Goldbach's conjecture 和哥德巴赫猜想,38,39 – 40

 on Mersenne prime numbers 在梅森猜想上进行的工作,44

 on mistake in Fermat numbers 关于费马数上的错误,47

 mistaken conjectures of 欧拉的错误猜想,50 – 52

even numbers. See numbers 偶数。见数字

Eves, Howard 霍华德·伊夫斯,30

exponents 指数

 equalities for powers of 1, 2, 3, 4, 5, 6, and 7 1、2、3、4、5、6、7 次幂都相

等,140 – 141

rules of exponents　指数的规则,106

strange exponential relationships　奇怪的指数关系,79 – 82

See also cubes（power of 3）　亦见于立方(3 次方);

　　squares（power of 2）　平方(2 次方)

factorial（4! = 24）　阶乘(4! = 24),231 – 34

factoring of binomials, Chebotaryov's conjecture on　切博塔廖夫关于二项式的
　因式分解的猜想,53 – 54

false positives and testing for disease　假阳性与疾病检测,254 – 56

Ferguson, D. F.　D. F. 弗格森,32

Fermat, Pierre de　皮埃尔·德·费马,20,25,36,43

　　Fermat's last theorem　费马最后定理,20 – 22

　　mistake about Fermat numbers　有关费马数的错误,46 – 48

Fermi, Enrico　恩里科·费米,57

Fillmore, Millard（death date of）　米勒德·菲尔莫尔(去世日期),237

flag, coloring a striped　给一面条纹旗上色,256 – 57

Fliess, Wilhelm　威廉姆·弗里斯,17

four-color map problem　四色地图问题,33 – 35

fractions　分数

　　adding fractions　分数加法,65

　　decimal fractions　小数,82

　　　decimal expansion of fractions　分数的小数展开式,83 – 84

　　ignoring fractions in a calculation　在计算中忽略小数,77 – 79

　　multiplying fractions　分数乘法,65 – 66

　　reduction of a fraction　化简分数,69 – 75

Frénicle de Bessy, Bernard　贝尔纳·弗兰尼柯·德·贝西,21

Freud, Sigmund　西格蒙德·弗洛伊德,17

Frye, Roger　罗杰·弗赖伊,50 – 51

Galilei, Galileo　伽利略·伽利雷,15,22 – 25

games 游戏

　betting half of stake in win/lose card selection 在胜/负卡片选择游戏中押上手中半数资金,249 – 50

　decreasing chance of losing in picking balls 在选择小球时降低失败的概率,265 – 66

　determining result of tossing three dice 确定抛掷三个骰子的总点数,260 – 64

　dividing money before winner declared 在确定胜利者之前分配彩头,246 – 47

　identifying color of hat 确定帽子的颜色,257 – 60

Gardner, Martin 马丁·加德纳,33 – 34

Gauss, Carl Friedrich 卡尔·弗里德里希·高斯,21,47,48,58,271

Geometer's Sketchpad, mistake by "几何画板"造成的错误,184

geometric series 几何级数,27 – 28

geometry 几何

　errors in 几何中的错误,147 – 225

　geometric tricks 几何把戏

　　straight lines connecting six points (without lifting pencil) 一笔连结6个点的折线,217 – 18

　　straight lines connecting nine points (without lifting pencil) 一笔连结9个点的折线,218 – 19

　　straight lines connecting twelve points (without lifting pencil) 一笔连结12个点的折线,219 – 20

　　straight lines connecting twenty-five points (without lifting pencil) 一笔连结25个点的折线,220 – 221

Germain, Sophie 索菲·热尔曼,21

Gersonides. See Levi ben Gershon 热尔松尼德,见莱维·本·热尔松

Gillies, Donald B. 唐纳德·B. 吉利斯,46

girls having fewer sisters than boys 女孩的姐妹比男孩的少,227 – 28

Goldbach, Christian, and Goldbach's Conjectures 克里斯蒂安·哥德巴赫,以及哥德巴赫猜想,38

Goldberg, Michael 迈克尔·戈德堡,31

Gombaud, Antoine (Chevalier de Méré) 安托万·贡博(舍瓦利耶·德·梅雷),25 – 27

Gonthier, Georges 乔治·贡蒂尔,35

Guthrie, Francis 弗朗西斯·格思里,33

Guy, Richard 理查德·盖伊,31

Haken, Wolfgang 沃尔夫冈·哈肯,34 – 35

Hall, Monty 蒙提·霍尔,250 – 53

Harding, Warren G. (birth date of) 沃伦·G.哈丁(出生日期),235

harmonic mean 调和平均数,87 – 88

harmonic series 调和级数,116 – 17

Hasse's algorithm 哈塞运算法则,40 – 41

hat, game to identify color of 确定帽子颜色的游戏,257 – 60

heads and tails, probability of 正面与反面的概率,253 – 54

Heawood, Percy J. 珀西·J.希伍德,33

Herrmann, Dieter 迪特尔·赫尔曼,33

hexagons, count of intersections of diagonals of (mistaken proof) 数出六边形的对角线的交点数(错误证明),159 – 60

Hilbert, David 大卫·希尔伯特,56

Hipparchus of Nicaea 尼西亚的喜帕恰斯,16

Hippasus of Metapontum 梅塔蓬图姆的希帕索斯,18

Hirschvogel, Augustin 奥古斯丁·希尔施富格尔,158

hotel-payment paradox 旅店付费悖论,86 – 87

house numbers, counting of 门牌号码的计数,59

Huygens, Christiaan 克里斯蒂安·惠更斯,24

imaginary numbers 虚数

    application of complex numbers to prove that – 1 = + 1 应用复数来证明 – 1 = + 1,122

    definition 虚数的定义,121

See also real numbers 亦见于实数

imprecise formulation causing mistake 不精确的构想造成了错误,242 – 46

inductive reasoning 归纳法,142

inequalities 不等式

 $a \neq b$ $a \neq b$,127 – 28

 finding natural numbers 找出自然数,111

 and positive and negative numbers 和正数与负数,108 – 10

  multiplying by a negative number 乘以一个负数,128

 and reciprocals 和倒数,128

infinite repeating decimal 无限循环小数,82

infinity (∞) 无穷大(∞),114 – 15

 $\infty = -1$ (mistaken proof) $\infty = -1$(错误证明),118 – 19

 $0 = \infty$ (mistaken proof) $0 = \infty$(错误证明),121

 0 times ∞ 0 乘以 ∞,211

 $1 = 0$ (mistaken understanding of infinity) $1 = 0$(对无穷的错误理解),115 – 16

 $2 = 3$ (mistakes with infinite series) $2 = 3$(在处理无穷级数时发生的错误),116 – 17

integers 整数

 equations with no (non-zero) integer solutions 无非零整数解的方程,20,21,50,126 – 27

 Euler's mistaken conjecture about 欧拉有关整数的错误猜想,50 – 51

 Fermat's last theorem 费马最后定理,20 – 22

 integer solutions to Pythagorean theorem 毕达哥拉斯定理的整数解,50 – 51

 Legendre's conjecture 勒让德的猜想,41 – 42

 trying to prove all integers are equal (mistaken proof) 试图证明所有整数都相等(错误证明),93 – 94

 See also numbers 亦见于数字

intersections, counting intersections of diagonals of a hexagon (mistaken proof) 数出六边形对角线相交形成的交点数(错误证明),159 – 60

intervals on a clock　钟面上的间隔,11

inversions　反演,207 – 9

irrational numbers　无理数,18

　square root of 2　2 的平方根,82 – 84

isosceles triangles　等腰三角形

　all triangles are isosceles(mistaken proof)　所有三角形都是等腰三角形（错误证明),174 – 75

　scalene triangle is isosceles(mistaken proof)　不等边三角形是等腰三角形（错误证明),169 – 74

　tangent circles in a triangle　三角形的内切圆,29 – 30

　two isosceles triangles creating a kite　两个等腰三角形构成一个风筝形,189

　use of square,circle,and triangle to create a solid shape　用正方形、圆和三角形构建一个立体形,222 – 25

Ivanov,Valentin Konstantinovich　瓦伦丁·康斯坦丁诺维奇·伊万诺夫,54

Jefferson,Thomas(death date of)　托马斯·杰弗逊(去世日期),237

Katz,Nicholas　尼古拉斯·卡茨,22

Kelvin,Lord. *See* Thomson,William(Lord Kelvin)　开尔文勋爵,见威廉·汤姆森(开尔文勋爵)

Kempe,Alfred B.　阿尔弗雷德·B.肯普,33

Kepler,Johannes　约翰尼斯·开普勒,16,55,58

kite,inscribing circle in(mistaken proof)　风筝形的内切圆(错误证明),189 – 91

Kondo,Shigeru　近藤茂,32

Kummer,Ernst Eduard　恩斯特·爱德华·库默尔,21,22

Lagrange,Joseph-Louis　约瑟夫–路易·拉格朗日,55

Lamé,Gabriel　加布里埃尔·拉梅,21

Lander,Leon J.　利昂·J.兰德,50

Landry, Fortune 福蒂纳·兰德里,47

Lasseur, H. Le H. 勒·拉瑟尔,47

Lautensack, Heinrich 海因里希·兰登萨克,158

Lebesgue, Victor A. 维克特·A.勒贝格,21

Le Blanc, Monsieur 勒布朗先生,21

Legendre, Adrien-Marie 阿德里安－马里·勒让德,21,41－42,52－53

Leibniz, Gottfried Wilhelm 戈特弗里德·威廉·莱布尼茨,27－29

Leonardo of Pisa. *See also* prime numbers, Fibonacci numbers 比萨的莱昂纳多,亦见于素数、斐波那契数,37

Let's Make a Deal (TV show) 《让我们做个交易吧》(电视节目),250－53

letter distribution, spelling out *basketball* 字母分布,拼出 basketball,239－41

Levi ben Gershon 莱维·本·热尔松,35

Liber Abaci (Leonardo of Pisa) 《算盘书》(比萨的莱昂纳多著),37－38

lies and statistics 谎言与统计,227

limits, understanding concept of 理解极限的概念,209－12

    "apparent limit sum" "看上去明显的极限和",212

lines 直线

    nonparallel lines that do not intersect (mistaken proof) 不相交的不平行直线(错误证明),180－82

    random lines always parallel (mistaken proof) 随机画出的直线总是平行的(错误证明),168－69

    ratio of area of two similar figures equal to square of ratio of line segments (mistaken proof) 两个相似形的面积比等于对应线段的长度比的平方(错误证明),199－200

    straight lines connecting six points (without lifting pencil) 一笔连结6个点的折线,217－18

    straight lines connecting nine points (without lifting pencil) 一笔连结9个点的折线,217－18

    straight lines connecting twelve points (without lifting pencil) 一笔连结12个点的折线,219－20

    straight lines connecting twenty-five points (without lifting pencil) 一笔连

结 25 个点的折线,220 – 21

trapezoid whose length of bases have a sum of zero (mistaken proof)　上下底
长度和为零的梯形(错误证明),187 – 88

two unequal lines are equal (mistaken proof)　两个不相等的直线段是相等
的(错误证明),178

Lob, H.　H. 洛布,30

logarithms　对数

mistakes in original tables　最早的对数表上的错误,19 – 20

for negative numbers　负数的对数,110

rule of logs　对数规则,110 – 11

Los, G. A.　G. A. 洛斯,31

Lucas, Édouard　爱德华·卢卡斯,44

magician and coins in a box　魔术师和盒子里的硬币,121

Malfatti, Gian Francesco　吉安·弗朗西斯科·马尔法蒂,29 – 31

maps, four-color map problem　地图,四色地图问题,33 – 35

Mars Climate Orbiter　火星气候探测者号航空器,84

mathematical induction　数学归纳法,142

McGregor, William　威廉·麦格雷戈,33

measurements, conversion errors　测量,换算错误,84 – 86

Mersenne, Marin, and Mersenne prime numbers　马林·梅森和梅森素数,43 –
46,67

metric vs. English measures　公制度量衡对英制度量衡,84 – 86

Mihăilescu, Preda　普雷达·米哈伊列斯库,35

Miyaoka, Yoichi　宫冈洋一,22

Monroe, James (death date of)　詹姆斯·门罗(去世日期),237

Monty Hall problem　蒙提·霍尔问题,250 – 53

Morrison, Michael A.　迈克尔·A. 莫里森,47

multiple answers to a problem　一个问题的多个答案,124 – 26,139 – 40,143

multiplication　乘法

distributive over addition　对加法的分配律,112

multiplying fractions 分数相乘,65 – 66

of percentages 百分数乘法,76 – 77

Napier, John 约翰·纳皮尔,19

natural numbers 自然数,17 – 19

 inequalities and finding natural numbers 不等式与找到自然数,111

 Legendre's conjecture 勒让德的猜想,41 – 42,52 – 53

 natural numbers and even integers 自然数与偶整数,114

 See also integers; numbers *n*-body problem 亦见于整数、数 *n* 体问题,55

negative numbers 负数

 $-3x + 15$ equation 方程 $-3x + 15$,123 – 24

 and the binomial theorem 与二项式定理,107 – 8

 and faulty square-root extraction 与错误的平方根提取,103 – 5

 and inequalities 与不等式,108 – 9

 logarithms for 负数的对数,110

 multiplying by a negative number and inequalities 乘以负数与不等式,128

 series related mistake attempting to show $\infty = -1$ 与证明 $\infty = -1$ 的错误

  尝试有关的级数,118 – 19

 square roots of 负数的平方根,121

Newton, Isaac 艾萨克·牛顿,16,55

New York Times (newspaper) 《纽约时报》(报纸),22,61 – 62,253

noncongruent triangles 不全等三角形,162

nonparallel lines that do not intersect (mistaken proof) 不相交的不平行直线

(错误证明),180 – 82

numbering mistakes 编号错误

 incorrect numbering of *New York* Times editions 《纽约时报》错误的出版编

  号,61 – 62

 printing error on iron content of spinach 有关菠菜中含铁量的印刷错

  误,62

 See also counting, mistakes in 亦见于计数中的错误

numbers 数字

attempting to show – 1 is positive（mistaken proof）　试图证明 – 1 是正数（错误证明），117 – 18

attempting to show zero is positive（mistaken proof）　试图证明零是正数（错误证明），118

and the binomial theorem　与二项式定理，107 – 8

determining multiple sequences of numbers　确定多重数列，139 – 40

even numbers　偶数

　　and natural numbers　与自然数，114

　　two consecutive prime numbers with difference of some even number n　差为某偶数 n 的两个连续素数，49 – 50

and faulty square-root extraction　与错误的平方根计算，103 – 5

and inequalities　与不等式，108 – 10

inequalities and positive and negative numbers（mistaken proof）　不等式与正数和负数（错误证明），108 – 10

multiplying by a negative number　两边同时乘以一个负数，128

odd numbers as sum of power of 2 and a prime number（Polignac's conjecture）　作为 2 的幂与一个素数之和的奇数（波利尼亚克猜想），48 – 49

and proportions　与比例，136

rounding of　四舍五入，62

　　calculator mistake　计算器的错误，134 – 35

showing a positive number is greater than itself（mistaken proof）　证明一个正数大于它自身（错误证明），108 – 9

See also imaginary numbers; integers; irrational numbers; natural numbers; prime numbers; real numbers　亦见于虚数、整数、无理数、自然数、素数、实数

obtuse angle, right angle equal to　直角等于钝角，163 – 64

octagons, methods of construction of　八边形作图法，155 – 59

octahedron　八面体，215

odd numbers. *See* numbers　奇数，见数字

Ohanian, Hans C.　汉斯·C. 瓦尼安，58

Oliveira e Silva, Tomás 托马斯·奥利维拉-席尔瓦,39

Oppermann, Ludwig von 路德维希·冯·奥珀曼,42

optical illusions 视错觉,147-52

Oskar II (king of Norway) 奥斯卡二世(挪威国王),54

overweight, determining people are not 确定人们没有超重,64-65

packing and Malfatti's problem 填充与马尔法蒂问题,29-31

palindromic numbers 回文数字,68

    number of between 1 and 1000 1 与 1000 之间回文数字的个数,248-49

Parade (magazine) 《大观》(杂志),253

Paradoxien des Unendlichen (Bolzano) 《无穷的悖论》(波尔查诺著),115-16

parallel lines 平行线

    graphing equations showing no points of intersection means no common solution 方程的曲线没有交点,这意味着这些方程没有公共解,98,100

    random lines always parallel (mistaken proof) 随机画出的直线总是平行的(错误证明),168-69

    trapezoid whose length of bases have a sum of zero (mistaken proof) 上下底长度和为零的梯形(错误证明),187-88

    two nonparallel lines in a plane not intersecting (mistaken proof) 在一个平面上的两条不平行的直线不相交(错误证明),180-82

    use of to construct an octagon 利用平行线作八边形的图形,158

parallelogram hidden in rectangle in 64=65 problem 在 64=65 问题中隐藏在矩形中的平行四边形,167

Parker, Ernest Tilden 欧内斯特·蒂尔登·帕克,52

Parkin, Thomas R. 托马斯·R. 帕金, 50

Pascal, Blaise 布莱兹·帕斯卡,25,46

Pascal triangle 帕斯卡三角形,107-8,144

paths, finding to spell out *basketball* 找到拼写 basketball 的路径,239-41

penalty shots, rate of success in blocking of 成功扑救点球的概率,238-39

Penrose, Roger 罗杰·彭罗斯,151

pens, purchasing of 购买钢笔,138-39

pentagons, counting triangles in a regular pentagon 数一个正五边形中的三角形个数,160 –62

pentagrams and natural numbers 五角星形与自然数,18 –19

percentages 百分数

    impact of successive discounts 连续降价的冲击,75 –76

    multiplication of percentages 百分数乘法,76 –77

Perelman, Grigori 格里高利·佩雷尔曼,56

perfect numbers 完全数,45 –46

    and Mersenne prime numbers 与梅森素数,44 –45,46,67

Pervushin, Ivan M. 伊凡·M.波佛辛,44

pi (π) 圆周率(π)

    appearance of 7 in 在 π 的小数数位中 7 的出现频率,32

    mistake in calculating 计算 π 时出现的错误,11,32 –33

planets, movement of 行星的运动,16

    Poincaré's mistake 庞加莱的错误,55

Plücker, Julius 尤利乌斯·普吕克,30

Poincaré, Henri 亨利·庞加莱,54 –55

points 点

    reflecting a point in a circle 在圆内一点的反射,207 –9

    straight lines connecting six points (without lifting pencil) 一笔连结 6 个点的折线,217 –18

    straight lines connecting nine points (without lifting pencil) 一笔连结 9 个点的折线,217 –18

    straight lines connecting twelve points (without lifting pencil) 一笔连结 12 个点的折线,219 –20

    straight lines connecting twenty-five points (without lifting pencil) 一笔连结 25 个点的折线,220 –21

Polignac, Alphonse de, and his Conjectures 阿方斯·德·波利尼亚克和他的猜想

    odd numbers as sum of power of 2 and a prime number 作为 2 的幂与一个素数之和的奇数,48 –49

prime twins 孪生素数,36 – 37

two consecutive prime numbers with difference of some even number n 差为
某偶数 n 的两个连续素数,49 – 50

Polk, James K.（birth date of） 詹姆斯·K.波尔克（出生日期）,235

polygons 多边形

Galileo's polygonal path mistake 伽利略的多边形路径错误,22 – 25

methods of construction of 多边形作图法,155 – 59

seventeen-sided 17 边形,48

sum of interior angles of a convex polygon 一个凸多边形的内角和,153

Popeye comics 漫画《大力水手》,62

positive numbers 正数

attempting to show – 1 is positive（mistaken proof） 试图证明 – 1 是正数
（错误证明）,117 – 18

attempting to show zero is positive（mistaken proof） 试图证明 0 是正数
（错误证明）,118

and the binomial theorem 与二项式定理,107 – 8

and faulty square-root extraction 与错误的平方根计算,103 – 5

and inequalities 与不等式,108 – 10

and proportions 与比例,136

showing a positive number is greater than itself（mistaken proof） 证明一个
正数大于它自身（错误证明）,108 – 9

postage stamps 邮票,46,57,151 – 52

Powers, R. E. R. E. 鲍尔斯,44

powers of n. *See* exponents n 的幂,见指数

prime numbers 素数

determining multiple sequences of numbers 确定多重数列,139 – 40

determining prime numbers 确定素数,66 – 69

Fermat numbers 费马数,46

Fibonacci numbers 斐波那契数,37 – 38

Finding all pairs of prime numbers whose sum is 999 找到所有和为 999 的
素数对,248

Goldbach's conjectures　哥德巴赫猜想,38 – 40

Legendre's conjecture　勒让德猜想,41 – 42

Mersenne prime numbers　梅森素数,44 – 45,46,67

Polignac's conjectures　波利尼亚克猜想

    odd numbers as sum of power of 2 and a prime number　作为 2 的幂与

      一个素数之和的奇数,48 – 49

    prime twins　孪生素数,36 – 37

    two consecutive prime numbers with difference of some even number n

      差为某偶数 n 的两个连续素数,49 – 50

printing errors　印刷错误,61 – 62

prism, use of square, circle, and triangle to create a solid shape　棱柱体,用正方

  形、圆和三角形构建一个立体形,222 – 25

probability, mistakes in　计算概率时犯的错误,227 – 69

    birth dates, probability of sharing　有共同生日的概率,234 – 38

    boys having more sisters than girls　男孩的姐妹比女孩的多,227 – 28

    decreasing chance of losing in picking balls　减少在选择小球时失利的可

      能性,265 – 66

    of defective light switches having been sold　不合格的电灯开关已经售出的

      概率,230 – 31

    de Méré's dice paradox　德·梅雷的骰子悖论,25 – 27

    determining result of tossing three dice　确定抛掷三个骰子的总点数,

      260 – 64

    dividing money before winner declared　在确定胜利者之前分配彩头,

      246 – 47

    equilateral triangle inscribed in circle and chord length of the circle　圆的内

      接等边三角形与圆的弦长,242 – 46

    game to identify color of hat　确定帽子颜色的游戏,257 – 60

    of getting correct telephone number　得到正确的电话号码的概率,266 – 67

    Monty Hall problem　蒙提·霍尔问题,250 – 53

    predicting sex of a child　预测婴儿的性别,267 – 69

    stacking coins in a dark room　在黑屋子里放置硬币,253 – 54

testing for disease and false positives 疾病检测与假阳性,254－56

Proclus Lycaeus 普罗克洛斯·吕开俄斯,180

product rule 乘积法则,231－34

proportions 比例,135,136

　　and division by zero 与用零作除数,96－97

Ptolemy 托勒密,16

pyramids 金字塔形

　　combining two pyramids（mistaken proof） 合并两个金字塔形（错误证明）,213－15

　　faces on overlapping 表面重合,12

　　right square pyramid 正四棱锥,212－13

Pythagoras of Samoa 萨摩斯的毕达哥拉斯,17－19

Pythagorean theorem 毕达哥拉斯定理,13,20,50－52,210

quadratic formula 二次方程,124－125

quadrilaterals, constructing an inscribed circle（mistaken proof） 作四边形的一个内切圆（错误证明）,189－91

quarter circles, used to construct octagon 用四分之一圆作八边形作图,157－58

ratio of area of two similar figures equal to square of ratio of line segments（mistaken proof） 两个相似形的面积比等于对应线段的长度比的平方（错误证明）,199－200

real numbers 实数,121

　　$a \neq b$　$a \neq b$,127－28

　　applying rules of to imaginary numbers 把实数规则应用于虚数,122

　　equations with no solution for real numbers 无实数解的方程,126－27

　　finding two correct solutions for an equation 找出一个方程的两个正确的解,124－26

　　See also imaginary numbers 亦见于虚数

Recherches sur une Nouvelle Espece de Quarres Magiques（Euler） 《新型幻方之研

究》(欧拉著),51

reciprocal of the average of reciprocals　倒数的平均数的倒数,87

rectangles　矩形

　　the 64 = 65 problem　64 = 65 问题,166 – 68

　　inscribed in a square　内接于正方形的矩形,185 – 87

reflections　反射,207 – 9

reflex angles　优角,164

relative age　相对年龄,135

Reutersvärd, Oscar　奥斯卡·路特斯瓦德,151

rhombuses　菱形,191

　　formed when combining two pyramids　合并两个金字塔形时形成的菱形,214

Richmond, Herbert William　赫伯特·威廉·里士满,30

Richstein, Jörg　约尔格·里希施泰因,39

Rieger, Ulrich　乌尔里希·里格尔,43

Riemann, Bernhard　波恩哈德·黎曼,115

right angles　直角

　　every angle is a right angle (mistaken proof)　每个角都是直角(错误证明),164 – 65

　　right angle equal to an obtuse angle (mistaken proof)　直角等于一个钝角(错误证明),163 – 64

　　triangle with two right angles (mistaken proof)　有两个直角的三角形(错误证明),175 – 177

right triangles　直角三角形

　　creating a triangle that can't exist　构建一个不可能存在的三角形,182 – 83

　　used in partitioning square in 64 = 65 puzzle　在 64 = 65 之谜中用于分割正方形的直角三角形,166 – 68

Robinson, R. M.　R. M.鲁宾逊,45

rolling circles　滚动的圆

　　all circles having same circumference (mistaken proof)　一切圆都有相等的周长(错误证明),193 – 95

coin rotating around a fixed coin (mistaken proof) 绕固定的硬币转动的硬币(错误证明),195－98

　　rope around the equator (mistaken proof) 环绕赤道的绳子(错误证明),
　　201－7

rounding-off mistakes 在四舍五入时发生的错误,62,134－35

Rutherford, William 威廉·卢瑟福,32

St. Marien Church (Bergen, Germany) 圣玛丽教堂(德国卑尔根市),11

scalene triangle is isosceles (mistaken proof) 不等边三角形是等腰三角形(错误证明),169－74

Scientific American (journal) 《科学美国人》(杂志),33,52

self-palindromes 自回文,249

semicircles, arc-lengths of semicircles in larger semicircle 半圆,在较大的半圆内的半圆的弧长,211－12

series and sequences 级数与数列

　　$\infty = -1$ (mistaken proof) $\infty = -1$(错误证明),118－9

　　$0 = 1$ (mistaken proof) $0 = 1$(错误证明),119－20

　　$1 = 0$ (mistaken proof) $1 = 0$(错误证明),115－16

　　-1 is positive (mistaken proof) -1是正数(错误证明),117－18

　　$2 = 3$ (mistaken proof) $2 = 3$(错误证明),116－17

　　determining multiple sequences of numbers 确定多重数列,139－40

　　Leibniz's sum of series 莱布尼茨的级数和,27－29

　　setting up table of differences 建立差值表,142－45

sex of a child, predicting 预测婴儿的性别,267－69

Shanks, William 威廉·尚克斯,11,32－33

Shrikhande, Sharadchandra Shankar 山拉德钱德拉·尚卡尔·什里克汉德,52

simultaneous equations 方程组,100－101

soccer-penalty-shot dilemma 确定足球比赛中守门员扑救点球成功率的两难处境,238－39

software, dynamic geometry, mistakes made using 使用动态几何软件造成的错误,184

spheres 球体

    rope around the equator (mistaken proof) 环绕赤道的绳子(错误证明), 201 – 7

    use of square, circle, and triangle to create a solid shape 用正方形、圆和三角形构建一个立体形, 222 – 25

spinach, iron content of 菠菜中的含铁量, 62

square roots 平方根

    dimensional mistakes 量纲错误, 85

    faulty square-root extractions 错误的平方根计算, 101 – 4

    importance of considering positive and negative in taking square roots 在取平方根时考虑正数和负数的重要性, 105

    of negative numbers 负数的平方根, 121

    square root of 2 2 的平方根, 82 – 83

    strange square-root extraction 奇怪的平方根计算方法, 131

squares (geometrical) 正方形(几何)

    with diagonals 画出了对角线的正方形, 212 – 13

    partitioning into triangles and trapezoids in 64 = 65 puzzle 在 64 = 65 之谜中, 将正方形分隔为三角形和梯形, 166 – 68

    rectangle inscribed in a square 内接于正方形的矩形, 185 – 87

    used to construct octagon 用于八边形作图的正方形, 155 – 56, 157 – 58

    use of square, circle, and triangle to create a solid shape 用正方形、圆和三角形构建一个立体形, 222 – 25

squares (power of 2) 平方(2 次方)

    Catalan conjecture 卡塔兰猜想, 35 – 36

    square of sum of digits 数位和的平方, 80 – 82

standardized tests 标准化测试, 12

statistics, mistakes in 统计学中的错误, 227 – 69

Steiner, Jacob 斯坦纳·雅各布, 29

Stern, Moritz 莫里茨·施特恩, 40

striped flag, color choices for 条纹旗的颜色选择, 256 – 57

successive discounts 连续降价, 75 – 76

success rate in blocking penalty shots 点球扑救成功率,238－39

sudoku, mistaken reasoning in 在九宫格游戏论证中所犯的错误,231－34

sums 和

Leibniz's sum of series 莱布尼茨的级数和,27－29

of prime numbers (Goldbach's conjectures) 素数和(哥德巴赫猜想),38－40

See also addition 也见加法

Swedish postage stamp 瑞典邮票,151－52

Taft, William H. (death date of) 威廉姆・H.塔夫脱(去世日期),237

Taylor, Richard 理查德・泰勒,20,22

teams, number of different three player 不同的三个运动员组成的团队数,229－30

telephone number, getting correct 找到正确的电话号码,266－67

testing for disease 检测疾病,254－56

tetrahedrons 四面体,212－13

combining two pyramids (mistaken proof) 合并两个金字塔形(错误证明),213－15

thinking before finding a solution 寻找答案之前先思考,247－49

"thirty-six-officers problem" "36 军官问题",51－52

Thomson, William (Lord Kelvin) 威廉・汤姆森(开尔文勋爵),17

Tierney, John 约翰・蒂尔尼,253

time 时间,11

Toscanelli, Paolo 保罗・托斯卡内利,16

transformations 变换,207－9

equivalence transformation 等价变换,105

translations 平移,207

trapezoids 梯形

length of bases having sum of zero (mistaken proof) 上下底长度和为零的梯形(错误证明),187－88

used in partitioning square in 64＝65 puzzle 在 64＝65 之谜中用于分割正

方形,166 - 68

triangles (geometrical) 三角形(几何上的)

　　all triangles are isosceles (mistaken proof) 所有三角形都是等腰三角形(错误证明),174 - 175

　　construction of circle inscribed in triangle (software mistake) 三角形内切圆的作图(软件错误),184

　　counting triangles in a regular pentagon 数出一个正五边形内的三角形个数,160 - 162

　　creating a right triangle that can't exist 构建一个不可能存在的直角三角形,182 - 83

　　equilateral triangle inscribed in circle and chord length of the circle 内接于圆的等边三角形与圆的弦长,242 - 46

　　every exterior angle is equal to one of its remote interior angles (mistaken proof) 每个外角都等于和它不相邻的一个内角(错误证明),179 - 80

　　having two right angles (mistaken proof) 有两个直角的三角形(错误证明),175 - 77

　　noncongruent triangles 不全等三角形,162

　　scalene triangle is isosceles (mistaken proof) 不等边三角形是等腰三角形(错误证明),169 - 74

　　sum of angles is 180° (mistaken proof) 内角和是180°(错误证明),177

　　tangent circles in a triangle 三角形的内切圆,29 - 31

　　used in partitioning square in 64 = 65 puzzle 在64 = 65之谜中用于分割正方形,166 - 68

　　used in point in the interior is also on the circle (mistaken proof) 用以证明圆内一点也在圆上,192 - 93

　　use of in random lines always parallel (mistaken proof) 用以证明随机直线总是平行的(错误证明),168 - 69

　　use of in two unequal lines are equal (mistaken proof) 用以证明两条不等长线段相等(错误证明),178

　　use of square, circle, and triangle to create a solid shape 用正方形、圆和三角形构建一个立体形,222 - 25

Trigg, Charles W. 查尔斯·W. 特里格,79

Twain, Mark 马克·吐温,227

two-digit palindromes 二位回文数,249

Ulam problem 乌拉姆问题,40－41

United States Postal Service 美国邮政管理局,46,57

units of measure, conversion errors 度量衡单位,换算错误,84－86

unsolved problems, prizes for 未解问题的悬赏,56

Vega, Jurij Bartolomej 乔治·弗烈泽尔·冯·维加男爵,20

Vlacq, Adrian 阿德里安·弗拉克,19－20

vos Savant, Marilyn 玛丽莲·沃斯·莎凡特,253

Wagon, Stan 斯坦·瓦贡,34

Wantzel, Pierre Laurent 皮埃尔·劳伦特·旺策尔,48

Washington Post (newspaper) 《华盛顿邮报》(报纸),22

Werner, Benjamin 本雅明·维尔纳,34－35

Wiles, Andrew 安德鲁·怀尔斯,20,22,50,58

win/lose card game, betting half of stake in 在胜/负卡片游戏中押上手中半数资金,249－50

Wolfskehl, Paul Friedrich 保罗·弗里德里希·沃尔夫斯凯尔,22

Yee, Alexander 余智恒,32

Zalgaller, V. A. V. A. 扎尔加勒,31

zero 零,105

    $0 = 1$ $0 = 1,119 － 20$

    0^0 $0^0,108$

    0 times ∞ 0 乘以 ∞ ,211

    $1 = 0$ $1 = 0,115 － 16$

    attempting to show zero is positive 试图证明零是正数,118

divisibility by　可以被零整除,13,271

　　$a > b$　$a > b$,92 – 93

　　1 = 2, 63 – 65　1 = 2,63 – 65,92,108 – 9

　　$-3x + 15$ equation　方程 $-3x + 15$,123 – 24

　　"eleventh commandment"　"第十一条戒律",63,91

　　examples where camouflaged　隐藏的例子,94 – 97

　　and proportions　与比例,96 – 97

　　and trying to prove all integers are equal　试图证明所有整数都相等,
　　93 – 94

　　in two unequal lines are equal (mistaken proof)　两条不等长线段相等
　　（错误证明）,178

　　zero divided by zero　零除以零,63 – 64

trapezoid whose length of bases have a sum of zero (mistaken proof)　上下底
长度和为零的梯形(错误证明),187 – 88

Ziegler, Günter　京特・齐格勒,42

读者联谊表

（电子文档备索）

姓名：　　年龄：　　　性别：　　宗教：　　党派：

学历：　　专业：　　　职业：　　　所在地：

邮箱＿＿＿＿＿＿＿＿＿＿手机＿＿＿＿＿＿QQ＿＿＿＿＿＿

所购书名：＿＿＿＿＿＿＿＿＿在哪家店购买：＿＿＿＿＿＿

本书内容：满意　一般　不满意　本书美观：满意　一般　不满意

价格：贵　不贵　阅读体验：较好　一般　不好

有哪些差错：

有哪些需要改进之处：

建议我们出版哪类书籍：

平时购书途径：实体店　网店　其他（请具体写明）

每年大约购书金额：　　　藏书量：　　每月阅读多少小时：

您对纸质书与电子书的区别及前景的认识：

是否愿意从事编校或翻译工作：　　　　愿意专职还是兼职：

是否愿意与启蒙编译所交流：　　　　是否愿意撰写书评：

如愿意合作，请将详细自我介绍发邮箱，一周无回复请不要再等待。

读者联谊表填写后电邮给我们，可六五折购书，快递费自理。

本表不作其他用途，涉及隐私处可简可略。

电子邮箱：qmbys@qq.com　　联系人：齐蒙

启蒙编译所简介

启蒙编译所是一家从事人文学术书籍的翻译、编校与策划的专业出版服务机构，前身是由著名学术编辑、资深出版人创办的彼岸学术出版工作室。拥有一支功底扎实、作风严谨、训练有素的翻译与编校队伍，出品了许多高水准的学术文化读物，打造了启蒙文库、企业家文库等品牌，受到读者好评。启蒙编译所与北京、上海、台北及欧美一流出版社和版权机构建立了长期、深度的合作关系。经过全体同仁艰辛的努力，启蒙编译所取得了长足的进步，得到了社会各界的肯定，荣获凤凰网、新京报、经济观察报等媒体授予的十大好书、致敬译者、年度出版人等荣誉，初步确立了人文学术出版的品牌形象。

启蒙编译所期待各界读者的批评指导意见；期待诸位以各种方式在翻译、编校等方面支持我们的工作；期待有志于学术翻译与编辑工作的年轻人加入我们的事业。

联系邮箱：qmbys@qq.com

豆瓣小站：https://site.douban.com/246051/